スバラシク強くなると評判の

元気が出る数学III

改訂5
revision 5

馬場敬之

MATHEMA

マセマ出版社

◆ はじめに ◆

　みなさん，こんにちは。数学の**馬場敬之**(ばばけいし)です。理系で受験する際，その**合否を左右**するのは，**数学Ⅲ**だと言ってもいい位，数学Ⅲは重要科目なんだね。何故なら，これから解説する数学Ⅲでは，"複素数平面"，"式と曲線"，"数列の極限"，"関数の極限"，"微分法とその応用"，そして"積分法とその応用"と，理系受験生にとって，重要テーマが目白押しだからなんだね。

　この内容豊富な数学Ⅲを，誰でも楽しく分かりやすくマスターできるように，この『元気が出る数学Ⅲ　改訂5』を書き上げたんだね。

　本格的な内容ではあるけれど，**基本から親切に解説**しているので，初めて数学Ⅲを学ぶ人，授業を受けても良く理解できない人でも，この本で**本物の実力を身に付ける**ことが出来る。

　今はまだ数学Ⅲに自信が持てない状況かもしれないね。でも，まず**「流し読み」**から入ってみるといいよ。よく分からないところがあっても構わないから，全体を通し読みしてみることだ。これで，まず**数学Ⅲの全体のイメージ**をとらえることが大切なんだね。でも，数学にアバウトな発想は通用しないんだね。だから，その後は，各章毎に公式や考え方や細かい計算テクニックなど…分かりやすく解説しているので，解説文を**精読**してシッカリ理解しよう。また，この本で取り扱っている例題や絶対暗記問題は，キミ達の実力を大きく伸ばす**選りすぐりの良問**ばかりだから，これらの問題も**自力で解く**ように心がけよう。これで，**数学Ⅲを本当に理解した**と言えるんだね。

　でも，人間は忘れやすい生き物だから，せっかく理解しても，3ヶ月後の定期試験や，1年後の受験の時にせっかく身に付けた知識が使いこなせるとは限らないだろう。そのために，**繰り返し精読して解く**練習が必要になるんだね。この反復練習は回数を重ねる毎に早く確実になっていくはずだ。大切なことだから以下にまとめて示しておこう。

　(Ⅰ)まず，流し読みする。

　(Ⅱ)解説文を精読する。

　(Ⅲ)問題を自力で解く。

　(Ⅳ)繰り返し精読して解く。

この 4 つのステップにしたがえば, **数学 III の基礎から比較的簡単な応用ま**で完璧に**マスターできる**はずだ。

この『元気が出る数学 III 改訂 5』をマスターするだけでも, 高校の**中間・期末対策**だけでなく, **易しい大学なら合格できる**だけの実力を養うことが出来る。教科書レベルの問題は言うに及ばず, これまで手も足も出なかった**受験問題**だって, 基本的なものであれば, **自力で解ける**ようになるんだよ。どう? やる気が湧いてきたでしょう。

さらに, マセマでは, **数学アレルギーレベルから東大・京大レベルまで,**キミ達の実力を無理なくステップアップさせる**完璧なシステム (マセマのサクセスロード)** が整っているので, やる気さえあれば自分の実力をどこまでも伸ばしていけるんだね。どう? さらにもっと元気が出てきたでしょう。

授業の補習, 中間・期末対策, そして 2 次試験対策など, 目的は様々だと思うけれど, この『元気が出る数学 III 改訂 5』で, **キミの実力を飛躍的にアップ**させることが出来るんだね。

マセマのモットーは, 「 **"数が苦"** を **"数楽"** に変える」ことなんだ。だから, キミもこの本で数学 III が得意科目になるだけでなく, 数学の楽しさや面白さも実感できるようになるはずだ。

マセマの参考書は非常に読みやすく分かりやすく書かれているんだけれど, その本質は, 大学数学の分野で **「東大生が一番読んでいる参考書!」** として知られている程, **その内容は本格的**なものなんだよ。
(「キャンパス・ゼミ」シリーズ販売実績 2020 年度大学生協東京事業連合会調べによる)

だから, 安心して, この『元気が出る数学 III 改訂 5』で勉強してほしい。これまで, マセマの参考書で, キミ達のたくさんの先輩方が夢を実現させてきた。今度は, **キミ自身がこの本で夢を実現させる番**なんだね。

みんな準備はできた? それでは早速講義を始めよう!

マセマ代表 馬場 敬之

この改訂 5 では, 新たに区分求積法の応用問題と解答・解説を加えました。

講義 Lecture ① 複素数平面

テーマ

▶ 複素数平面の基本

▶ 極形式とド・モアブルの定理

▶ 複素数平面と図形

講義① 複素数平面

§1. 複素数平面と平面ベクトルは, よく似てる!

さァ, これから "**複素数平面**" の解説に入ろう。複素数を方程式の面からとらえたものについては, 既に数学Ⅱで勉強したね。今回は複素数を複素数平面上の点と考えることから始めよう。すると, 図形的な性格がでてきてとても面白くなるんだ。数学Bで学んだ平面ベクトルに類似した内容がたくさん出てくるので, 勉強もしやすいはずだ。しっかりマスターして実力アップをはかってくれ。

● 複素数の実部と虚部が x, y 座標になる!

複素数 $\alpha = a + bi$ (a, b:実数, $i = \sqrt{-1}$)

が与えられたとき, a を実部, b を虚部といったね。この a, b をそれぞれ x 座標, y 座標と考えると, 複素数 $\alpha = a + bi$ は, xy 平面上の点 $P(a, b)$ と同じとみることができるんだね。(図1(ⅰ))

このように, 複素数を, xy 平面上の点に対応させるとき, この平面を "**複素数平面**" と呼び, 実部を表す x 軸を実軸, 虚部を表す y 軸を虚軸というんだ。このとき, 複素数 α は, 図1の(ⅱ)のように, 点 $P(\alpha)$ として表すことが出来るね。この点 $P(\alpha)$ を, たんに点 α とも呼ぶよ。また, 原点 O と点 $P(\alpha)$ との距離を複素数 α の絶対値と呼び, これを $|\alpha|$ で表す。当然, 図1の(ⅲ)より, $|\alpha| = \sqrt{a^2 + b^2}$ だね。以上をまとめると, 次のようになる。

図1
(ⅰ) xy 平面上の点 $P(a, b)$

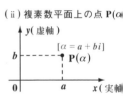

(ⅱ) 複素数平面上の点 $P(\alpha)$

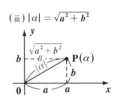

(ⅲ) $|\alpha| = \sqrt{a^2 + b^2}$

複素数平面と絶対値

複素数 $\alpha = a + bi$ (a, b:実数) は, 複素数平面上の点 $P(\alpha)$ を表し, その絶対値は,

$$|\alpha| = \sqrt{\underbrace{a^2}_{(実部)^2} + \underbrace{b^2}_{(虚部)^2}}$$

これは, 平面ベクトルで, $\overrightarrow{OA} = (a, b)$ のとき, $|\overrightarrow{OA}| = \sqrt{a^2 + b^2}$ と同じだ。

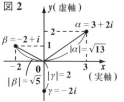

例として，$\alpha = 3 + 2i$，$\beta = -2 + i$，$\gamma = -2i$ を複素数平面上の点として図2に示すよ。γ は，$\gamma = 0 + (-2)i$ とみれば意味がわかるはずだ。

また，それぞれの絶対値は，$|\alpha| = \sqrt{3^2 + 2^2} = \sqrt{13}$，$|\beta| = \sqrt{(-2)^2 + 1^2} = \sqrt{5}$，$|\gamma| = \sqrt{0^2 + (-2)^2} = 2$ となるんだね。

● 共役複素数 $\overline{\alpha}$ は，複素数平面の重要な鍵だ！

複素数 $\alpha = a + bi$ の共役複素数は，$\overline{\alpha} = a - bi$ だったね。これを複素数平面上で図示すると，図3のように，α と $\overline{\alpha}$ は実軸に関して対称になるね。また，$-\alpha$ は，$-\alpha = -(a + bi) = -a - bi$ より，α を原点に関して点対称に移動したものだ。同様に，$-\overline{\alpha}$ も $\overline{\alpha}$ を原点に関して対称移動したものといえる。(図3)

図3 $\alpha, \overline{\alpha}, -\alpha, -\overline{\alpha}$ の位置関係

- $-\overline{\alpha} = -a + bi$
- $\alpha = a + bi$
- $-\alpha = -a - bi$
- $\overline{\alpha} = a - bi$

$-\overline{\alpha}$ は，α を虚軸に関して対称移動したものとわかるね。

ここで，4点 $\alpha, \overline{\alpha}, -\alpha, -\overline{\alpha}$ の原点からの距離はすべて等しいので，

$$|\alpha| = |\overline{\alpha}| = |-\alpha| = |-\overline{\alpha}| \qquad となるんだね。$$

次に，$|\alpha| = \sqrt{a^2 + b^2}$ より，$\underline{|\alpha|^2 = \underline{a^2 + b^2}}$ だね。

また，α と $\overline{\alpha}$ の積は，$\underline{\alpha\overline{\alpha} = (a + bi)(a - bi) = a^2 - b^2\underset{(-1)}{i^2} = \underline{a^2 + b^2}}$ となるので，とっても大事な公式

$$|\alpha|^2 = \alpha\overline{\alpha} \qquad が導けるんだね。$$

以下，複素数平面を図示するとき，実軸，虚軸をそれぞれ x, y とだけ表記することにするよ。

● 共役複素数と絶対値の公式を覚えよう！

共役複素数の和・差・積・商については，次に示す公式があるので覚えてくれ。暗記ものが多くて大変かも知れないけど，これが応用問題を解く基礎力となるんだからシッカリ頭に入れてくれ。

(1) $\overline{\alpha + \beta} = \overline{\alpha} + \overline{\beta}$ **(2)** $\overline{\alpha - \beta} = \overline{\alpha} - \overline{\beta}$

(3) $\overline{\alpha \times \beta} = \overline{\alpha} \times \overline{\beta}$ **(4)** $\overline{\left(\dfrac{\alpha}{\beta}\right)} = \dfrac{\overline{\alpha}}{\overline{\beta}}$

$\alpha = a + bi$, $\beta = c + di$ $(a, b, c, d:$ 実数$)$ とおいて, (1) が成り立つことを示すよ。

$\alpha + \beta = (a + bi) + (c + di) = \underline{(a + c)} + \underline{(b + d)}i$ 実部 虚部

よって, この共役複素数 $\overline{\alpha + \beta}$ は,

$\overline{\alpha + \beta} = (a + c) - (b + d)i$ となって, これは,

$\overline{\alpha} + \overline{\beta} = (a - bi) + (c - di) = (a + c) - (b + d)i$

と同じになるね。ゆえに (1) の $\overline{\alpha + \beta} = \overline{\alpha} + \overline{\beta}$ が成り立つんだ。(2), (3), (4) も同様に成り立つ。これらは証明より使うことが大事だ。

次, 絶対値について, $|\alpha| = 0$ ならば, $\alpha = 0$ $[= 0 + 0i]$ なのは当然だね。また, 絶対値も積と商について, 次の公式があるので覚えてくれ。

> (3) の証明も書いておくよ。
>
> $\alpha\beta = (a + bi)(c + di) \,(-1)$
> $= ac + adi + bci + bd\,i^2$
> $= (ac - bd) + (ad + bc)i$
> $\therefore \overline{\alpha\beta} = (ac - bd) - (ad + bc)i$
> $\cdots\cdots$ ⑦
>
> また,
> $\overline{\alpha} \cdot \overline{\beta} = (a - bi)(c - di)\,(-1)$
> $= ac - adi - bci + bd\,i^2$
> $= (ac - bd) - (ad + bc)i$
> $\cdots\cdots$ ④
>
> ⑦, ④ より, $\overline{\alpha\beta} = \overline{\alpha} \cdot \overline{\beta}$ だ!

(1) $|\alpha\beta| = |\alpha||\beta|$ **(2)** $\left|\dfrac{\alpha}{\beta}\right| = \dfrac{|\alpha|}{|\beta|}$ $(\beta \neq 0)$

> 一般に,
> $|\alpha + \beta| \neq |\alpha| + |\beta|$
> $|\alpha - \beta| \neq |\alpha| - |\beta|$ だ。
> これは要注意だよ!

● **実数条件と純虚数条件も絶対暗記だ!**

複素数 α が, (i) 実数のとき, または (ii) 純虚数のとき, それぞれ次の公式が成り立つ。

(i) 複素数 α が実数のとき, $\alpha = \overline{\alpha}$

(ii) 複素数 α が純虚数のとき, $\alpha + \overline{\alpha} = 0$

> $\alpha = a + bi$ のとき
> $\alpha = \overline{\alpha}$ ならば,
> $\cancel{a} + bi = \cancel{a} - bi$
> $2bi = 0$, $\therefore b = 0$
> となって, α は実数になる。

(i) α が実数 a のとき, $\alpha = a + 0 \cdot i$ より, $\overline{\alpha} = a - 0 \cdot i = a$ $\therefore \alpha = \overline{\alpha}$ だ。

(ii) α が純虚数 bi のとき，$\alpha = 0 + bi$，$\overline{\alpha} = 0 - bi$ となって，$\boxed{\alpha + \overline{\alpha} = 0}$ となる。逆に，$\underline{\alpha + \overline{\alpha} = 0}$ のとき $\alpha = a + bi$ は，$\alpha + \overline{\alpha} = a + \cancel{bi} + a - \cancel{bi}$

$\boxed{\text{この式は，}\alpha = 0(\text{実数})\text{のときもみたすので，}\alpha \neq 0 \text{として，これを除かないといけない。}}$

$= 2a = 0$，つまり $a = 0$ より，$\alpha = bi$ となる。よって，$\alpha \neq 0$ (つまり，$b \neq 0$) のとき，α は純虚数になると言えるんだね。

● 複素数の和と差は，ベクトルと同じだ！

2 つの複素数 $\alpha = a + bi$ と $\beta = c + di$ の和を γ とおくと，$\gamma = \alpha + \beta$ だね。すると，図 4 に示すように，線分 0α と 0β を 2 辺にもつ平行四辺形の対角線の頂点の位置に γ はくるんだよ。これは，α，β，γ を点 A,B,C とおくと，

$\overrightarrow{OC} = \overrightarrow{OA} + \overrightarrow{OB}$ と同じなんだね。

図 4 複素数の和

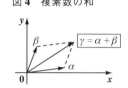

また，α と β の差を δ とおくと，

$\delta = \alpha - \beta = \alpha + (-\beta)$ となるね。よって，図 5 のように，線分 0α と $0(-\beta)$ を 2 辺にもつ平行四辺形の頂点の位置に点 δ はくるんだ。これも，点 δ を点 D とおけば，

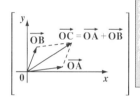

$\overrightarrow{OD} = \overrightarrow{OA} - \overrightarrow{OB}$ と同様なんだね。

ここで，2 点 α，β 間の距離は，図 5 より，絶対値 $|\alpha - \beta|$ で表されるのがわかるね。これは，ベクトルで考えると，$|\overrightarrow{BA}| = |\overrightarrow{OA} - \overrightarrow{OB}|$ とまったく同じなんだね。

図 5 複素数の差

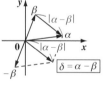

さらに，$\underline{\alpha} - \underline{\underline{\beta}} = (\underline{a + b\,i}) - (\underline{c + d\,i}) = \boxed{\text{実部}}(\underline{a - c}) + \boxed{\text{虚部}}(\underline{b - d})i$ だから，

2 点 α，β 間の距離は，次式で表せる。

絶対値 $|\alpha - \beta| = \sqrt{(a-c)^2 + (b-d)^2}$

$(\alpha = a + bi，\beta = c + di)$

共役複素数と絶対値の計算

絶対暗記問題 1　　　　　難易度 ★　　　CHECK*1*　　CHECK*2*　　CHECK*3*

$\alpha = 2 + i$, $\beta = -1 + 3i$ のとき, 次の複素数を複素数平面上に図示せよ.

(1) $\overline{\alpha}$　　　　(2) $-\overline{\alpha}$　　　　(3) $\alpha + \beta$

次に, $|\alpha|$, $|\beta|$, $|\alpha - \beta|$ の値を求めることにより, $\cos \angle \alpha 0 \beta$ の値を求めよ.

> **ヒント!** $\overline{\alpha}$ は, α を実軸に関して対称移動したもの, また $-\overline{\alpha}$ は α を虚軸に関して対称移動したものだ. 次に, $\triangle 0\alpha\beta$ の3辺の長さ, $|\alpha|$, $|\beta|$, $|\alpha - \beta|$ がわかれば, 余弦定理を使って $\cos \angle \alpha 0 \beta$ が計算できるね.

解答&解説

$\alpha = 2 + i$, $\beta = -1 + 3i$

(1) $\overline{\alpha} = 2 - i$ ← $\boxed{\overline{\alpha} \text{ は実軸に関して対称な点}}$

(2) $-\overline{\alpha} = -2 + i$ ← $\boxed{-\overline{\alpha} \text{ は虚軸に関して対称な点}}$

(3) $\alpha + \beta = (2 + i) + (-1 + 3i)$
$\qquad\qquad = 1 + 4i$

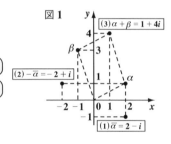

図1

以上の3点を, 図1の複素数平面上に示す. ……………………………(答)

・ $|\alpha| = |2 + i| = \sqrt{2^2 + 1^2} = \sqrt{5}$

・ $|\beta| = |-1 + 3i| = \sqrt{(-1)^2 + 3^2} = \sqrt{10}$

・ $|\alpha - \beta| = |(2 + i) - (-1 + 3i)|$
$\qquad\qquad = |3 - 2i|$
$\qquad\qquad = \sqrt{3^2 + (-2)^2} = \sqrt{13}$

> α, β を線分 $\alpha\beta$ の長さなどとすると, $0\alpha = |\alpha|$, $0\beta = |\beta|$, $\alpha\beta = |\alpha - \beta|$ より, $\triangle 0\alpha\beta$ の3辺の長さ $|\alpha|$, $|\beta|$, $|\alpha - \beta|$ を求めてから, 余弦定理を利用すればいいね.

ここで, $\triangle 0\alpha\beta$ に余弦定理を用いると,

$(\sqrt{13})^2 = (\sqrt{5})^2 + (\sqrt{10})^2 - 2\sqrt{5}\sqrt{10} \cos \angle \alpha 0 \beta$

$\qquad 13 = 5 + 10 - 10\sqrt{2} \cos \angle \alpha 0 \beta$

$\therefore \cos \angle \alpha 0 \beta = \dfrac{2}{10\sqrt{2}} = \dfrac{\sqrt{2}}{10}$ ………………………(答)

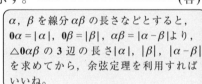

図2

$|\alpha|^2 = \alpha\overline{\alpha}$ などの絶対値の公式の利用

| 絶対暗記問題 2 | 難易度 ★★ | CHECK*1* | CHECK*2* | CHECK*3* |

(1) $|\alpha| = 2$, $|\beta| = 1$ のとき,

$\alpha\beta(\alpha\overline{\beta} - \overline{\alpha}\beta) = \alpha^2 - 4\beta^2$ ……(*) が成り立つことを示せ。

(2) $|\alpha| = 2$, $\alpha \neq \beta$ のとき, $\left|\dfrac{\alpha - \beta}{4 - \overline{\alpha}\beta}\right|$ の値を求めよ。

ヒント! (1) は $\alpha\overline{\alpha} = |\alpha|^2$ の公式だけでうまくいくよ。(2) は, $\alpha\overline{\alpha} = |\alpha|^2$ 以外に, $|\alpha||\beta| = |\alpha\beta|$ や $\left|\dfrac{\alpha}{\beta}\right| = \dfrac{|\alpha|}{|\beta|}$ など, 絶対値についての公式も必要だ。頑張れ!

解答&解説

(1) $|\alpha| = 2$, $|\beta| = 1$ より,

$(*)$ の左辺 $= \alpha\beta(\alpha\overline{\beta} - \overline{\alpha}\beta) = \alpha^2\beta\overline{\beta} - \alpha\overline{\alpha}\beta^2$

$= \alpha^2|\beta|^2 - |\alpha|^2\beta^2$ ← $\alpha\overline{\alpha} = |\alpha|^2$, $\beta\overline{\beta} = |\beta|^2$ これは重要公式だ!

$= \alpha^2 \times 1^2 - 2^2 \times \beta^2$

$= \alpha^2 - 4\beta^2 = (*)$ の右辺

∴ $(*)$ は成り立つ。………………………(終)

(2) $|\alpha| = 2$, $\alpha \neq \beta$ のとき,

$\left|\dfrac{\alpha - \beta}{4 - \overline{\alpha}\beta}\right| = \dfrac{|\alpha - \beta|}{|4 - \overline{\alpha}\beta|}$ ← $\left|\dfrac{\alpha}{\beta}\right| = \dfrac{|\alpha|}{|\beta|}$ だ。

$= \dfrac{|\alpha - \beta| \times |\alpha|}{|4 - \overline{\alpha}\beta| \times |\alpha|}$ ← 分母・分子に $|\alpha|$ をかけるとうまくいく! 分母は $|\alpha||\beta| = |\alpha\beta|$ を使うよ。

$= \dfrac{2|\alpha - \beta|}{|(4 - \overline{\alpha}\beta)\alpha|} = \dfrac{2|\alpha - \beta|}{|4\alpha - \alpha\overline{\alpha}\beta|}$ ← ここでも, $\alpha\overline{\alpha} = |\alpha|^2$ の公式を使う!

$= \dfrac{2|\alpha - \beta|}{|4\alpha - |\alpha|^2\beta|} = \dfrac{2|\alpha - \beta|}{|4\alpha - 4\beta|}$ ← 分母 $= |4(\alpha - \beta)| = 4|\alpha - \beta|$ だ!

$= \dfrac{2|\alpha - \beta|}{4|\alpha - \beta|} = \dfrac{1}{2}$ ………………………(答)

| 頻出問題にトライ・1 | 難易度 ★★★ | CHECK*1* | CHECK*2* | CHECK*3* |

$\dfrac{z}{1 + z^2}$ が純虚数であるとき, z はどのような複素数か。 (大阪歯大*)

解答は **P213**

§2. 複素数同士の "かけ算" では，偏角は "たし算" になる！

　これから複素数平面の **2** 回目の解説に入ろう。ここでは，まず複素数の極形式を勉強する。複素数を**絶対値**と**偏角**で表すことに慣れてくれ。この極形式で考えると，複素数同士のかけ算が，平面図形上では回転などと関係してくるんだ。また，"**ド・モアブルの定理**" など，応用の範囲がさらに広がって，面白くなってくるので，楽しみにしてくれ。

● 複素数は，絶対値と偏角を使って極形式で表せる！

　図 **1**(ⅰ)のように複素数 $z = a + bi$ (a, b：実数) を複素数平面上に表して，$0, z$ 間の距離，すなわち絶対値 $|z|$ を r とおくよ。また，線分 $0z$ と x 軸 (実軸)の正の向きとのなす角を**偏角**といい，θ とおくことにする。

　すると，図 **1** の (ⅱ)のように，三角関数の定義より，$\dfrac{a}{r} = \cos\theta, \dfrac{b}{r} = \sin\theta$ だから $\underset{\sim\sim}{a = r\cos\theta}, \underset{=}{b = r\sin\theta}$ となる。これから，

$$z = \underset{\sim\sim}{a} + \underset{=}{bi} = r\cos\theta + ir\sin\theta$$

だね。よって，複素数 z は次の**極形式**の形に書ける。

図 **1**　極形式
(ⅰ)

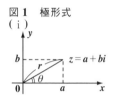

(ⅱ)

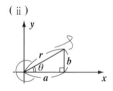

複素数 z の極形式

$z = r(\cos\theta + i\sin\theta)$

　(r：絶対値，θ：偏角)

> "アーギュメント・ゼット" と読むよ。

$z = a + bi$ のとき，この絶対値 r は，$r = |z| = \sqrt{a^2 + b^2}$ で計算できるね。また，偏角 θ は，$\underline{\mathit{arg}\ z}$ とも表されることを覚えておいてくれ。

　例題を **1** つやっておこう。$z = 1 - \sqrt{3}i$ について，$z = 1 + \left(-\sqrt{3}\right)i$ と考えると，$a = 1, b = -\sqrt{3}$ だね。

　よって，この絶対値 r は，$r = \sqrt{1^2 + \left(-\sqrt{3}\right)^2} = 2$ だ。

> 偏角 θ は，通常
> $0 \leqq \theta < 2\pi$
> または，
> $-\pi \leqq \theta < \pi$
> の範囲で考えることが多いけれど，一般角で表すこともある。

この **2** をくくり出すと，図 **2** より，z は

$$z = 2\left\{ \underbrace{\frac{1}{2}}_{} + \left(\underbrace{-\frac{\sqrt{3}}{2}}_{}\right)i = \underbrace{2}_{\text{絶対値}r}\left(\cos\underbrace{\frac{5}{3}\pi}_{\text{偏角}\theta} + i\sin\underbrace{\frac{5}{3}\pi}_{}\right)\right\}$$

と極形式で表せるんだ。納得いった？

図 2

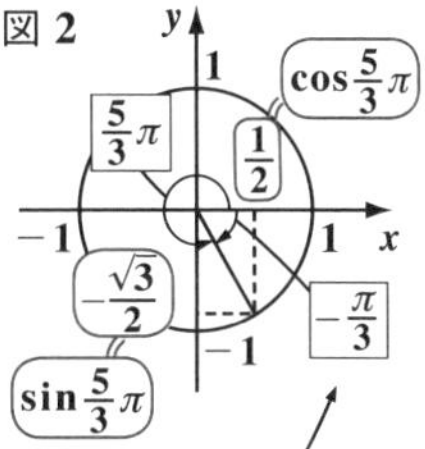

このθは$-\frac{\pi}{3}$でもいいので，
$z = 2\left\{\cos\left(-\frac{\pi}{3}\right) + i\sin\left(-\frac{\pi}{3}\right)\right\}$
また，一般角で表すと，
$z = 2\left\{\cos\left(\frac{5}{3}\pi + 2\pi n\right)\right.$
$\left. + i\sin\left(\frac{5}{3}\pi + 2\pi n\right)\right\}$
（n：整数）としてもいい。

● 複素数のかけ算では偏角はたし算になる！

2 つの複素数 z_1, z_2 が，それぞれ次のように極形式で表されているとするよ。

$$z_1 = r_1(\cos\theta_1 + i\sin\theta_1),\ z_2 = r_2(\cos\theta_2 + i\sin\theta_2)$$

このとき，この z_1 と z_2 の積と商は次のようになるんだよ。

(1) $z_1 \times z_2 = r_1 \times r_2\{\cos(\theta_1 + \theta_2) + i\sin(\theta_1 + \theta_2)\}$

(2) $\dfrac{z_1}{z_2} = \dfrac{r_1}{r_2}\{\cos(\theta_1 - \theta_2) + i\sin(\theta_1 - \theta_2)\}$

実際に，**(1)** の左辺を変形すると，

$$z_1 \times z_2 = r_1(\cos\theta_1 + i\sin\theta_1) \times r_2(\cos\theta_2 + i\sin\theta_2)$$

$$= r_1 r_2(\cos\theta_1\cos\theta_2 + i\cos\theta_1\sin\theta_2 + i\sin\theta_1\cos\theta_2 + \overset{(-1)}{i^2}\sin\theta_1\sin\theta_2)$$

$$= r_1 r_2\{(\cos\theta_1\cos\theta_2 - \sin\theta_1\sin\theta_2) + i(\sin\theta_1\cos\theta_2 + \cos\theta_1\sin\theta_2)\}$$

$$= r_1 r_2\{\cos(\theta_1 + \theta_2) + i\sin(\theta_1 + \theta_2)\}$$

加法定理：
$\cos(\theta_1 + \theta_2) = \cos\theta_1\cos\theta_2 - \sin\theta_1\sin\theta_2$
$\sin(\theta_1 + \theta_2) = \sin\theta_1\cos\theta_2 + \cos\theta_1\sin\theta_2$

となって，**(1)** が成り立つね。大丈夫？

このポイントは，複素関数同士を"かけている"のに偏角は"たし算"になっていることなんだね。**(2)** も同様に，複素数同士の"割り算"では，偏角は"引き算"になることに注意してくれ。

(ex)
$z_1 = 4(\cos 50° + i\sin 50°)$
$z_2 = 3(\cos 10° + i\sin 10°)$
のとき，
$z_1 z_2 = 4 \times 3\{\cos(50° + 10°) + i\sin(50° + 10°)\}$
$= 12(\cos 60° + i\sin 60°)$
$= 12\left(\dfrac{1}{2} + \dfrac{\sqrt{3}}{2}i\right)$
$= 6 + 6\sqrt{3}\,i$　だね。

● 複素数の積の図形的な意味を押さえよう！

複素数 $z = r_0(\cos\theta_0 + i\sin\theta_0)$ に，もう 1 つの複素数 $r(\cos\theta + i\sin\theta)$ をかけたものを w とおくよ。つまり，$w = r(\cos\theta + i\sin\theta)z$ だね。このとき点 z と点 w の図形的な意味は次のようになるんだよ。

原点のまわりの回転と拡大（縮小）

$w = r(\cos\theta + i\sin\theta)z$ ⟵⟶	点 w は点 z を原点 0 のまわりに θ だけ回転して，r 倍に拡大（または縮小）したものである。

$z = r_0(\cos\theta_0 + i\sin\theta_0)$ に $r(\cos\theta + i\sin\theta)$ をかけると，偏角は和になることに注意して，

$$w = r(\cos\theta + i\sin\theta) \times r_0(\cos\theta_0 + i\sin\theta_0)$$
$$= \underbrace{(r \times r_0)}_{w \text{ の絶対値}}\{\cos(\underbrace{\theta + \theta_0}_{w \text{ の偏角}}) + i\sin(\theta + \theta_0)\} \quad \text{となる。}$$

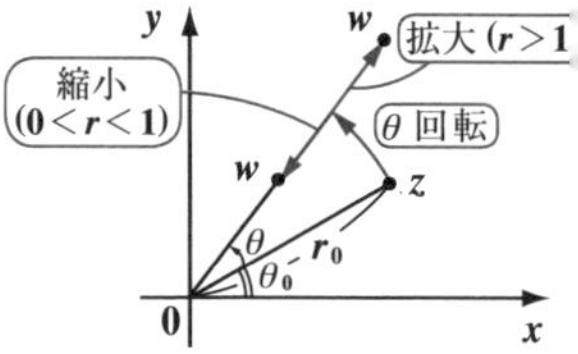

これから，w の偏角は $\theta + \theta_0$ より，点 z をまず原点のまわりに θ だけ回転するんだね。次に，w の絶対値は $r \times r_0$ なので，回転した後 r 倍に拡大または縮小することになるんだね。当然 r が，(i) $r > 1$ ならば拡大，(ii) $0 < r < 1$ ならば縮小になるんだ。図 3 をよく見てくれ。また，図 4 の例題も確認してくれ。

図 3

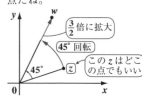

図 4 (ex)
$w = \dfrac{3}{2}(\cos45° + i\sin45°)z$ のとき，点 w は，点 z を原点 0 のまわりに $45°$ 回転して，$\dfrac{3}{2}$ 倍に拡大した点だね。

● ド・モアブルの定理にチャレンジだ！

複素数同士の積の場合，偏角は和（たし算）になるので，$(\cos\theta + i\sin\theta)^2$ は，
$$(\cos\theta + i\sin\theta)^2 = (\cos\theta + i\sin\theta)(\cos\theta + i\sin\theta)$$
$$= \cos(\theta + \theta) + i\sin(\theta + \theta)$$
$$= \cos2\theta + i\sin2\theta \quad \text{となるね。}$$

角度は，$180° = \pi$ より，$30° = \dfrac{\pi}{6}$, $45° = \dfrac{\pi}{4}$, $60° = \dfrac{\pi}{3}$, $90° = \dfrac{\pi}{2}$, $120° = \dfrac{2}{3}\pi$ など，……と表せるんだね。

同様に，$(\cos\theta + i\sin\theta)^3$ は，
$$(\cos\theta + i\sin\theta)^3 = \underline{(\cos\theta + i\sin\theta)^2}(\cos\theta + i\sin\theta)$$
$$= (\cos2\theta + i\sin2\theta)(\cos\theta + i\sin\theta)$$
$$= \cos3\theta + i\sin3\theta \quad \text{だね。}$$

16

一般に,次のド・モアブルの定理が成り立つ。

ド・モアブルの定理

$$(\cos\theta + i\sin\theta)^n = \cos n\theta + i\sin n\theta$$
$$(n：整数)$$

> この n は,0 や負の整数でもいいんだよ。

> (ex) ド・モアブルの定理
> $$\left(\cos\frac{\pi}{10} + i\sin\frac{\pi}{10}\right)^{10}$$
> $$= \cos\left(10 \times \frac{\pi}{10}\right) + i\sin\left(10 \times \frac{\pi}{10}\right)$$
> $$= \cos\pi + i\sin\pi$$
> $$= -1$$

これは応用上とても大切な定理なので,是非覚えてくれ。

● 複素数 α の n 乗根はこうして求めよう！

この n 乗根の問題は,受験では頻出なので,1 つ例題で解説しておくよ。
$z^3 = 1$ ……① をみたす複素数 z を求めてみよう！

この未知数 z を,$z = r(\cos\theta + i\sin\theta)$ ……② と極形式において,r と θ の値
を求めればいいんだね。また①の右辺も,$1 + 0i$ と考えて,絶対値 $\sqrt{1^2 + 0^2}$
$= 1$ を く く り 出 す と, 右 辺 $= 1(\underline{1} + \underline{0}i)$ より,
$\underline{\cos}$ が $\underline{1}$, $\underline{\sin}$ が $\underline{0}$ なので,偏角は $\underline{2\pi n}$ $(n = 0, 1, 2)$

> 偏角を一般角 $2\pi n$ とおいて,$n = 0, 1, 2$ の 3 つだけに変化させているのに注意してくれ。

だね。よって,①の右辺は ▸ 0,または,2π または 4π だ！

$$1 = 1\{\cos(\underline{2\pi n}) + i\sin(\underline{2\pi n})\} \cdots ③ (n = 0, 1, 2)$$

となるんだ。②,③を①に代入して,

$$\{r(\cos\theta + i\sin\theta)\}^3 = 1\{\cos(2\pi n) + i\sin(2\pi n)\}$$
$$\underline{r^3}(\cos\underline{3\theta} + i\sin\underline{3\theta}) = \underline{1}\{\cos(\underline{2\pi n}) + i\sin(\underline{2\pi n})\}$$

両辺の絶対値と偏角を比較して,

> ド・モアブルの定理より,
> 左辺 $= \{r(\cos\theta + i\sin\theta)\}^3$
> $= r^3(\cos\theta + i\sin\theta)^3$
> $= r^3(\cos 3\theta + i\sin 3\theta)$
> となるね。

$$\underline{r^3} = \underline{1} \cdots ④, \quad \underline{3\theta} = \underline{2\pi n} \cdots ⑤ (n = 0, 1, 2)$$

④をみたす正の実数 r は,当然 1 だね。$\therefore r = \underline{1}$
次に,$n = 0, 1, 2$ より,⑤は

$$3\theta = 0, 2\pi, 4\pi \quad \therefore \theta = \underline{0}, \frac{2}{3}\pi, \frac{4}{3}\pi$$

よって②より,1 の 3 乗根 z は

$$z = \underline{1}(\cos\underline{0} + i\sin\underline{0}), または \underline{1}\left(\cos\frac{2}{3}\pi + i\sin\frac{2}{3}\pi\right),$$

または $\underline{1}\left(\cos\frac{4}{3}\pi + i\sin\frac{4}{3}\pi\right)$ の 3 つだ。

> $n = 3, 4, 5, \cdots$ のとき⑤は
> $3\theta = 6\pi, 8\pi, 10\pi\cdots$
> よって,
> $\theta = 2\pi, \frac{8}{3}\pi, \frac{10}{3}\pi$
> $\boxed{\frac{2}{3}\pi} \quad \boxed{\frac{4}{3}\pi}$
> となって,実質的に同じ角度
> が繰り返し出てくるだけだね。
> $\therefore z^3 = 1$ のとき,$n = 0, 1, 2$
> の 3 通りだけでいいんだ。

17

極形式と複素数の積・商

3つの複素数 $\alpha = 1 + i$, $\beta = \sqrt{3} - i$, $\gamma = -3$ がある。

(1) α, β, γ を，それぞれの極形式で表せ。

(2) $\alpha\beta$, $\dfrac{\beta}{\gamma}$ を極形式で表せ。

   (ただし，偏角 θ は，どれも $-\pi < \theta \leqq \pi$ とする。)

> ヒント！ (1)$r(\cos\theta + i\sin\theta)$ の極形式にもち込むんだね。(2) の複素数のかけ算では偏角はたし算に，また割り算では偏角は引き算になるんだね。

解答&解説

(1)(i) $|\alpha| = \sqrt{1^2 + 1^2} = \sqrt{2}$ より

$$\alpha = \sqrt{2}\left(\frac{1}{\sqrt{2}} + \frac{1}{\sqrt{2}}i\right)$$
$$= \sqrt{2}\left(\cos\frac{\pi}{4} + i\sin\frac{\pi}{4}\right) \quad \cdots\cdots(答)$$

(右上の図)

(iii) $\arg\gamma = \pi$ (i) $\arg\alpha = \dfrac{\pi}{4}$ (ii) $\arg\beta = -\dfrac{\pi}{6}$

(ii) $|\beta| = \sqrt{(\sqrt{3})^2 + (-1)^2} = 2$ より

$$\beta = 2\left\{\frac{\sqrt{3}}{2} + \left(-\frac{1}{2}\right)i\right\} = 2\left\{\cos\left(-\frac{\pi}{6}\right) + i\sin\left(-\frac{\pi}{6}\right)\right\} \quad \cdots\cdots\cdots(答)$$

(iii) $|\gamma| = \sqrt{(-3)^2 + 0^2} = 3$ より   ← $\boxed{\gamma = -3 + 0i と考える！}$

$$\gamma = 3(-1 + 0i) = 3(\cos\pi + i\sin\pi) \quad \cdots\cdots\cdots\cdots\cdots\cdots\cdots(答)$$

(2)(i) $\alpha\beta = \sqrt{2}\left(\cos\dfrac{\pi}{4} + i\sin\dfrac{\pi}{4}\right) \cdot 2\left\{\cos\left(-\dfrac{\pi}{6}\right) + i\sin\left(-\dfrac{\pi}{6}\right)\right\}$

$$= 2\sqrt{2}\left\{\cos\left(\frac{\pi}{4} - \frac{\pi}{6}\right) + i\sin\left(\frac{\pi}{4} - \frac{\pi}{6}\right)\right\}$$
$$= 2\sqrt{2}\left(\cos\frac{\pi}{12} + i\sin\frac{\pi}{12}\right) \quad \cdots\cdots(答)$$

(ii) $\dfrac{\beta}{\gamma} = \dfrac{2\left\{\cos\left(-\dfrac{\pi}{6}\right) + i\sin\left(-\dfrac{\pi}{6}\right)\right\}}{3(\cos\pi + i\sin\pi)}$

$$= \frac{2}{3}\left(\cos\frac{5}{6}\pi + i\sin\frac{5}{6}\pi\right) \quad \cdots\cdots(答)$$

> $\dfrac{\beta}{\gamma}$ の偏角は，引き算になるから，$-\dfrac{\pi}{6} - \pi = -\dfrac{7}{6}\pi$ だ。これを $-\pi < \theta \leqq \pi$ の範囲で考えると，$\dfrac{5}{6}\pi$ になるんだね。

極形式による計算とド・モアブルの定理

絶対暗記問題 4	難易度 ★★	CHECK1	CHECK2	CHECK3

(1) 次の複素数の値を求めよ。

(i) $(-1+\sqrt{3}i)^6$　　　　(ii) $\left(\dfrac{\cos 12° - i\sin 12°}{\cos 9° - i\sin 9°}\right)^{10}$

(2) $z = 1 + i$ のとき，$1 + z + z^2 + \cdots\cdots + z^7$ の値を求めよ。

ヒント！ (1) の (ii) の分子は極形式ではないので，分子 $= \cos(-12°) + i\sin(-12°)$ と極形式に変形する。分母も同様だ。(2) は，$1 + z + \cdots\cdots + z^7$ が等比数列の和になっていることに気付くことだ。後は，ド・モアブルを使えばいいよ。

解答＆解説

(1) (i) $-1 + \sqrt{3}i = 2(\cos 120° + i\sin 120°)$ より

$(-1+\sqrt{3}i)^6 = \{2(\cos 120° + i\sin 120°)\}^6$ ← ド・モアブルだ！

$= 2^6\{\cos(6\times120°) + i\sin(6\times120°)\}$ ← $6\times120° = 720°$ は $0°$ と同じだ。

$= 64(\cos 0° + i\sin 0°) = 64$ ………(答)

(ii) $\left(\dfrac{\cos 12° - i\sin 12°}{\cos 9° - i\sin 9°}\right)^{10} = \left\{\dfrac{\cos(-12°) + i\sin(-12°)}{\cos(-9°) + i\sin(-9°)}\right\}^{10}$

$\cos(-\theta) = \cos\theta$
$\sin(-\theta) = -\sin\theta$
これを使って分母・分子を極形式に書きかえたんだ！

$= \{\cos(-3°) + i\sin(-3°)\}^{10}$

$= \cos(-30°) + i\sin(-30°)$

$= \dfrac{\sqrt{3}}{2} - \dfrac{1}{2}i$ …………(答)

割り算では，偏角が引き算になるから，$-12° - (-9°) = -3°$

(2) $z = 1 + i = \sqrt{2}(\cos 45° + i\sin 45°)$ より

$$\underbrace{1 + z + z^2 + \cdots\cdots + z^7}_{8項の和} = \dfrac{1\cdot(1 - z^8)}{1 - z}$$

初項 1，公比 z，項数 8 の等比数列の和だ！

$= \dfrac{1 - \{\sqrt{2}(\cos 45° + i\sin 45°)\}^8}{1 - (1 + i)}$

$\{\sqrt{2}(\cos 45° + i\sin 45°)\}^8$
$= (\sqrt{2})^8(\cos 45° + i\sin 45°)^8$
$= 16\{\cos(8\times45°) + i\sin(8\times45°)\}$
$= 16(\cos 360° + i\sin 360°)$
$= 16$ だね。

$= \dfrac{1 - 16(\cos 360° + i\sin 360°)}{-i}$

$= \dfrac{1 - 16}{-i} = \dfrac{15}{i} = \dfrac{15i}{i^2} = -15i$ ……………………(答)

絶対暗記問題 5 　　難易度 ★★　　CHECK1　　CHECK2　　CHECK3

方程式 $z^4 = -8 + 8\sqrt{3}i$ を解け。　　　　　　　　　（大阪教育大＊）

ヒント！ $z = r(\cos\theta + i\sin\theta)$ とおいて，r と θ の値を求めればいいんだね。ポイントは，$-8 + 8\sqrt{3}i$ を極形式にしたときの偏角を $\theta + 2\pi n$ で表すこと，そして 4 次方程式より $n = 0, 1, 2, 3$ の 4 通りとすることだ。

解答 & 解説

> 予め，θ を $0 \leqq \theta < 2\pi$ の範囲にしておくといいよ。

$z^4 = -8 + 8\sqrt{3}i$ ……① 　とおく。

ここで，$z = r(\cos\theta + i\sin\theta)$ ……② 　$(r > 0, \underline{0 \leqq \theta < 2\pi})$ とおくと，

$$z^4 = \{r(\cos\theta + i\sin\theta)\}^4 = r^4(\cos4\theta + i\sin4\theta) \cdots\cdots③$$

また，$-8 + 8\sqrt{3}i = 16\left(-\dfrac{1}{2} + \dfrac{\sqrt{3}}{2}i\right) = 16\left(\cos\dfrac{2}{3}\pi + i\sin\dfrac{2}{3}\pi\right)$

$$= 16\left\{\cos\left(\dfrac{2}{3}\pi + 2\pi n\right) + i\sin\left(\dfrac{2}{3}\pi + 2\pi n\right)\right\} \cdots\cdots④ \ (n：整数)$$

③，④を①に代入して，

$$\underset{\sim}{r^4}(\cos\underline{4\theta} + i\sin\underline{4\theta}) = \underset{\sim}{16}\left\{\cos\left(\underline{\dfrac{2}{3}\pi + 2\pi n}\right) + i\sin\left(\underline{\dfrac{2}{3}\pi + 2\pi n}\right)\right\}$$

両辺の絶対値と偏角を比較して，

> $0 \leqq \theta < 2\pi$ だから，$n = 0, 1, 2, 3$ として，$\theta = \dfrac{\pi}{6}, \dfrac{2}{3}\pi, \dfrac{7}{6}\pi, \dfrac{5}{3}\pi$ となるんだね。

$$\begin{cases} \underset{\sim}{r^4} = \underset{\sim}{16} & \cdots\cdots⑤ \\ \underset{\sim}{4\theta} = \dfrac{2}{3}\pi + 2\pi n & \cdots\cdots⑥ \end{cases}$$

⑤より，$r = 2$ 　また⑥より $\theta = \dfrac{\pi}{6} + \dfrac{\pi}{2}n$ 　$(n = 0, 1, 2, 3)$

よって②より，求める解 z は，次の 4 つである。

> 解 z は，中心原点，半径 $r = 2$ の円周を 4 等分割する点だ。

$$z = 2\left(\overset{\frac{\sqrt{3}}{2}}{\boxed{\cos\dfrac{\pi}{6}}} + i\overset{\frac{1}{2}}{\boxed{\sin\dfrac{\pi}{6}}}\right), \ 2\left(\overset{-\frac{1}{2}}{\boxed{\cos\dfrac{2}{3}\pi}} + i\overset{\frac{\sqrt{3}}{2}}{\boxed{\sin\dfrac{2}{3}\pi}}\right),$$

$$2\left(\overset{-\frac{\sqrt{3}}{2}}{\boxed{\cos\dfrac{7}{6}\pi}} + i\overset{-\frac{1}{2}}{\boxed{\sin\dfrac{7}{6}\pi}}\right), \ 2\left(\overset{\frac{1}{2}}{\boxed{\cos\dfrac{5}{3}\pi}} + i\overset{-\frac{\sqrt{3}}{2}}{\boxed{\sin\dfrac{5}{3}\pi}}\right)$$

$$= \sqrt{3} + i, \ -1 + \sqrt{3}i,$$

$$-\sqrt{3} - i, \ 1 - \sqrt{3}i \ \cdots\cdots(答)$$

2直線の直交条件

絶対暗記問題 6 　　　難易度 ★★　　　CHECK1　　CHECK2　　CHECK3

(1) $\dfrac{w}{z} = ki$ $(k>0)$ のとき,$0z \perp 0w$ (垂直) となることを示せ。

(2) 2つの0でない複素数 z と w について,$0z \perp 0w$ となるための条件は $\bar{z}w + z\bar{w} = 0$ であることを示せ。

（岩手大 *）

ヒント! (1)i を極形式で表すと $i = \cos 90° + i\sin 90°$ だね。よって,与式より,点 w は点 z を原点 0 のまわりに $90°$ だけ回転して,k 倍した点だ。(2) では,純虚数 α は $\alpha + \bar{\alpha} = 0$ をみたすことを,用いるんだね。

解答 & 解説

(1) 虚数単位 i を極形式で表すと,

角度を"度"で表した。

$$i = 0 + 1 \cdot i = \cos 90° + i\sin 90°$$

よって,$\dfrac{w}{z} = ki$ は,$\dfrac{w}{z} = k(\cos 90° + i\sin 90°)$

$$w = k(\cos 90° + i\sin 90°)z \quad (k>0)$$

∴点 w は,点 z を原点 0 のまわりに $90°$ 回転して,k 倍したものだから,$0z \perp 0w$ である。…………………(終)

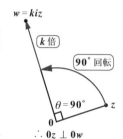

これは純虚数だ!

(2) $0z \perp 0w$ $(z \neq 0, \ w \neq 0)$ のとき,(1) と同様に,$\dfrac{w}{z} = ki$ (k：0 でない実数) と表せるから,$\dfrac{w}{z}$ は純虚数となる。

$$\therefore \frac{w}{z} + \overline{\left(\frac{w}{z}\right)} = 0, \quad \frac{w}{z} + \frac{\bar{w}}{\bar{z}} = 0$$

公式：$\overline{\left(\dfrac{\beta}{\alpha}\right)} = \dfrac{\bar{\beta}}{\bar{\alpha}}$ より

両辺に $z\bar{z}$ をかけて,$\bar{z}w + z\bar{w} = 0$ となる。これが,$0z \perp 0w$ となるための z と w の条件である。…………………(終)

頻出問題にトライ・2 　　　難易度 ★★　　　CHECK1　　CHECK2　　CHECK3

2つの複素数 $\alpha = 2+i$, $\beta = 3+i$ の偏角をそれぞれ θ_1, θ_2 とおく。このとき,$\theta_1 + \theta_2$ の値を求めよ。ただし,$0 < \theta_1 < \dfrac{\pi}{4}$, $0 < \theta_2 < \dfrac{\pi}{4}$ とする。

解答は **P213**

§3. 複素数の和・差では，平面ベクトルの知識が使える！

さァ，いよいよ**複素数平面と図形**の問題に入るよ。複素数の和・差，そして絶対値については，平面ベクトルとまったく同じだったね。だから，複素数平面でも，ベクトルで勉強した**内分点・外分点の公式**が同様に成り立つんだ。ここではさらに**円の方程式**についても極めよう。

● 複素数でも内分点・外分点の公式が成り立つ！

まず，2 点 α, β を結ぶ線分の内分点の公式は次の通りだ。

内分点の公式
点 z が 2 点 α, β を結ぶ線分を $m : n$ の比に内分するとき，$$z = \frac{n\alpha + m\beta}{m+n}$$

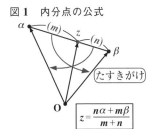

図1 内分点の公式

これは，$A(\alpha)$，$B(\beta)$，$C(z)$ として，α を $\overrightarrow{OA}$，β を $\overrightarrow{OB}$，z を $\overrightarrow{OP}$ とおくと，平面ベクトルの内分点の公式とまったく同じだね。分子で m と n が α と β にたすきにかかっているのが要注意だったんだね。

特に，点 z が線分 $\alpha\beta$ の中点の場合，$m = n = 1$ とおいて，

$z = \dfrac{\alpha + \beta}{2}$ となるのも同様だ。

また，内分点公式の発展形として，点 z が線分 $\alpha\beta$ を $m : n$ に内分するという代わりに，$t : 1-t$ の比に内分すると考えると，

$z = (1-t)\alpha + t\beta$

となるのも一緒だ。

さらに，$\triangle \alpha\beta\gamma$ の重心を g とおくと，

$g = \dfrac{1}{3}(\alpha + \beta + \gamma)$ となるのもわかるだろう。

図2 内分点の公式の発展形

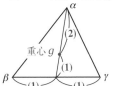

図3 三角形の重心 g

次に，外分点の公式も平面ベクトルとまったく同じで，内分点の公式の n の代わりに $-n$ を代入すればいいんだ。

図4　外分点の公式
（i）$m > n$ のとき

（ii）$m < n$ のとき

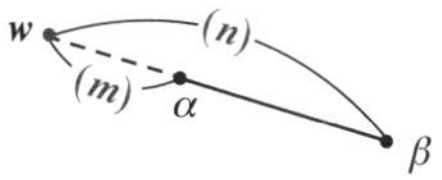

外分点の公式

点 w が 2 点 α，β を結ぶ線分を $m:n$ の比に外分するとき，

$$w = \frac{-n\alpha + m\beta}{m - n}$$

それでは例題を 1 つやっておこう。

$\alpha = 3 + 2i$，$\beta = -2 + i$ とする。線分 $\alpha\beta$ を $3:1$ に内分する点 z と，$2:3$ に外分する点 w を求めてみるよ。まず，点 z は，線分 $\alpha\beta$ を $3:1$ に内分するので，

$$z = \frac{1\alpha + 3\beta}{3 + 1} = \frac{1(3 + 2i) + 3(-2 + i)}{4} = \frac{3 + 2i - 6 + 3i}{4}$$

$$= \frac{-3 + 5i}{4} = -\frac{3}{4} + \frac{5}{4}i \quad となるね。$$

次，点 w は，この線分 $\alpha\beta$ を $2:3$ に外分するので，

$$w = \frac{-3\alpha + 2\beta}{2 - 3} = \frac{-3(3 + 2i) + 2(-2 + i)}{-1} = \frac{-9 - 6i - 4 + 2i}{-1}$$

$$= 13 + 4i \quad となるんだね。大丈夫？$$

● 垂直二等分線とアポロニウスの円にチャレンジだ！

試験では，$|z - \alpha| = k|z - \beta|$ をみたす点 z の描く図形 (軌跡) を求めさせる問題が非常によく出題されるんだ。ここで，z は動点，α と β は定点，そして k は正の定数だ。この問題の結果を先に書いておくと，ズバリ次の通りだ。

垂直二等分線とアポロニウスの円

> $|z-\alpha|=k|z-\beta|$ ……①　をみたす点 z の軌跡は,
>
> （ⅰ）$k=1$ のとき，線分 $\alpha\beta$ の **垂直二等分線**。
>
> （ⅱ）$k\neq1$ のとき，**アポロニウスの円**。
>
> （z：動点，α,β：定点，k：正の定数）

（ⅰ）$k=1$ のとき，①は $\underline{|z-\alpha|=|z-\beta|}$ となるので，
$\underset{\wavy}{\alpha \text{と} z \text{との間の距離}}$ と，$\underline{\beta \text{と} z \text{との間の距離}}$ が等
しいといってるわけだね。だから，図 **5** のように，
点 z の描く図形は，線分 $\alpha\beta$ の **垂直二等分線** にな
るのがわかるはずだ。

（ⅱ）$k\neq1$ のとき，点 z は円を描くんだけれど，この
円のことを **アポロニウスの円** と呼ぶ。これにつ
いては，次の例題で解説しよう。

図 5　$k=1$ のとき
　　　垂直二等分線

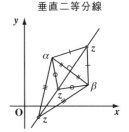

　　$\alpha=2i,\ \beta=-i,\ k=2$ とすると，①は
$|z-2i|=2|z+i|$ となる。

　　ここで，$z=x+yi$（x, y：実数）とおくと
$$|x+yi-2i|=2|x+yi+i|$$
$$|x+(y-2)i|=2|x+(y+1)i|$$
$$\sqrt{x^2+(y-2)^2}=2\sqrt{x^2+(y+1)^2}$$
両辺を 2 乗して，
$$x^2+(y-2)^2=4\{x^2+(y+1)^2\}$$

> これから
>
> $z=x+yi$ とおい
> て，x と y の関係
> 式から動点 z の軌
> 跡を求めるやり方
> にも慣れてくれ

図 6　アポロニウスの円
　　$\alpha=2i, \beta=-i, k=2$
　　とおくと，
　　$|z-2i|=2|z+i|$ より
　　$|z-2i|:|z+i|=2:1$

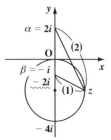

$$x^2+y^2-4y+4=\overbrace{4(x^2+y^2+2y+1)}$$
$$3x^2+3y^2+12y=0 \quad \text{両辺を 3 で割って，}$$
$$x^2+y^2+4y=0 \qquad x^2+(y^2+4y+\underset{\downarrow}{4})=0+\underset{\downarrow}{4}$$

> 2 で割って 2 乗!

$$x^2+(y+2)^2=4 \longrightarrow$$ 中心 $(0,-2)$ より

これより，点 $z=x+yi$ は中心 $\underline{-2i}$，半径 2 の円（**アポロニウスの円**）
を描くことがわかるんだね。図 **6** で確認してくれ。

24

● 円の方程式もベクトルとソックリだ！

それじゃ，一般的な円の方程式も書いておくよ。

図7 円の方程式
$$|z - \alpha| = r$$

$$\begin{pmatrix} z を \overrightarrow{\mathrm{OP}}, \alpha を \overrightarrow{\mathrm{OA}} と \\ おくと \\ |\overrightarrow{\mathrm{OP}} - \overrightarrow{\mathrm{OA}}| = r \\ これは中心 \mathbf{A}, 半径 r \\ の円のベクトル方程 \\ 式だね \end{pmatrix}$$

円の方程式

$$|z - \alpha| = r \ \cdots\cdots ②$$

（中心 α，半径 r の円）

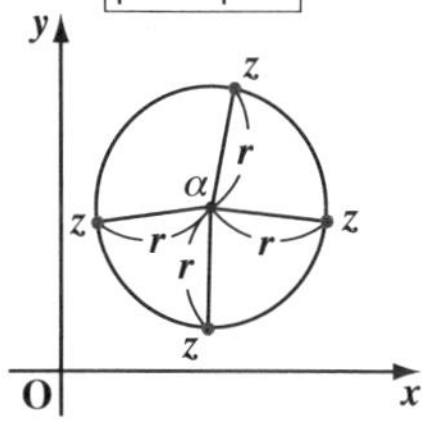

これは，動点 z と定点 α との間の距離が常に一定値 r になるといってるわけだから，図7のように，動点 z は点 α を中心とする半径 r の円周上を動くことになる。これは平面ベクトルのときと同じだね。

では，次にもっとハイレベルな話に入るよ。②の両辺を2乗すると，

$$|z - \alpha|^2 = r^2$$

公式：$|\beta|^2 = \beta\bar{\beta}$ より

$$(z - \alpha)\overline{(z - \alpha)} = r^2$$

公式：$\overline{z - \alpha} = \bar{z} - \bar{\alpha}$ より

$$(z - \alpha)(\bar{z} - \bar{\alpha}) = r^2$$

この左辺を展開して，

$$z\bar{z} - z\bar{\alpha} - \alpha\bar{z} + \overset{|\alpha|^2}{\boxed{\alpha\bar{\alpha}}} = r^2$$

$$z\bar{z} - \bar{\alpha}z - \alpha\bar{z} + \overset{実数 k}{\boxed{|\alpha|^2 - r^2}} = 0$$

したがって，②以外にも

$$z\bar{z} - \bar{\alpha}z - \alpha\bar{z} + k = 0 \ （k：実数定数）$$

の形が出てきたら，右上の例題のように，これを逆にたどって，②の形の円の方程式にもち込む練習をしておくと，実践的で役に立つんだよ。

(ex)　$k = 0$ のとき

$$z\bar{z} - \bar{\alpha}z - \alpha\bar{z} = 0$$

この両辺に $\alpha\bar{\alpha} = |\alpha|^2$ を加えて，

$$z\bar{z} - \bar{\alpha}z - \alpha\bar{z} + \alpha\bar{\alpha} = |\alpha|^2$$

$$z(\bar{z} - \bar{\alpha}) - \alpha(\bar{z} - \bar{\alpha}) = |\alpha|^2$$

$$(z - \alpha)(\bar{z} - \bar{\alpha}) = |\alpha|^2$$

$$(z - \alpha)\overline{(z - \alpha)} = |\alpha|^2$$

$$|z - \alpha|^2 = |\alpha|^2 \therefore |z - \alpha| = \boxed{|\alpha|}^{\ r}$$

これは，中心 α，半径 $r = |\alpha|$ の円を表す！

線分の内分点・外分点と三角形の重心

3つの複素数 $\alpha = -2 - i$，$\beta = 2 + 3i$，$\gamma = -3 + 4i$ の表す点をそれぞれ A，B，C，とおく。次の点を表す複素数を求めよ。

(1) 線分 AB を 2:1 の比に内分する点 P

(2) 線分 AB を 3:2 の比に外分する点 Q

(3) △ABC の重心 G

(4) AB，AC を 2辺とする平行四辺形のもう 1つの頂点 D

ヒント！ (1)，(2) は，それぞれ内分点・外分点の公式に当てはめればいいだけだね。(3) も，三角形の重心の公式を使えばいいだろう。(4) についてはベクトルと同様に考えて，$\overrightarrow{\text{OD}} = \overrightarrow{\text{OA}} + \overrightarrow{\text{AD}}$ から考えていくとわかり易いよ。

解答&解説

(1) 線分 AB を 2:1 に内分する点 P を表す複素数 p は，

$$p = \frac{1\alpha + 2\beta}{2 + 1} = \frac{1(-2-i) + 2(2+3i)}{3}$$

内分点の公式：
$$p = \frac{n\alpha + m\beta}{m + n}$$

$$= \frac{2 + 5i}{3} = \frac{2}{3} + \frac{5}{3}i \quad \cdots\cdots\cdots\cdots\cdots(答)$$

(2) 線分 AB を 3:2 に外分する点 Q を表す複素数 q は，

$$q = \frac{-2\alpha + 3\beta}{3 - 2} = -2(-2-i) + 3(2+3i)$$

外分点の公式：
$$q = \frac{-n\alpha + m\beta}{m - n}$$

$$= 4 + 2i + 6 + 9i = 10 + 11i \quad \cdots\cdots\cdots\cdots(答)$$

(3) △ABC の重心 G を表す複素数 g は，

$$g = \frac{1}{3}(\alpha + \beta + \gamma) = \frac{1}{3}(-2 - i + 2 + 3i - 3 + 4i)$$

△ $\alpha\beta\gamma$ の重心公式：
$$g = \frac{1}{3}(\alpha + \beta + \gamma)$$

$$= -1 + 2i \quad \cdots\cdots\cdots\cdots\cdots\cdots(答)$$

(4) AB，AC を 2辺とする平行四辺形のもう 1つの頂点 D を表す複素数 δ は，

$$\underset{\sim}{\delta} = \alpha + \underline{\underline{(\beta - \alpha)}} + \underline{(\gamma - \alpha)} = \beta + \gamma - \alpha$$
$$= 2 + 3i + (-3 + 4i) - (-2 - i)$$
$$= 1 + 8i \quad \cdots\cdots\cdots\cdots\cdots\cdots(答)$$

$\overrightarrow{\text{OD}} = \overrightarrow{\text{OA}} + \overrightarrow{\text{AD}}$
$\qquad = \overrightarrow{\text{OA}} + \overrightarrow{\text{AB}} + \overrightarrow{\text{AC}}$
$\therefore \underset{\sim}{\delta} = \alpha + \underline{\underline{(\beta - \alpha)}} + \underline{(\gamma - \alpha)}$
となるんだね。

線分の垂直二等分線とアポロニウスの円

複素数平面上で，次の方程式をみたす点 z が描く図形を求めよ。

(1) $|z - 3 + i| = |\overline{z} + 1 + 2i|$

(2) $|z - 1| = |2i + 2\overline{z}|$

ヒント!　(1) $\overline{1 - 2i} = 1 + 2i$ だから，右辺 $= |\overline{z + 1 - 2i}| = |z + 1 - 2i|$ となるね。
ここで，公式 $|\overline{\alpha}| = |\alpha|$ を使うといい。(2) も同様に変形してごらん。すると，(1)
は垂直二等分線，(2) はアポロニウスの円の式が見えてくるよ。

解答&解説

(1) $\overline{z} + 1 + 2i = \overline{z} + \overline{1 - 2i} = \overline{z + 1 - 2i}$ より，与式は

$$|z - 3 + i| = |\overline{z + 1 - 2i}|$$

公式 : $|\overline{\alpha}| = |\alpha|$ より

$$|z - 3 + i| = |z + 1 - 2i|$$

$$|z - (3 - i)| = |z - (-1 + 2i)|$$

よって，点 z は，2 点 $3 - i$ と $-1 + 2i$ から等距離に
あるので，2 点 $3 - i$ と $-1 + 2i$ を結ぶ線分の垂直二等分線を描く。…(答)

(2) $2\overline{z} + 2i = 2\overline{z} + 2\overline{(-i)} = \overline{2z - 2i}$ より，与式は

$i = 0 + i = \overline{0 - i} = \overline{-i}$ だね。

$$|z - 1| = |\overline{2z - 2i}| = |2z - 2i| = 2|z - i|$$

公式 : $|\overline{\alpha}| = |\alpha|$ を使った!

$$\therefore |z - 1| = 2|z - i| \quad \cdots\cdots ①$$

$|z - \alpha| = k|z - \beta|$ で $k \ne 1$ の形より，**アポロニウスの円**になるよ。$z = x + yi$ とおいて，x と y の関係式を導けばいいんだね。

$z = x + yi$ $(x, y : 実数)$ とおくと，①より

$$|(x - 1) + yi| = 2|x + (y - 1)i|$$

$$\sqrt{(x - 1)^2 + y^2} = 2\sqrt{x^2 + (y - 1)^2}$$　両辺を 2 乗して，

$$(x - 1)^2 + y^2 = 4\{x^2 + (y - 1)^2\}, \quad x^2 - 2x + 1 + y^2 = 4(x^2 + y^2 - 2y + 1)$$

$$3x^2 + 3y^2 + 2x - 8y = -3$$　両辺を 3 で割って，

$$x^2 + \frac{2}{3}x + \frac{1}{9} + y^2 - \frac{8}{3}y + \frac{16}{9} = -1 + \frac{1}{9} + \frac{16}{9}$$

2 で割って 2 乗　　2 で割って 2 乗

中心 $\left(-\frac{1}{3}, \frac{4}{3}\right)$ を複素数平面上では $-\frac{1}{3} + \frac{4}{3}i$ と表すんだね。

$$\left(x + \frac{1}{3}\right)^2 + \left(y - \frac{4}{3}\right)^2 = \frac{8}{9}$$

よって，点 z の描く図形は，中心 $-\frac{1}{3} + \frac{4}{3}i$，半径 $\frac{2\sqrt{2}}{3}$ の円。……(答)

円の方程式と動点の軌跡

絶対暗記問題 9　　難易度 ★★　　CHECK*1*　　CHECK*2*　　CHECK*3*

(1) 複素数平面上で，点 z が $|(1-i)z-3+i| = 2\sqrt{2}$ をみたすとき，点 z の描く円の中心と半径を求めよ。

(2) 点 z と w が $w = iz$ をみたす。z が中心 $2i$，半径 1 の円周上を動くとき，点 w の描く図形を求めよ。　　　　　　（京都工繊大 ＊）

ヒント！ (1) では，与式をうまく変形して，円の方程式 $|z-\alpha|=r$ の形にもち込めばいいよ。(2) でも，z が中心 $2i$，半径 1 の円を描くので，$|z-2i|=1$ だね。これを w の式に書きかえれば，点 w も円を描くことがわかるはずだ。

解答＆解説

(1) $|(1-i)z-3+i| = 2\sqrt{2}$,　　$\left|(1-i)\left(z-\dfrac{3-i}{1-i}\right)\right| = 2\sqrt{2}$

よって，$|1-i|\left|z-\dfrac{3-i}{1-i}\right| = 2\sqrt{2}$　……①　←　公式：$|\alpha\beta|=|\alpha||\beta|$ より

ここで，$|1-i| = \sqrt{1+(-1)^2} = \sqrt{2}$　……②

分母・分子に $1+i$ をかけて分母を実数化する。

$\dfrac{3-i}{1-i} = \dfrac{(3-i)(1+i)}{(1-i)(1+i)} = \dfrac{3+2i-\overset{-1}{i^2}}{1-\underset{-1}{i^2}} = \dfrac{4+2i}{2} = 2+i$　……③

②，③を①に代入して，$\sqrt{2}|z-(2+i)| = 2\sqrt{2}$　∴$|z-(2+i)| = 2$

よって，点 z の描く円の中心は $2+i$，半径は 2 である。…………(答)

(2) $w = iz$ より，$z = \dfrac{w}{i}$　……④

点 z は中心 $2i$，半径 1 の円周上の点より，

$|z-2i| = 1$　　……⑤

④を⑤に代入して，

$\left|\dfrac{w}{i} - 2i\right| = 1$, $\left|\dfrac{1}{i}(w-2\overset{-1}{i^2})\right| = 1$

公式：$\left|\dfrac{\alpha}{\beta}\right| = \dfrac{|\alpha|}{|\beta|}$ より

$\left|\dfrac{1}{i}\right||w+2| = 1$, $\dfrac{1}{|i|}|w-(-2)| = 1$　　両辺に $|i|$ をかけて

$|w-(-2)| = |i| = 1$　←　$|i| = |0+1\cdot i| = \sqrt{0^2+1^2} = 1$ だ。

よって，点 w の描く図形は，中心 -2，半径 1 の円である。………(答)

28

円の方程式の応用

複素数平面上で式 $z\bar{z} + (2+i)z + (2-i)\bar{z} - 4 = 0$ をみたす複素数 z は、どのような図形を描くか。また、この図形が実軸から切り取る線分の長さ l を求めよ。

(群馬大 *)

ヒント！ $z\bar{z} - \bar{\alpha}z - \alpha\bar{z} + k = 0$ の形の式は、円の方程式 $|z - \alpha| = r$ の形にもち込むんだね。また、l は三平方の定理で求めればいいよ。

解答&解説

与式を変形して、$z\bar{z} - \overset{\bar{\alpha}}{(-2-i)}z - \overset{\alpha}{(-2+i)}\bar{z} = 4$ ……①

ここで、$\alpha = -2 + i$ とおくと、$\bar{\alpha} = -2 - i$

①に代入して、

　$z\bar{z} - \bar{\alpha}z - \alpha\bar{z} = 4$ ◀── 円の方程式：$z\bar{z} - \bar{\alpha}z - \alpha\bar{z} + k = 0$ の形だ！

両辺に $\alpha\bar{\alpha} = |\alpha|^2 = (-2)^2 + 1^2 = 5$ を加えて、

　$z\bar{z} - \bar{\alpha}z - \alpha\bar{z} + \alpha\bar{\alpha} = 4 + 5$

　$z(\bar{z} - \bar{\alpha}) - \alpha(\bar{z} - \bar{\alpha}) = 9$,　$(z - \alpha)(\bar{z} - \bar{\alpha}) = 9$

　$(z - \alpha)\overline{(z - \alpha)} = 9$,　$|z - \alpha|^2 = 9$　∴$|z - \alpha| = 3$

これに $\alpha = -2 + i$ を代入して、$|z - (-2 + i)| = 3$

よって、点 z の描く図形は、中心 $-2 + i$、半径 3 の円である。　………(答)

次に、この円の中心を C とおく。C から実軸に下ろした垂線の足を H、また、円と実軸との 2 交点を A、B とおく。

直角三角形 ACH に三平方の定理を用いると、右図より、

　$AH = \sqrt{AC^2 - CH^2} = \sqrt{3^2 - 1^2} = 2\sqrt{2}$

よって、求める線分 AB の長さ l は、$l = 2 \cdot AH = 4\sqrt{2}$　………(答)

z が条件 $|z| = 1$ をみたしながら動くとき、$w = (z + \sqrt{2} + \sqrt{2}i)^2$ の絶対値と偏角のとり得る値の範囲を求めよ。

解答は P214

§4. 頻出テーマ　回転と拡大 (縮小) をマスターしよう!

　複素数平面も今回で最終回だ。複素数平面のラストを飾るのは, **回転と拡大** (または**縮小**) の問題だ。これについては, 前々回の講義でその基本を話したけれど, ここではさらに本格的な解説をしよう。レベルは高いけど, 今回も楽しくわかりやすく教えるから, しっかりマスターしてくれ。

● 原点のまわりの回転と拡大 (縮小) に再トライだ!

　これから, 複素数平面上で, 点 z を点 w に移動させる問題について解説するよ。

　次の公式は, 前々回の講義で勉強したんだけど, この種の問題の基本形だから, シッカリ頭に入れてくれ。

原点のまわりの回転と拡大 (縮小)

$\dfrac{w}{z} = r(\cos\theta + i\,\sin\theta)$ ……① 　 $(z \neq 0)$

このとき, 点 w は, 点 z を原点のまわりに θ だけ回転して, r 倍に拡大 (または縮小) した点である。

図1　回転と拡大 (縮小)

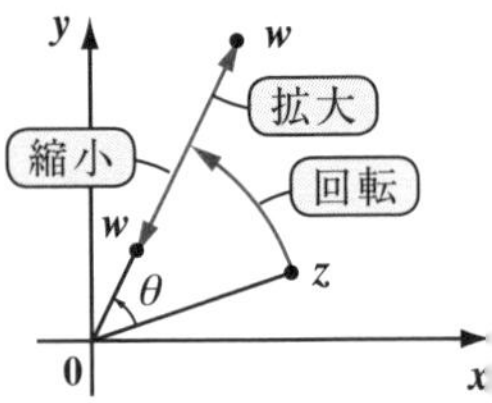

$\dfrac{w}{z} = r(\cos\theta + i\,\sin\theta)$

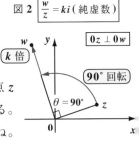

　①を $w = r(\cos\theta + i\,\sin\theta)z$ と変形すれば, 図1のように, 点 z を原点 0 のまわりに θ だけ回転し, r 倍に拡大 (または縮小) した位置に, 点 w がくるのがわかるはずだ。ここでは, この特殊な場合についても考えてみるよ。

(I) $\dfrac{w}{z}$ が純虚数の場合, $\dfrac{w}{z} = ki$ (純虚数) だね。

　　ここで, ki を変形して,

$ki = k(\overset{0}{\underbrace{\cos 90°}} + i\,\overset{1}{\underbrace{\sin 90°}})$ 　だから, 点 w は点 z

を原点 0 のまわりに **90° 回転**し, k 倍した位置にくる。よって, 図2のように, $0z \perp 0w$ (垂直) となるんだね。

図2　$\dfrac{w}{z} = ki$ (純虚数)

k 倍

90° 回転

$\theta = 90°$

一般に，α が純虚数ならば，$\alpha + \overline{\alpha} = 0$ だから，

$\dfrac{w}{z}$ が純虚数のとき，$\dfrac{w}{z} + \overline{\left(\dfrac{w}{z}\right)} = 0$ とも書けるのはいいね。

(II) $\dfrac{w}{z}$ が実数の場合，$\dfrac{w}{z} = k$（実数） だね。

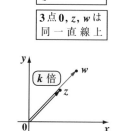

図3 $\boxed{\dfrac{w}{z} = k\,(\text{実数})}$

$\boxed{\text{3点 }0, z, w \text{ は} \atop \text{同一直線上}}$

この k は

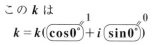

$$k = k(\underbrace{(\cos 0°}_{1} + i\,\underbrace{\sin 0°)}_{0})$$

なので，点 z を回転せずに，k 倍だけした位置に点 w はくるんだ。よって，図3のように，**3点 $0, z, w$ は同一直線上** にある。

また，α の実数条件は $\alpha = \overline{\alpha}$ なので，$\dfrac{w}{z}$ が実数であるための条件は，$\dfrac{w}{z} = \overline{\left(\dfrac{w}{z}\right)}$ とも書けるんだね。

それじゃ，例題をやっておこう。複素数 $\alpha = 1 + i, \beta$，それに原点 0 で出来ている $\triangle 0\alpha\beta$ が，図4のように，$0\alpha : 0\beta : \alpha\beta = 1 : 2 : \sqrt{3}$ の直角三角形となるような点 β を求めてみよう。

図4から，点 β は，点 α を原点 0 のまわりに $60°$ だけ回転して，2 倍に拡大した位置にくるので，

図4 例題

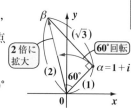

$$\frac{\beta}{\alpha} = 2(\cos 60° + i\,\sin 60°) \quad だね。$$

$$\therefore \beta = 2\left(\frac{1}{2} + \frac{\sqrt{3}}{2}i\right)\underset{\smallsmile}{\alpha}$$

$$= (1 + \sqrt{3}i)(1 + i)$$

$$= 1 + i + \sqrt{3}i + \sqrt{3}\underbrace{i^2}^{(-1)}$$

$$= 1 - \sqrt{3} + (1 + \sqrt{3})i \quad となって，答えだ。$$

どう？面白かった？式と図形が自由に連動できるように，さらにパワー・アップしてくれ！

● 点 α のまわりの回転と拡大 (縮小) にチャレンジだ !

次に, 原点以外の点 α のまわりに回転して拡大 (または縮小) する問題を考えるよ。

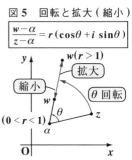

図5 回転と拡大 (縮小)

$$\frac{w-\alpha}{z-\alpha}=r(\cos\theta+i\sin\theta)$$

回転と拡大 (縮小) の合成変換

$\dfrac{w-\alpha}{z-\alpha}=r(\cos\theta+i\sin\theta)$ ……② $(z\neq\alpha)$

このとき, 点 w は, 点 z を点 α のまわりに θ だけ回転して, r 倍に拡大 (または縮小) した点である。

これは $\alpha=0$ のとき, 前に説明した原点 0 のまわりの回転と拡大 (縮小) になるんだね。では, この②式について, 順に解説していくよ。

(i) まず, $u=\underline{z-\alpha}$ ……③ とおくと, 図6のように, 点 u は点 z を $-\alpha$ だけ平行移動した位置にくるね。

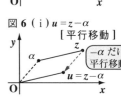

図6 (i) $u=z-\alpha$

[平行移動]

(ii) 次に, $v=r(\cos\theta+i\sin\theta)\underline{u}$ ……④ とおくと, 図7のように, 点 v は点 u を原点のまわりに θ だけ回転して, r 倍に拡大 (または縮小) した位置にくるんだね。

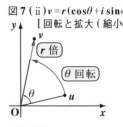

図7 (ii) $v=r(\cos\theta+i\sin\theta)u$

[回転と拡大 (縮小)]

(iii) さらに, $w=\underline{v+\alpha}$ ……⑤ とおくと, 図8のように, 点 w は点 v を α だけ平行移動した位置にくるのがわかるだろう。

以上, ③を④に代入して,

$v=r(\cos\theta+i\sin\theta)\underline{(z-\alpha)}$

さらに, これを⑤に代入すると,

$w=r(\cos\theta+i\sin\theta)(z-\alpha)+\alpha$

これを変形すると, なるほど②式になるね。

$\dfrac{w-\alpha}{z-\alpha}=r(\cos\theta+i\sin\theta)$ ……②

(i)(ii)(iii) をまとめて, α と z と w の関係を図9に示

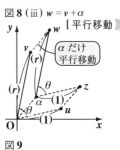

図8 (iii) $w=v+\alpha$

[平行移動]

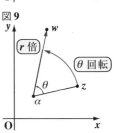

図9

32

した。これから，点 w が，点 z を点 α のまわりに θ だけ回転して，r 倍に拡大 (または縮小) した位置にくるのがわかったね。

次に，この特殊な場合についても書いておくよ。

(Ⅰ) $\dfrac{w-\alpha}{z-\alpha} = ki$ (純虚数) のとき，図 10 のように，

$\alpha z \perp \alpha w$ (垂直) になるね。また，このとき

$\dfrac{w-\alpha}{z-\alpha}$ は純虚数より，$\dfrac{w-\alpha}{z-\alpha} + \overline{\left(\dfrac{w-\alpha}{z-\alpha}\right)} = 0$ だ。

図 10　$\boxed{\dfrac{w-\alpha}{z-\alpha} = ki\,(\text{純虚数})}$

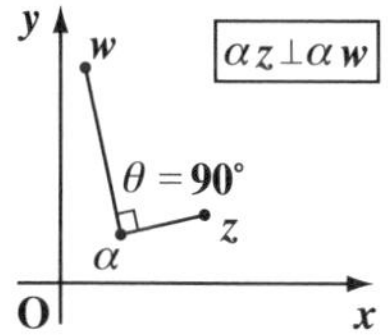

$\boxed{\alpha z \perp \alpha w}$

$\theta = 90°$

(Ⅱ) $\dfrac{w-\alpha}{z-\alpha} = k$ (実数) のとき，図 11 のように，

3 点 α, z, w は同一直線上 にあるんだね。また，

$\dfrac{w-\alpha}{z-\alpha}$ の実数条件は，$\dfrac{w-\alpha}{z-\alpha} = \overline{\left(\dfrac{w-\alpha}{z-\alpha}\right)}$ となる。

図 11　$\boxed{\dfrac{w-\alpha}{z-\alpha} = k\,(\text{実数})}$

$\boxed{\text{3 点 } \alpha, z, w \text{ は同一直線上}}$

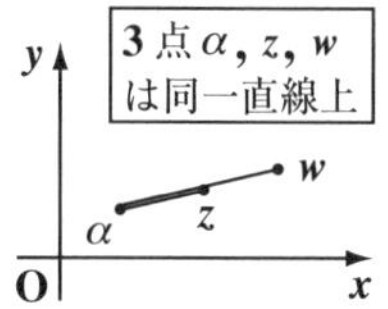

それでは例題をやっておくよ。2 つの三角形 $\triangle z_1 z_2 z_3$ と $\triangle w_1 w_2 w_3$ が相似となるとき，

$$\frac{z_3 - z_1}{z_2 - z_1} = \frac{w_3 - w_1}{w_2 - w_1} \quad \cdots\cdots ⑦$$

が成り立つんだ。この理由を説明するよ。

⑦ $= r(\cos\theta + i\sin\theta)$ とおくと，

$\dfrac{z_3 - z_1}{z_2 - z_1} = r(\cos\theta + i\sin\theta)$ より，点 z_3 は，点 z_2 を点 z_1 のまわりに θ だけ回転して，r 倍に拡大 (縮小) したものだね。また，$\dfrac{w_3 - w_1}{w_2 - w_1} = r(\cos\theta + i\sin\theta)$ より，点 w_3 も点 w_2 を点 w_1 のまわりに同様に回転して，拡大 (縮小) したものだから，図 12 のように，2 つの三角形は相似になるんだね。

図 12　例題

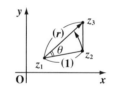

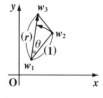

$\begin{cases} \angle z_2 z_1 z_3 = \angle w_2 w_1 w_3 \\ z_1 z_2 : z_1 z_3 = w_1 w_2 : w_1 w_3 \end{cases}$

$\therefore \triangle z_1 z_2 z_3 \backsim \triangle w_1 w_2 w_3$ だ。(相似)

この回転と拡大 (縮小) の公式②は，複素数平面と図形の融合問題を考える上で，重要なポイントになるんだよ。さらに，次の "**絶対暗記問題**" と "**頻出問題にトライ**" で，実践力に磨きをかけてくれ！

三角形の形状と原点のまわりの回転・拡大

絶対暗記問題 11　　　　難易度 ★★　　　　CHECK1　　　CHECK2　　　CHECK3

0 でない複素数 α, β が $\alpha^2 - 2\alpha\beta + 2\beta^2 = 0$ をみたすとき,

(1) $z = \dfrac{\alpha}{\beta}$ とおいて, z を求めよ。ただし, z の虚部は正とする。

(2) 3 点 0, α, β を頂点とする三角形はどのような三角形か。(星薬大＊)

ヒント！　(1) $\beta \neq 0$ より, $\alpha^2 - 2\alpha\beta + 2\beta^2 = 0$ の両辺を β^2 で割ると話が見えてくるはずだ。(2) では, z を $\dfrac{\alpha}{\beta} = r(\cos\theta + i\sin\theta)$ の形にして, 回転と拡大 (縮小) を考えればいいよ。

解答＆解説

(1) $\alpha^2 - 2\alpha\beta + 2\beta^2 = 0$ ……①

$\beta \neq 0$ より, ①の両辺を β^2 で割って,

$\left(\dfrac{\alpha}{\beta}\right)^2 - 2 \cdot \left(\dfrac{\alpha}{\beta}\right) + 2 = 0$ ……②

$z = \dfrac{\alpha}{\beta}$ とおくと, ②は　　$z^2 - 2z + 2 = 0$

$\boxed{1 \cdot \overset{a}{z^2} \overset{-2b'}{-2} \cdot z + \overset{c}{2} = 0}$ のとき $z = \dfrac{-b' \pm \sqrt{b'^2 - ac}}{a}$ だ。

$\therefore z = 1 + \boxed{\sqrt{1^2 - 1 \cdot 2}} = 1 + i$ ……③ ($\because z$ の虚部は正) …………(答)

$\boxed{\sqrt{-1} = i}$

(2) ③の右辺 $= 1 + i = \sqrt{2}(\overset{\frac{1}{\sqrt{2}}}{(\cos 45°)} + i\overset{\frac{1}{\sqrt{2}}}{(\sin 45°)})$

より, $z = \dfrac{\alpha}{\beta} = \sqrt{2}(\cos 45° + i\sin 45°)$

よって, 点 α は, 点 β を原点 0 のまわりに $45°$ だけ回転して, さらに $\sqrt{2}$ 倍に拡大したものである。

$\therefore \angle \alpha 0\beta = 45°$, $0\alpha : 0\beta = \sqrt{2} : 1$ より,

$\triangle 0\alpha\beta$ は, $\angle 0\beta\alpha = 90°$ の直角二等辺三角形である。 ………………………(答)

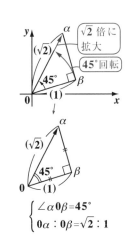

$\begin{cases} \angle \alpha 0\beta = 45° \\ 0\alpha : 0\beta = \sqrt{2} : 1 \end{cases}$

原点以外の点のまわりの回転と拡大

絶対暗記問題 12	難易度 ★★	CHECK1	CHECK2	CHECK3

(1) $z_1 = 1 + i$, $z_2 = 3 + 2i$, $z_3 = 3 - \sqrt{3} + 2(\sqrt{3} + 1)i$ のとき，$\angle z_2 z_1 z_3$ の大きさを求めよ。

(2) 点 z が原点 0 を中心とする半径 1 の円周上を動くとき，点 2 を点 z のまわりに $90°$ だけ回転した点 w の描く図形を求めよ。

ヒント! (1),(2) 共に，原点以外の点のまわりの回転と拡大(縮小)の問題だ。点 w が，点 z を点 α のまわりに θ 回転し，さらに r 倍した点のとき，$\dfrac{w - \alpha}{z - \alpha} = r(\cos\theta + i\sin\theta)$ となる。

解答&解説

(1) $z_1 = 1 + i$, $z_2 = 3 + 2i$, $z_3 = 3 - \sqrt{3} + 2(\sqrt{3} + 1)i$ のとき，

$$\frac{z_3 - z_1}{z_2 - z_1} = \frac{3 - \sqrt{3} + 2(\sqrt{3} + 1)i - (1 + i)}{3 + 2i - (1 + i)} = \frac{2 - \sqrt{3} + (2\sqrt{3} + 1)i}{2 + i}$$

$$= \frac{\{(2 - \sqrt{3}) + (2\sqrt{3} + 1)i\}(2 - i)}{(2 + i)(2 - i)}$$

> 分母・分子に $2 - i$ をかけて，分母を実数化する！

$$= \frac{2(2 - \sqrt{3}) - (2 - \sqrt{3})i + 2(2\sqrt{3} + 1)i - (2\sqrt{3} + 1)\overset{-1}{i^2}}{4 - \underset{-1}{i^2}}$$

$$= \frac{5 + 5\sqrt{3}i}{5} = 1 + \sqrt{3}i = 2(\cos 60° + i\sin 60°)$$

$$\therefore \frac{z_3 - z_1}{z_2 - z_1} = 2(\cos 60° + i\sin 60°)$$

> 点 z_3 は，点 z_2 を点 z_1 のまわりに $60°$ だけ回転して，2 倍したものだ。

$$\therefore \angle z_2 z_1 z_3 = 60° \quad \cdots\cdots\cdots\cdots\cdots (答)$$

(2) 点 z は，原点中心，半径 1 の円周上の点より，$|z| = 1$ ……①

点 w は，点 2 を点 z のまわりに $90°$ だけ回転したものだから，

$$\frac{w - z}{2 - z} = 1 \cdot (\overset{0}{\cos 90°} + i\,\overset{1}{\sin 90°}) = i, \quad w - z = (2 - z)i$$

$$w - z = 2i - zi, \quad (1 - i)z = w - 2i, \quad z = \frac{w - 2i}{1 - i} \quad \cdots\cdots②$$

②を①に代入して，$\left|\dfrac{w - 2i}{1 - i}\right| = 1$, $\dfrac{|w - 2i|}{\underset{\sqrt{1^2 + (-1)^2} = \sqrt{2}}{|1 - i|}} = 1$ $\therefore |w - 2i| = \sqrt{2}$

よって，点 w は，中心 $2i$，半径 $\sqrt{2}$ の円を描く。………(答)

同一直線上に 3 点が並ぶ条件

絶対暗記問題 13 | 難易度 ★★☆ | CHECK1 | CHECK2 | CHECK3

3 点 0, z, z^2+9 が同一直線上に存在するとき，複素数 z のみたすべき条件を求め，それを複素数平面に図示せよ。

ただし，$z \neq 0$ とする。

ヒント! 3 点 0, z, z^2+9 が $\dfrac{(z^2+9)-0}{z-0}$ = 実数 をみたすとき，この 3 点は同一直線上に存在するんだね。後は，実数条件：$\alpha = \bar{\alpha}$ を使って，式を変形していけばいいよ。頑張れ！

解答 & 解説

3 点 0, z, z^2+9 が同一直線上にあるとき，

$$\frac{(z^2+9)-0}{z-0} = k \quad (\text{実数}) \quad (z \neq 0)$$

$$\text{左辺} = \frac{z^2+9}{z} = \frac{z^2}{z} + \frac{9}{z} = z + \frac{9}{z}$$

これが実数となるための条件は，

$$z + \frac{9}{z} = \overline{\left(z + \frac{9}{z}\right)}$$

（α の実数条件： $\alpha = \bar{\alpha}$）

$$z + \frac{9}{z} = \bar{z} + \frac{\overline{9}}{\bar{z}} \quad \cdots\cdots ①$$

（9 は実数より，$\overline{9} = 9$ だ！）

①の両辺に $z\bar{z}$ をかけて

$$z^2\bar{z} + 9\bar{z} = z\bar{z}^2 + 9z$$

（$\overline{9} = \overline{9+0\cdot i} = 9-0\cdot i = 9$ ∴ $\overline{9} = 9$ だね）

$$z\bar{z}(z-\bar{z}) - 9(z-\bar{z}) = 0$$

$$(z\bar{z}-9)(z-\bar{z}) = 0, \quad (|z|^2-9)(z-\bar{z}) = 0$$

∴ (ⅰ) $|z|^2 = 9$, または (ⅱ) $z = \bar{z}$ ← （これは実数条件より，z は実数）

(ⅰ) より，$|z| = 3$ ← （$|z-0|=3$ とみて，点 z は，原点中心，半径 3 の円周を描く！）

(ⅱ) より，z は実数。

以上 (ⅰ)(ⅱ) より，z の条件は，$|z| = 3$ または z は実数。これを右図に太線で示す。ただし，$z \neq 0$ より原点を除く。 $\cdots\cdots$(答)

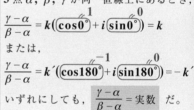

3 点 α, β, γ が同一直線上にあるとき，

$$\frac{\gamma-\alpha}{\beta-\alpha} = k(\underset{1}{(\cos0°)} + i\underset{0}{(\sin0°)}) = k$$

または，

$$\frac{\gamma-\alpha}{\beta-\alpha} = k'(\underset{-1}{(\cos180°)} + i\underset{0}{(\sin180°)}) = -k'$$

いずれにしても，$\dfrac{\gamma-\alpha}{\beta-\alpha}$ = 実数 だ。

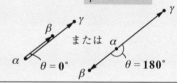

または

$\theta = 0°$ / $\theta = 180°$

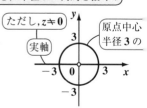

ただし，$z \neq 0$

実軸

原点中心半径 3 の

3点が直角三角形をつくる条件

複素数平面上で 1 が表す点を P, $z = a + i$ (a：実数) が表す点を Q, $\dfrac{1}{z}$ が表す点を R とする。このとき，$\triangle PQR$ が $\angle P = 90°$ の直角三角形となるための a の条件を求めよ。

（神奈川工科大*）

ヒント！ $\overrightarrow{PQ} \perp \overrightarrow{PR}$ となるための条件は，$\dfrac{z-1}{\frac{1}{z}-1} = ki$ (純虚数) となること

だね。この左辺を実際に計算して，$x + yi$ (x, y：実数) の形にもち込み，それが純虚数，つまり $x = 0$ かつ $y \neq 0$ となるような a の値を求めるんだ。

解答&解説

$\triangle PQR$ が，$\angle P = 90°$ の直角三角形となる，すなわち $\overrightarrow{PQ} \perp \overrightarrow{PR}$ となるための条件は，

$\dfrac{z-1}{\frac{1}{z}-1}$ が純虚数 ………… ($*$) となること。

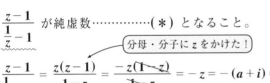

分母・分子に z をかけた！

$$\frac{z-1}{\frac{1}{z}-1} = \frac{z(z-1)}{1-z} = \frac{-z(1-z)}{1-z} = -z = -(a+i) = -a - i$$

これはイメージで，正確じゃない！

よって，($*$) から，$-a - i$ が純虚数となればよいので，

$-a = 0$ ← このとき，$-a - i = 0 - i = -i$ と純虚数だ

$\therefore$ 求める a の条件は，$a = 0$ …………………………………… (答)

図中ラベル：
$Q(z)$ [$z = a + i$]
$P(1)$
$R\left(\dfrac{1}{z}\right)$

右図のように複素数平面の原点を P_0 とし，P_0 から実軸の正の方向に 1 進んだ点を P_1 とする。以下，点 P_n ($n = 1, 2, \cdots$) に到達した後，$45°$ 回転してから前回進んだ距離の $\dfrac{1}{\sqrt{2}}$ 倍進んで到達する点を P_{n+1} とする。このとき点 P_{10} を表す複素数を求めよ。

（日本女子大*）

図中ラベル：
$P_4 \left(\dfrac{1}{\sqrt{2}}\right)^3$
P_3
$\left(\dfrac{1}{\sqrt{2}}\right)^2$
$45°$
P_2
$\dfrac{1}{\sqrt{2}}$
P_1
$45°$
P_0

解答は **P214**

1. 絶対値

$\alpha = a + bi$ のとき, $|\alpha| = \sqrt{a^2 + b^2}$ ← これは, 原点 0 と点 α との間の距離を表す。

2. 共役複素数と絶対値の公式

(1) $\overline{\alpha \pm \beta} = \overline{\alpha} \pm \overline{\beta}$　(2) $\overline{\alpha \times \beta} = \overline{\alpha} \times \overline{\beta}$　(3) $\overline{\left(\dfrac{\alpha}{\beta}\right)} = \dfrac{\overline{\alpha}}{\overline{\beta}}$

(4) $|\alpha| = |\overline{\alpha}| = |-\alpha| = |-\overline{\alpha}|$　(5) $|\alpha|^2 = \alpha\overline{\alpha}$

3. 実数条件と純虚数条件

(ⅰ) α が実数 $\leftrightarrows \alpha = \overline{\alpha}$　(ⅱ) α が純虚数 $\leftrightarrows \alpha + \overline{\alpha} = 0$ $(\alpha \neq 0)$

4. 2 点間の距離

$\alpha = a + bi$, $\beta = c + di$ のとき, 2 点 α, β 間の距離は,

$|\alpha - \beta| = \sqrt{(a-c)^2 + (b-d)^2}$

5. 複素数の積と商

$z_1 = r_1(\cos\theta_1 + i\sin\theta_1)$, $z_2 = r_2(\cos\theta_2 + i\sin\theta_2)$ のとき,

(1) $z_1 \times z_2 = r_1 r_2\{\cos(\theta_1 + \theta_2) + i\sin(\theta_1 + \theta_2)\}$

(2) $\dfrac{z_1}{z_2} = \dfrac{r_1}{r_2}\{\cos(\theta_1 - \theta_2) + i\sin(\theta_1 - \theta_2)\}$

6. 絶対値の積と商

(1) $|\alpha\beta| = |\alpha||\beta|$　(2) $\left|\dfrac{\alpha}{\beta}\right| = \dfrac{|\alpha|}{|\beta|}$

7. ド・モアブルの定理

$(\cos\theta + i\sin\theta)^n = \cos n\theta + i\sin n\theta$　(n：整数)

8. 内分点, 外分点, 三角形の重心の公式, および円の方程式は, ベクトルと同様である。

9. 垂直二等分線とアポロニウスの円

$|z - \alpha| = k|z - \beta|$　をみたす動点 z の軌跡は,

(ⅰ) $k = 1$ のとき, 線分 $\alpha\beta$ の**垂直二等分線**。

(ⅱ) $k \neq 1$ のとき, **アポロニウスの円**。

10. 回転と拡大(縮小)の合成変換

$\dfrac{w - \alpha}{z - \alpha} = r(\cos\theta + i\sin\theta)$　$(z \neq \alpha)$

$\leftrightarrows$ 点 w は, 点 z を点 α のまわりに θ だけ回転し, r 倍に拡大(縮小)した点である。

講義
Lecture
②式と曲線

テーマ

▶ 2 次曲線（放物線・だ円・双曲線）

▶ 媒介変数表示された曲線

▶ 極座標と極方程式

講義② 式と曲線

§1. 放物線，だ円，双曲線の基本をマスターしよう！

これから "式と曲線" の解説に入るよ。文字通り，"2 次曲線"，"媒介変数表示された曲線"，"極座標表示の曲線" など，様々な曲線を教えるんだけれど，ここでは，2 次曲線 (放物線，だ円，双曲線) について教えよう。

● 放物線は準線と焦点を押さえよう！

定点 $F(0, 1)$ と，直線 $l : y = -1$ をとる。ここで，点 F からの距離と直線 l からの距離が等しくなるように動く点 $Q(x, y)$ をとる。Q から l におろした垂線の足を H とおくと，条件より，$\underline{\underline{QF}} = \underline{\underline{QH}}$ ……① となる。よって，

$$\underwave{\sqrt{x^2 + (y-1)^2}} = \underwave{|y+1|} \quad \text{この両辺を 2 乗して}$$

$$x^2 + (y-1)^2 = (y+1)^2, \quad x^2 + \cancel{y^2} - 2y \cancel{+1} = \cancel{y^2} + 2y \cancel{+1}$$

図 1　放物線

$x^2 = 4 \cdot 1 \cdot y$

(焦点)
$F(0, 1)$
$Q(x, y)$
$y = -1$ (準線)

ゆえに，放物線の方程式 $x^2 = 4 \cdot \overset{p}{\boxed{1}} \cdot y$ が導かれる。表現が面白い？

一般に，放物線 $x^2 = 4 \cdot p \cdot y$ が与えられると，逆に，この放物線の焦点は $F(0, p)$，準線は $y = -p$ とわかるんだね。そして，①の条件をみたしながら動く動点 Q の軌跡の方程式が $x^2 = 4py$ になるんだ。

■ 放物線の公式

(1)　$\boxed{x^2 = 4py}$　$(p \neq 0)$

・頂点：原点 $(0, 0)$　・対称軸：$x = 0$

・焦点 $F(0, p)$　　　・準線：$y = -p$

・曲線上の点を Q とおくと　$\boxed{QF = QH}$

(2)　$\boxed{y^2 = 4px}$　$(p \neq 0)$

・頂点：原点 $(0, 0)$　・対称軸：$y = 0$

・焦点 $F(p, 0)$　　　・準線：$x = -p$

・曲線上の点を Q とおくと　$\boxed{QF = QH}$

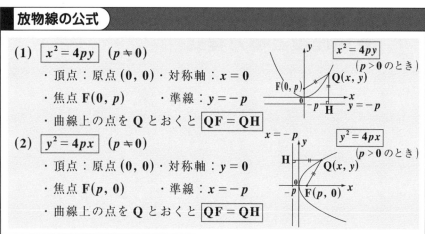

(2) の例として，$y^2 = -12x$ の場合，$y^2 = 4 \cdot (\boxed{-3}) \cdot x$ とみて，焦点

F$(\boxed{-3}, 0)$，準線 $x = \boxed{3}$ の横になった放物線であることがわかる。さらに，

$(y+2)^2 = -12x + 12$ の場合，これは，$(y+2)^2 = 4 \cdot (-3)(x-1)$ と変形で

きるので，これは下の模式図に示すように，$y^2 = 4 \cdot (-3)x$ を $(1, -2)$ だ

け平行移動した放物線になるんだね。大丈夫？

$$y^2 = 4 \cdot (-3)x \quad \xrightarrow[\begin{cases} x \text{ の代わりに } x-1 \\ y \text{ の代わりに } y+2 \end{cases}]{(1, -2) \text{ 平行移動}} \quad (y+2)^2 = 4 \cdot (-3)(x-1)$$

● だ円の公式群を使いこなそう！

図 2 に示すように，xy 座標平面上に 2

つの定点 F$(\sqrt{3}, 0)$，F$'(-\sqrt{3}, 0)$ と，動点

Q(x, y) が与えられているものとする。

ここで，この動点 Q が，$\underline{\text{QF}} + \underline{\text{QF}'} = 4 \cdots$②

をみたしながら動くとき，動点 Q の描く

軌跡の方程式を求めてみよう。

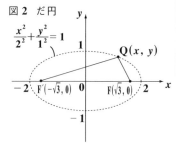

図 2 だ円

$\dfrac{x^2}{2^2} + \dfrac{y^2}{1^2} = 1$

②より，$\underwave{\sqrt{(x-\sqrt{3})^2 + y^2}} + \underline{\sqrt{(x+\sqrt{3})^2 + y^2}} = 4$

$\underline{\sqrt{(x+\sqrt{3})^2 + y^2}} = 4 - \underwave{\sqrt{(x-\sqrt{3})^2 + y^2}}$　　この両辺を 2 乗して，

$\underbrace{(x+\sqrt{3})^2}_{y^2 + 2\sqrt{3}x + 3} + y^2 = 16 - 8\sqrt{(x-\sqrt{3})^2 + y^2} + \underbrace{(x-\sqrt{3})^2}_{y^2 - 2\sqrt{3}x + 3} + y^2$

$4\sqrt{3}x = 16 - 8\sqrt{(x-\sqrt{3})^2 + y^2}$　　両辺を 4 で割ってまとめると，

$2\sqrt{(x-\sqrt{3})^2 + y^2} = 4 - \sqrt{3}\,x$　　さらにこの両辺を 2 乗して，

$4\{(x-\sqrt{3})^2 + y^2\} = (4 - \sqrt{3}\,x)^2,\ 4(x^2 - 2\sqrt{3}x + 3 + y^2) = 16 - 8\sqrt{3}x + 3x^2$

$x^2 + 4y^2 = 4$　　$\dfrac{x^2}{4} + y^2 = 1$　　$\therefore \dfrac{x^2}{2^2} + \dfrac{y^2}{1^2} = 1$

よって，ちょっと計算が大変だったけれど，図 2 に示すようなだ円の方程

式が導かれたんだ。

一般に，だ円：$\dfrac{x^2}{a^2}+\dfrac{y^2}{b^2}=1$ $(a>0,$ $b>0)$ が与えられたら，x 軸上に，$\pm a$ の点を，y 軸上に $\pm b$ の点をとって，なめらかな曲線で結べばいいんだよ。そして，

（ⅰ）$a>b$ のときは，横長型のだ円

（ⅱ）$a<b$ のときは，たて長型のだ円になる。

それでは，だ円についての公式群を以下に示そう。

図3　だ円の描き方

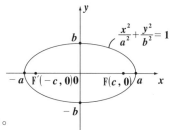

だ円の公式

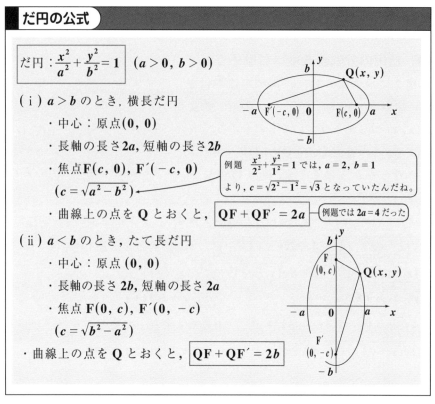

だ円：$\dfrac{x^2}{a^2}+\dfrac{y^2}{b^2}=1$ $(a>0,\ b>0)$

（ⅰ）$a>b$ のとき，横長だ円

・中心：原点 $(0,\ 0)$

・長軸の長さ $2a$，短軸の長さ $2b$

・焦点 $F(c,\ 0)$，$F'(-c,\ 0)$
$(c=\sqrt{a^2-b^2})$

例題 $\dfrac{x^2}{2^2}+\dfrac{y^2}{1^2}=1$ では，$a=2$，$b=1$ より，$c=\sqrt{2^2-1^2}=\sqrt{3}$ となっていたんだね。

・曲線上の点を Q とおくと，$\boxed{QF+QF'=2a}$　例題では $2a=4$ だった

（ⅱ）$a<b$ のとき，たて長だ円

・中心：原点 $(0,\ 0)$

・長軸の長さ $2b$，短軸の長さ $2a$

・焦点 $F(0,\ c)$，$F'(0,\ -c)$
$(c=\sqrt{b^2-a^2})$

・曲線上の点を Q とおくと，$\boxed{QF+QF'=2b}$

● 双曲線では，公式の右辺の 1 の符号に注意しよう！

双曲線の方程式は，$\dfrac{x^2}{a^2}-\dfrac{y^2}{b^2}=\pm 1$ $(a>0,\ b>0)$ で与えられるんだよ。

このグラフの描き方は，x 軸上に $\pm a$，y 軸上に $\pm b$ の点をとるところまでは，だ円と同じだ。でも双曲線では，この後が違う。

まず，この **4** 点を通る長方形を作り，この対角線 $y = \pm \dfrac{b}{a}x$ を引く。この **2** 直線を漸近線といい，$x \to \pm\infty$ のとき，双曲線は，この漸近線に限りなく近づいていくんだね。そして，ここで場合分けが必要だ。

図4 双曲線の描き方

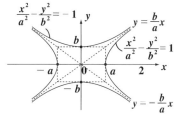

$\begin{cases} (\,\mathrm{i}\,) \ \dfrac{x^2}{a^2} - \dfrac{y^2}{b^2} = 1 \ \text{のとき，点}\ (\pm a,\, 0)\ \text{を頂点とする左右対称の双曲線になり，} \\[3mm] (\,\mathrm{ii}\,) \ \dfrac{x^2}{a^2} - \dfrac{y^2}{b^2} = -1 \ \text{のとき，点}\ (0,\, \pm b)\ \text{を頂点とする上下対称の双曲線になる。} \end{cases}$

それでは，その焦点も含めて，双曲線についての公式群を下に示そう。

双曲線の公式

(1) ┃左右の双曲線┃ $\boxed{\dfrac{x^2}{a^2} - \dfrac{y^2}{b^2} = 1}$ $(a > 0,\ b > 0)$

・中心：原点 $(0,\, 0)$

・頂点 $(a,\, 0),\ (-a,\, 0)$

・焦点 $\mathrm{F}(c,\, 0),\ \mathrm{F}'(-c,\, 0)$
 $(c = \sqrt{a^2 + b^2}\,)$

・漸近線：$y = \pm \dfrac{b}{a}x$

・曲線上の点を Q とおくと，$\boxed{\,|\,\mathrm{QF} - \mathrm{QF}'\,| = 2a\,}$

> この条件の下，動く動点 Q の軌跡が，左右の（または，上下の）双曲線になるんだね。

(2) ┃上下の双曲線┃ $\boxed{\dfrac{x^2}{a^2} - \dfrac{y^2}{b^2} = -1}$ $(a > 0,\ b > 0)$

・中心：原点 $(0,\, 0)$

・頂点 $(0,\, b),\ (0,\, -b)$

・焦点 $\mathrm{F}(0,\, c),\ \mathrm{F}'(0,\, -c)$
 $(c = \sqrt{a^2 + b^2}\,)$

・漸近線：$y = \pm \dfrac{b}{a}x$

・曲線上の点を Q とおくと，$\boxed{\,|\,\mathrm{QF} - \mathrm{QF}'\,| = 2b\,}$

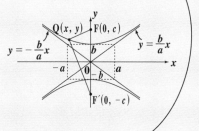

43

放物線と双曲線の平行移動

(1) 放物線 $x^2 - 2x - 8y + 17 = 0$ ……① で表される放物線の焦点の座標と準線の方程式を求めよ。

(2) 1 つの焦点の座標が $(3, 0)$ で, 2 直線 $y = x - 1$, $y = -x + 1$ を漸近線とする双曲線の方程式を求めよ。

ヒント！ (1)(2) 共に平行移動された放物線と双曲線の問題だ。この場合, まず, 頂点や中心が原点となるもので計算するのがコツだ。

解答＆解説

(1) ①を変形して, $x^2 - 2x + 1 = 8(y - 2)$ $\therefore (x - 1)^2 = 8(y - 2)$ ……①′

これは, 放物線 $x^2 = 4 \cdot \overset{p}{\boxed{2}} \cdot y$ ……② を $(1, 2)$ だけ平行移動したものである。ここで②の焦点 $F_0 \left(0, \overset{p}{\boxed{2}}\right)$, 準線 $l_0 : y = \overset{-p}{\boxed{-2}}$ より, 求める①の焦点 F の座標と準線 l の方程式は $F(1, 4)$, $l : y = 0$ ……………(答)

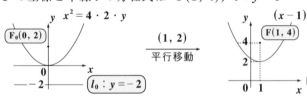

(2) 求める双曲線は, 中心が原点, 焦点の 1 つが $F_0(2, 0)$ で漸近線が $y = x$, $y = -x$ の双曲線を, $(1, 0)$ だけ平行移動したものである。

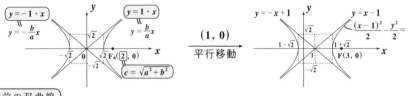

移動前の双曲線

この漸近線 $y = \pm \dfrac{\boxed{b}}{\boxed{a}} x = \pm \boxed{1} x$ より, $\dfrac{b}{a} = 1$ $\therefore a = b$ ……③

また, $F_0(c, 0) = F_0(2, 0)$ より, $c = \boxed{\sqrt{a^2 + b^2} = 2}$ $\therefore a^2 + b^2 = 4$ ……④

③を④に代入して, $2a^2 = 4$ $\therefore a^2 = b^2 = 2$ この双曲線を $(1, 0)$ だけ平行移動したものが求める双曲線より, $\dfrac{(x - 1)^2}{\underset{a^2}{\boxed{2}}} - \dfrac{y^2}{\underset{b^2}{\boxed{2}}} = 1$ ……………(答)

だ円と，原点を通る直線との接点の x 座標

絶対暗記問題 16 難易度 ★★★ CHECK1 CHECK2 CHECK3

だ円 $C : \dfrac{(x-3)^2}{4} + (y-1)^2 = 1$ 上の点 A における接線が原点を通り，傾きが正であるとき，点 A の x 座標を求めよ。

(東京医大＊)

ヒント！ 接線の方程式を $y = mx$ とおき，これをだ円 C の式に代入した x の 2 次方程式が重解をもつようにすればいい。

解答＆解説

$$\dfrac{(x-3)^2}{4} + (y-1)^2 = 1 \quad \cdots\cdots ①$$

求める点 A における接線を，

$y = mx \ (m > 0) \quad \cdots\cdots ②$　とおく。

②を①に代入して，変形すると

$(x-3)^2 + 4(mx-1)^2 = 4 \qquad x^2 - 6x + 9 + 4(m^2x^2 - 2mx + 1) = 4$

$(\underset{a}{(4m^2+1)})x^2 \underset{b=2b'}{-2(4m+3)}x + \underset{c}{9} = 0 \ \cdots③$　　これは重解をもつ。よって，

判別式 $\dfrac{D}{4} = \boxed{(4m+3)^2 - 9(4m^2+1) = 0}$ ，　$-20m^2 + 24m = 0$

$m(5m-6) = 0 \quad \therefore m = \dfrac{6}{5} \ (\because m > 0) \quad \therefore$ 接点 A の x 座標は

$$x = \boxed{\dfrac{4m+3}{4m^2+1}} = \dfrac{4 \cdot \frac{6}{5} + 3}{4 \cdot \left(\frac{6}{5}\right)^2 + 1} = \dfrac{20 \times 6 + 75}{4 \times 6^2 + 25} = \dfrac{195}{169} = \dfrac{15}{13} \quad \cdots\cdots (答)$$

頻出問題にトライ・5 難易度 ★★ CHECK1 CHECK2 CHECK3

一辺が x 軸に平行な長方形で，だ円 $\dfrac{x^2}{4} + \dfrac{y^2}{2} = 1$ に内接するもの全体の中で，最大の面積をもつ長方形の面積を求めよ。

(慶応大＊)

解答は P215

§2. 典型的な媒介変数表示された曲線をマスターしよう！

　これから，"媒介変数表示された曲線"について詳しく解説しよう。xy 座標平面上の曲線で，$x = f(\theta)$，$y = g(\theta)$ の形で表される場合，θ を "媒介変数" と呼び，この曲線を "媒介変数 θ で表された曲線" という。何だか難しそうだって？　確かに初めは難しく感じるかもしれないけれど，今回もわかりやすく教えるから大丈夫だよ。

● 円とだ円も，媒介変数表示できる！

　図1のような，中心 O，半径 r の円の周上に点 P(x, y) をとり，OP が x 軸の正の向きとなす角を θ とおくと，三角関数の定義より，

$$\frac{x}{r} = \cos\theta, \quad \frac{y}{r} = \sin\theta \quad だね。$$

これを書きかえると即，円の媒介変数表示 $x = r\cos\theta$，$y = r\sin\theta$ となるんだよ。

図1　円の媒介変数表示

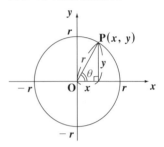

```
円の媒介変数表示
```

　円：$x^2 + y^2 = r^2$ ……① の媒介変数表示は

$$\begin{cases} x = r\cos\theta \\ y = r\sin\theta \end{cases} \cdots\cdots② \quad (\theta：媒介変数)（r：正の定数)$$

ここで，$r = 1$ のとき，図2のような単位円ができるね。この媒介変数表示は，当然

$$\begin{cases} x = 1 \cdot \cos\theta \\ y = 1 \cdot \sin\theta \end{cases} \cdots\cdots②´ だ。$$

　ここで，この単位円を，横方向に a 倍，たて方向に b 倍，バンバンと拡大（または縮小）し

半径1の円

図2　円とだ円

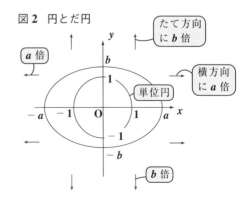

たて方向に b 倍

a 倍

横方向に a 倍

単位円

b 倍

46

たものがだ円なんだよ。乱暴なようだけれど，これでいい。よって，②´の x と y も，それぞれバンバンと a 倍，b 倍したものになるので，だ円の媒介変数表示は次のようになる。

だ円の媒介変数表示

だ円 : $\dfrac{x^2}{a^2} + \dfrac{y^2}{b^2} = 1$ ……③ の媒介変数表示は

$\begin{cases} x = a\cos\theta \\ y = b\sin\theta \end{cases}$ ……④ (θ：媒介変数) (a, b：正の定数)

ここで，②を①に代入すると

$(r\cos\theta)^2 + (r\sin\theta)^2 = r^2$ 　　両辺を $r^2\,(>0)$ で割って

$\cos^2\theta + \sin^2\theta = 1$ と，三角関数の基本公式が導ける。

同様に，④を③に代入しても

$\dfrac{(a\cos\theta)^2}{a^2} + \dfrac{(b\sin\theta)^2}{b^2} = 1$ 　　∴ $\cos^2\theta + \sin^2\theta = 1$ となるね。

このように円やだ円の媒介変数表示は最終的には，公式

$\cos^2\theta + \sin^2\theta = 1$ に帰着するんだよ。

だから逆に，「だ円 $\dfrac{\overset{2\cos\theta+3}{(x-3)^2}}{\underset{2^2}{\textcircled{4}}} + \dfrac{\overset{3\sin\theta-1}{(y+1)^2}}{\underset{3^2}{\textcircled{9}}} = 1$ を媒介変数表示しろ」と言わ

れても，ヒェ～！となる必要はないんだよ。最終的に

$\dfrac{(2\cos\theta)^2}{2^2} + \dfrac{(3\sin\theta)^2}{3^2} = \cos^2\theta + \sin^2\theta = 1$ となるように考えればいいわ

けだから，$x = 2\cos\theta + 3$, $y = 3\sin\theta - 1$ と媒介変数表示できるんだね。

円 : $(x+3)^2 + (y-2)^2 = \underset{}{\textcircled{25}}\overset{5^2}{}$ でも，同様に，

$x = 5\cos\theta - 3$, $y = 5\sin\theta + 2$ と媒介変数表示できるのも大丈夫だね。

これを，元の円の方程式に代入すると ± 3，± 2 で打ち消し合って，

$(5\cos\theta)^2 + (5\sin\theta)^2 = 25$, $\cos^2\theta + \sin^2\theta = 1$ の式が導けるからだ。

要領を覚えた？

● 円の媒介変数表示を求めてみよう！

三角関数の **2** 倍角の公式：

$$\begin{cases} \cos 2\alpha = \cos^2\alpha - \sin^2\alpha & \cdots\cdots① \\ \sin 2\alpha = 2\sin\alpha\,\cos\alpha & \cdots\cdots② \end{cases}$$

を変形して，①，②共に **tan**α で表すと，

$$\begin{cases} \cos 2\alpha = \dfrac{1 - \tan^2\alpha}{1 + \tan^2\alpha} & \cdots\cdots①' \\ \sin 2\alpha = \dfrac{2\tan\alpha}{1 + \tan^2\alpha} & \cdots\cdots②' \end{cases}$$

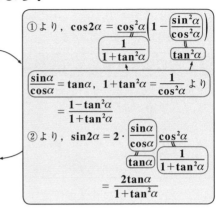

①より，$\cos 2\alpha = \cos^2\alpha\left(1 - \dfrac{\sin^2\alpha}{\cos^2\alpha}\right)$

$\underbrace{\cos^2\alpha}_{\dfrac{1}{1+\tan^2\alpha}}$ $\underbrace{\dfrac{\sin^2\alpha}{\cos^2\alpha}}_{\tan^2\alpha}$

$\dfrac{\sin\alpha}{\cos\alpha} = \tan\alpha,\ 1 + \tan^2\alpha = \dfrac{1}{\cos^2\alpha}$ より

$= \dfrac{1 - \tan^2\alpha}{1 + \tan^2\alpha}$

②より，$\sin 2\alpha = 2\cdot\dfrac{\sin\alpha}{\cos\alpha}\cdot\cos^2\alpha$

$= \dfrac{2\tan\alpha}{1 + \tan^2\alpha}$

となるのはいいね。

よって，$2\alpha = \theta$ とおくと，$\tan\alpha = \tan\dfrac{\theta}{2}$ となるので，これをさらに **t** とおくと，$\cos\theta$ と $\sin\theta$ は，①'，②'より，媒介変数 **t** を用いて，

$$\cos\theta = \dfrac{1 - t^2}{1 + t^2} \ \cdots\cdots③ \ , \quad \sin\theta = \dfrac{2t}{1 + t^2} \ \cdots\cdots④ \ とおけるんだね。$$

これから，円の方程式 $x^2 + y^2 = r^2$ は，媒介変数 θ により $\begin{cases} x = r\cos\theta \\ y = r\sin\theta \end{cases}$

と表されたけれど，③，④を用いると，これはさらに媒介変数 **t** で，

$$x = r\cdot\dfrac{1 - t^2}{1 + t^2} \ , \quad y = r\cdot\dfrac{2t}{1 + t^2} \quad と表すこともできるんだね。これも$$

覚えておこう。

● らせんは円の変形ヴァージョンだ！

円の媒介変数表示 $x = r\cdot\cos\theta$，$y = r\cdot\sin\theta$ では，r は正の定数だけれど，この r が，θ の関数として変動すると，回転しながら円とは違った曲線を描くことになる。ここで，$r = e^{-\theta}$ や，$r = e^{\theta}$ の形のものを，特に "**らせん**" と呼ぶ。この e は **1** より大きい約 **2.7** の定数のことだ。

(i) $r = e^{-\theta}$ のとき，θ が大きくなる，つまり回転が進むにつれて，半径 r が小さく縮んでいくのがわかるだろう。

(ii) 逆に, $r = e^{\theta}$ のときは, θ が大きくなるにつれて, 半径 r も指数関数的に増大していくのも大丈夫だね。

以上より, 2 種類のらせん曲線の概形を下に示す。

らせん

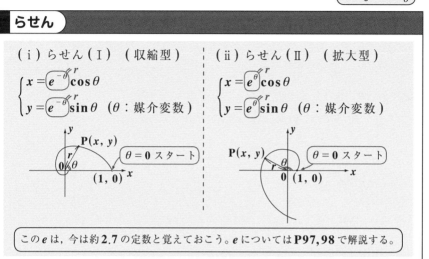

(i) らせん (I) (収縮型)

$$\begin{cases} x = e^{-\theta} \cos\theta \\ y = e^{-\theta} \sin\theta \quad (\theta: 媒介変数) \end{cases}$$

(ii) らせん (II) (拡大型)

$$\begin{cases} x = e^{\theta} \cos\theta \\ y = e^{\theta} \sin\theta \quad (\theta: 媒介変数) \end{cases}$$

このeは, 今は約 2.7 の定数と覚えておこう。eについては P97, 98 で解説する。

● サイクロイドとアステロイドにも挑戦だ！

図 3 に示すように, 初め原点 0 で x 軸と接していた中心 A, 半径 a の円が, x 軸上をスリップすることなくゴロゴロと回転していくとき, 初めに原点にあった円周上の点 P の描く曲線が, サイクロイド曲線なんだ。図 3 では, θ だけ回転したときの動点 P の様子を示した。

図 3 サイクロイド曲線

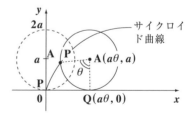

ここで, 動点 P(x, y) とおいて, この x, y を回転角 (媒介変数)θ で表してみよう。

右図の扇形 $\triangle$APQ の円弧 $\overparen{PQ}$ の長さは $a\theta$ となる。そして, この円はスリップすることなく回転しているので, 円が x 軸と接触した長さ $\overline{OQ}$ は, 当然円弧 $\overparen{PQ}$ の長さと等しくなる。

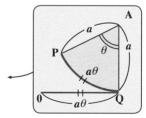

49

よって、図4に示すように、θ だけ回転した 円の中心 A の座標は $\mathbf{A}(a\theta, a)$ となるのはいいね。

$$\boxed{\mathbf{PQ} = \mathbf{OQ}}$$

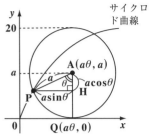

図4 サイクロイド曲線

ここで、P から AQ に下した垂線の足を H とおいて、直角三角形 APH で考えると、

$$\frac{\mathbf{PH}}{a} = \sin\theta, \quad \frac{\mathbf{AH}}{a} = \cos\theta \quad より$$

$\mathbf{PH} = a\sin\theta$, $\mathbf{AH} = a\cos\theta$ となる。

以上より、動点 $\mathbf{P}(x, y)$ の x と y は、それぞれ

$$
\begin{cases}
x = \underbrace{a\theta}_{\substack{\text{中心 A の}\\ x\text{座標}}} - \mathbf{PH} = a\theta - \underbrace{a\sin\theta}_{} = a(\theta - \sin\theta) \\[4mm]
y = \underbrace{a}_{\substack{\text{中心 A の}\\ y\text{座標}}} - \mathbf{AH} = a - \underbrace{a\cos\theta}_{} = a(1 - \cos\theta) \quad となる。
\end{cases}
$$

これが、媒介変数 θ で表されたサイクロイド曲線の公式になるんだね。θ が $0 \leqq \theta \leqq 2\pi$ の範囲を動いて、円が一回転すると、サイクロイド曲線は下に示すようなカマボコ型の曲線になるんだね。大丈夫？

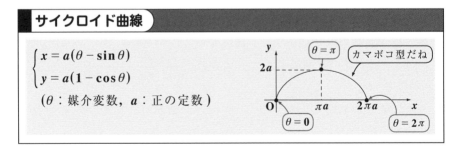

では次、アステロイド曲線 (星芒形_{せいぼうけい}) についても、これを媒介変数 θ で

$$\boxed{\text{これはお星様がキラリと光った形の曲線って意味だ。}}$$

表した方程式と、その概形を次に表そう。

アステロイド曲線

$$\begin{cases} x = a\cos^3\theta \\ y = a\sin^3\theta \end{cases}$$

（θ：媒介変数）

（a：正の定数）

$\theta = \dfrac{\pi}{2}$　$\theta = \pi$　$\theta = 0, 2\pi$　$\theta = \dfrac{3}{2}\pi$

お星様キラリの形だね！

図5に示すように、原点 O を中心とする半径 $a(>0)$ の円 C_1 と、これに内接する半径 $\dfrac{a}{4}$ の円 C_2 を考える。初めに点 $(a, 0)$ で円 C_1 と接していた円 C_2 が、円 C_1 に沿ってスリップすることなくゴロゴロと回転していくとき、初めに点 $(a, 0)$ にあった円 C_2 上の点 P の描く曲線が、お星様キラリのアステロイド曲線になるんだね。

図5　アステロイド曲線

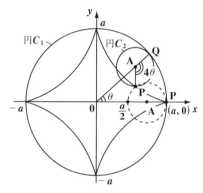

そして、円 C_2 の中心を A とすると、動径 OA が x 軸の正の向きとなす角を θ とおく。この θ を媒介変数として、動点 $P(x, y)$ の x 座標と y 座標を表すと、

$$\begin{cases} x = a\cos^3\theta \\ y = a\sin^3\theta \end{cases}$$　となるんだね。

何故、このように表せるのか、知りたいって!?これについては "**頻出問題にトライ・6**" でチャレンジしてみよう！

だ円の媒介変数表示と最大値・最小値

だ円 $E : \dfrac{(x+1)^2}{4} + y^2 = 1$ 上の点 $P(x, y)$ について，$x + y^2$ の値の最大値と最小値を求めよ。

ヒント！　円やだ円が出てきたら，媒介変数表示でスッキリ解けることもあるので，必ず，この解法も試してみてくれ。今回は $x = 2\cos\theta - 1$, $y = \sin\theta$ とおくことにより，スッキリ解けるよ。

解答&解説

だ円 $E : \dfrac{\overset{\boxed{2\cos\theta-1}}{(x)+1)^2}}{2^2} + \dfrac{\overset{\boxed{1\cdot\sin\theta}}{y^2}}{1^2} = 1$ 上の点 $P(x, y)$ は，媒介変数 θ によって，次のように表される。

$$\begin{cases} x = 2\cos\theta - 1 \\ y = \sin\theta \end{cases} \cdots\cdots①$$

$(0 \leqq \theta < 2\pi)$ これで，P はだ円 E を 1 周まわれる！

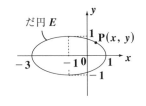

このとき，$z = x + y^2 \cdots\cdots②$ とおくと，①を②に代入して

$z = 2\cos\theta - 1 + \sin^2\theta = 2\cos\theta - 1 + 1 - \cos^2\theta$
$= -\cos^2\theta + 2\cos\theta$

ここで，$\cos\theta = t$ とおくと，$0 \leqq \theta < 2\pi$ より，$-1 \leqq t \leqq 1$

さらに $z = f(t)$ とおくと，

$z = f(t) = -t^2 + 2t$
$\quad = -(t-1)^2 + 1 \quad (-1 \leqq t \leqq 1)$

右図より z，すなわち $x + y^2$ の

$$\begin{cases} \text{最大値は } 1 \\ \text{最小値は} -3 \text{ である。} \end{cases} \quad \cdots\cdots(答)$$

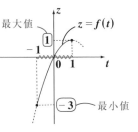

双曲線の媒介変数表示

絶対暗記問題 18	難易度 ★★	CHECK1	CHECK2	CHECK3

三角関数の公式 $1 + \tan^2\theta = \dfrac{1}{\cos^2\theta}$ ……① を使って,

(i) $x^2 - y^2 = 1$ および (ii) $\dfrac{x^2}{a^2} - \dfrac{y^2}{b^2} = 1$ を, 媒介変数 θ で表示せよ。

ヒント! ①より, $\dfrac{1}{\cos^2\theta} - \tan^2\theta = 1$ ……①′ となるので, (i) は $x = \dfrac{1}{\cos\theta}$,
$y = \tan\theta$ と表せばよいことに気付くはずだ。(ii) も, ①′ にあてはめよう。

解答 & 解説

①より, $\dfrac{1}{\cos^2\theta} - \tan^2\theta = 1$ ……①′ となる。よって

(i) 双曲線 $x^2 - y^2 = 1$ は, θ を用いて,

$\quad x = \dfrac{1}{\cos\theta}$, $\quad y = \tan\theta$ と表される。

> ・$-1 \le \cos\theta \le 1$ より
> $\dfrac{1}{\cos\theta} \le -1$, または $1 \le \dfrac{1}{\cos\theta}$
> ・また, $-\infty < \tan\theta < \infty$ より
> $P(x,\ y) = \left(\dfrac{1}{\cos\theta},\ \tan\alpha\right)$ は,
> 双曲線 $x^2 - y^2 = 1$ ($x \le -1$, $1 \le x$, $-\infty < y < \infty$) 上のすべての点を表せる。

(ii) 双曲線 $\dfrac{x^2}{a^2} - \dfrac{y^2}{b^2} = 1$ も, 同様に,

$\quad \dfrac{x^2}{a^2} = \dfrac{1}{\cos^2\theta}$, $\dfrac{y^2}{b^2} = \tan^2\theta$ より θ を用いて,

$\quad x = \dfrac{a}{\cos\theta}$, $\quad y = b\tan\theta$ と表すことができる。

(i) 双曲線 $x^2 - y^2 = 1$ は, x 軸と y 軸に関して対称より, $x = \pm\dfrac{1}{\cos\theta}$, $y = \pm\tan\theta$ とおいても構わないが, 上記は公式として覚えよう。(ii) も同様だよ。

頻出問題にトライ・6	難易度 ★★★	CHECK1	CHECK2	CHECK3

P51 で解説した半径 a の円 C_1 と, それに内接しながら回転する半径 $\dfrac{a}{4}$ の円 C_2 を用いて, アステロイド曲線が, 媒介変数 θ を用いて, $x = a\cos^3\theta$, $y = a\sin^3\theta$ と表されることを示せ。

解答は P216

§3. 極方程式で，さまざまな曲線を表せる！

　これまで，平面の座標系として xy 座標系を使ってきたけれど，ここでは，これと違った"**極座標**"について詳しく解説するよ。ちょうど，同じ内容を日本語と英語といった別々の言葉で表せるのと同様に，平面上の同じ点や曲線も，xy 座標と極座標では別の表現で表せるんだよ。

● 極座標では，点を (r, θ) で表す！

　図 1−(i)，(ii) に示すように，xy 座標系の点 P(x, y) は，極座標では点 P(r, θ) と表す。 "しせん" "どうけい" "へんかく" と読む

　極座標では，**O** を極，**OX** を<u>始線</u>，**OP** を<u>動径</u>，そして θ を偏角と呼ぶ。ここで，点 P について，始線 OX からの角 θ と，極 O からの距離 r(これは，⊖もあり得る！) を指定すれば，点 P の位置が決まる。よって，極座標では，点 P を P(r, θ) と表す。

図 1 (i) xy 座標　　　(ii) 極座標

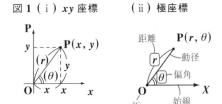

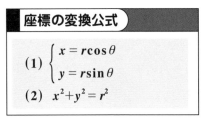

座標の変換公式

(1) $\begin{cases} x = r\cos\theta \\ y = r\sin\theta \end{cases}$

(2) $x^2 + y^2 = r^2$

　図 1−(i) から，xy 座標の x, y と，極座標の r, θ との間に上に示した変換公式が成り立つのは大丈夫だね。これによって，点だけでなく，曲線などの図形も，xy 座標と極座標の間を自由に行き来できるようになる。

　ここで，P(x, y) の表し方は 1 通りに決まるんだけれど，極座標による同じ点の表し方は複数存在するんだよ。たとえば，図 2 の点 P$\left(2, \dfrac{2}{3}\pi\right)$ は，動径 OP が何周回って同じ位置にきてもいいから，

図 2 極座標による表現

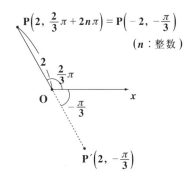

$$P\left(2, \frac{2}{3}\pi + 2n\pi\right) = P\left(-2, -\frac{\pi}{3}\right)$$
（n：整数）

これは一般角

$P\left(2, \dfrac{2}{3}\pi\right) = P\left(2, \dfrac{2}{3}\pi + 2n\pi\right)$ （n：整数）と表すことができる。

さらに，r は，負の数でもいい。図 2 の点 $P'\left(2, -\dfrac{\pi}{3}\right)$ を $\left(-2, -\dfrac{\pi}{3}\right)$ にすると，反転してこれは点 P の位置にくる。よって，

これがまた，一般角になってもいい！

$P\left(2, \dfrac{2}{3}\pi\right) = P\left(2, \dfrac{2}{3}\pi + 2n\pi\right) = P\left(-2, \boxed{-\dfrac{\pi}{3}}\right)$

となって，同じ点に対して，いろんな表し方ができてしまうんだね。

しかし，ここで，$r > 0$，$0 \leqq \theta < 2\pi$ というように自分で定義することにより，原点以外の点 $P(r, \theta)$ を一通りに決めることができる。

それでは，具体的に変換公式を使って練習しておこう。

(ⅰ) xy 座標の点 $P\left(\overset{x}{\boxed{-2\sqrt{3}}}, \overset{y}{\boxed{2}}\right)$ を極座標
$P(r, \theta)$ （$r > 0$，$0 \leqq \theta < 2\pi$）で表す。

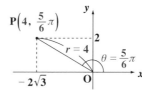

$r^2 = \left(\overset{x}{\boxed{-2\sqrt{3}}}\right)^2 + \overset{y}{\boxed{2}}^2 = 12 + 4 = 16$

$\therefore r = \sqrt{16} = 4$

$\cos\theta = \dfrac{\overset{x}{\boxed{-2\sqrt{3}}}}{\underset{r}{\boxed{4}}} = -\dfrac{\sqrt{3}}{2}$ ，$\sin\theta = \dfrac{\overset{y}{\boxed{2}}}{\underset{r}{\boxed{4}}} = \dfrac{1}{2}$ $\therefore \theta = \dfrac{5}{6}\pi$

以上より，点 P の極座標は $P\left(4, \dfrac{5}{6}\pi\right)$ となる。

(ⅱ) 極座標で表された点 $Q\left(5, \dfrac{4}{3}\pi\right)$ を xy
座標で表す。

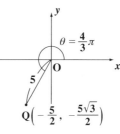

$x = \overset{r}{\boxed{5}} \cdot \cos\overset{\theta}{\boxed{\dfrac{4}{3}\pi}} = 5 \cdot \left(-\dfrac{1}{2}\right) = -\dfrac{5}{2}$

$y = \overset{r}{\boxed{5}} \cdot \sin\overset{\theta}{\boxed{\dfrac{4}{3}\pi}} = 5 \cdot \left(-\dfrac{\sqrt{3}}{2}\right) = -\dfrac{5\sqrt{3}}{2}$

以上より，点 Q の xy 座標は，$Q\left(-\dfrac{5}{2}, -\dfrac{5\sqrt{3}}{2}\right)$ となる。

● 極方程式にチャレンジしよう！

xy 座標平面上で, $y = x^2 - 1$ とか, $x^2 + y^2 = 4$ など, x と y の関係式 (方程式) を使って, さまざまな直線や曲線を表したね。これと同様に, 極座標平面上でも, r と θ の関係式を使って, いろんな図形を表せるんだよ。この r と θ の関係式のことを**極方程式**という。

ここで大活躍するのが, また, 変換公式だから, 自由に使いこなせるように練習しておこう。それでは, さっきの放物線と円を, この変換公式を使って, 実際に極方程式に変換してみるよ。

(i) $\underline{\underline{y = x^2 - 1}}$ に, $y = r\sin\theta$, $x = r\cos\theta$ ← 変換公式！ を代入して,

$\underline{r\sin\theta = r^2\cos^2\theta - 1}$ ← 変換公式！

(ii) $\underline{x^2 + y^2 = 4}$ には, $x^2 + y^2 = r^2$ を代入して,

$\underline{r^2 = 4}$ ここで, $r > 0$ とおくと

$\underline{r = 2}$ これも極方程式だ。

これは, θ について何も言ってないので, θ は自由に動いていいけれど, r の値は 2 を常に保つので, 動点は右図のような極 O を中心とする半径 2 の円を描くんだね。

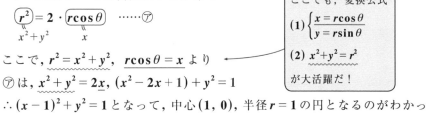

極方程式って, 意外と簡単でしょ？ では次に, 極方程式 $r = 2\cos\theta$ が円を表すことを, xy 座標平面上の方程式に変換することによって確かめてみよう。

$r = 2\cos\theta$ この両辺に r をかけて

$\boxed{r^2} = 2 \cdot \boxed{r\cos\theta}$ ……㋐
　x^2+y^2　　　 x

> ここでも, 変換公式
> (1) $\begin{cases} x = r\cos\theta \\ y = r\sin\theta \end{cases}$
> (2) $x^2 + y^2 = r^2$
> が大活躍だ！

ここで, $r^2 = x^2 + y^2$, $r\cos\theta = x$ より

㋐は, $\underline{x^2 + y^2 = 2x}$, $(x^2 - 2x + 1) + y^2 = 1$

∴ $(x - 1)^2 + y^2 = 1$ となって, 中心 $(1, 0)$, 半径 $r = 1$ の円となるのがわかったね。

このように, たとえよくわからない極方程式が出てきても, 変換公式を使って, 見慣れた x と y の方程式にもち込めば, どんな図形の方程式かがわかるんだね。だから, どんどん変換するといいよ！

● 3つの2次曲線が, 1つの極方程式で表せる!

xy 座標平面上の曲線の方程式で, $y=f(x)$ の形のものが多かったように, 極方程式においても, $r=f(\theta)$ の形のものが結構多いんだね。これは, 偏角 θ の値によって, 動径 OP の長さ r が変化するので, 図3のようなイメージをもってくれたらいいよ。

図3 $r=f(\theta)$ の形の極方程式

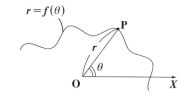

$r=f(\theta)$

P

r

θ

O

X

それで, これから解説する2次曲線 (だ円, 放物線, 双曲線) の極方程式も, 実は $r=f(\theta)$ 型なんだね。しかも, 驚くべきことに, だ円, 放物線, 双曲線の3つの2次曲線が, たった1つの極方程式で表せてしまうんだ。スバラシイだろ? 受験では, この公式は頻出となるはずだから, 是非覚えておくといいよ。

2次曲線の極方程式

$r=f(\theta)$ 型

$$r=\frac{k}{1-e\cos\theta} \quad \cdots\cdots ①$$

$$\left[r=\frac{k}{1+e\cos\theta} \quad \cdots\cdots ②\right]$$

この形で出題されることもある。

$(k : 正の定数)$ — $\theta=\dfrac{\pi}{2}$ のとき, $r=\dfrac{k}{1-e\cdot 0}=k$ より, $\theta=\dfrac{\pi}{2}$ のときの r の値

$(e : 離心率)$
$\begin{cases} (\text{i}) \ 0<e<1 & \text{のとき} \quad \text{だ円} \\ (\text{ii}) \ e=1 & \text{のとき} \quad \text{放物線} \\ (\text{iii}) \ 1<e & \text{のとき} \quad \text{双曲線} \end{cases}$

この公式の中の定数 e を**離心率**といい, これは (i) $0<e<1$, (ii) $e=1$, (iii) $1<e$ の値の範囲によって, それぞれ, だ円, 放物線, 双曲線に対応している。エッ, 本当かって? 変換公式を使って変形してみればよくわかるよ。絶対暗記問題 21 で, 実際に全パターンを調べてみよう。

ここで, ①や②の形の極方程式で表される2次曲線はすべて, その1つの焦点が極 O と一致するんだよ。これも要注意事項だ。

57

極座標と三角形の面積

極座標で表された 3 点 $A\left(1, \frac{\pi}{6}\right)$, $B\left(2, \frac{\pi}{3}\right)$, $C\left(2, \frac{5}{6}\pi\right)$ がある。

$\triangle OAB$, $\triangle OBC$, $\triangle OAC$ の面積を求めることにより, $\triangle ABC$ の面積を求めよ。

ヒント！ 3点 A, B, C の位置関係を調べることにより, $\triangle ABC = \triangle OAB + \triangle OBC - \triangle OAC$ となることがわかるはずだ！

解答＆解説

3 点 $A\left(1, \frac{\pi}{6}\right)$, $B\left(2, \frac{\pi}{3}\right)$, $C\left(2, \frac{5}{6}\pi\right)$

の位置関係を右図に示す。
この図から, 三角形 ABC の面積を
$\triangle ABC$ などと表すことにすると次
式が成り立つ。

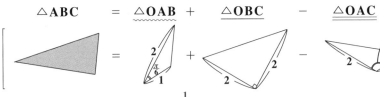

$$\triangle ABC = \triangle OAB + \triangle OBC - \triangle OAC \quad \cdots\cdots①$$

(i) $\triangle OAB = \frac{1}{2} \cdot 1 \cdot 2 \cdot \boxed{\sin \frac{\pi}{6}}^{\frac{1}{2}} = \frac{1}{2}$ $\cdots\cdots\cdots②$

(ii) $\triangle OBC = \frac{1}{2} \cdot 2 \cdot 2 \cdot \boxed{\sin \frac{\pi}{2}}^{1} = 2$ $\cdots\cdots③$

(iii) $\triangle OAC = \frac{1}{2} \cdot 1 \cdot 2 \cdot \boxed{\sin \frac{2}{3}\pi}^{\frac{\sqrt{3}}{2}} = \frac{\sqrt{3}}{2}$ $\cdots\cdots④$

以上②, ③, ④を①に代入して, 求める三角形 ABC の面積$\triangle ABC$ は

$$\triangle ABC = \frac{1}{2} + 2 - \frac{\sqrt{3}}{2} = \frac{5 - \sqrt{3}}{2} \quad \cdots\cdots(答)$$

極方程式で表された円と直線が交点をもたない条件

正の定数 a について，極座標で表された円 $r = 4\cos\theta$ と直線 $r = \dfrac{a}{\cos\theta}$ とが交点をもたないような a の範囲を求めよ。

(神奈川大)

ヒント! 円と直線の方程式から，r を消去して，$\cos\theta$ の方程式にもち込み，これが実数解をもたないようにすればいいんだね。

解答&解説

円：$r = 4\cos\theta$ ……① 　　直線：$r = \dfrac{a}{\cos\theta}$ ……② 　(a：正の定数)

①，②より，r を消去して

$$4\cos\theta = \frac{a}{\cos\theta} \qquad \text{よって，} \quad \boxed{\cos^2\theta} = \boxed{\frac{a}{4}} \quad \text{……③}$$

1 以下　　1 より大 ← このとき③は実数解 θ をもたない。

ここで，θ の方程式③が実数解 θ_1 をもつと仮定すると，①，②を同時にみたす実数 r の値 r_1 も決まるので，①，②は交点 (r_1, θ_1) をもつことになる。よって，①，②が交点をもたないためには，θ の方程式③が実数解をもってはならない。

$0 \leqq \cos^2\theta \leqq 1$, $a > 0$ より，$\dfrac{a}{4} > 1$ のとき，③は実数解をもたない。

∴求める a の範囲は，$a > 4$ ……………………………………………(答)

別解

(i) ①の両辺に r をかけて，$\boxed{r^2} = 4\boxed{r\cos\theta}$

$\boxed{x^2 + y^2}$ 　$\boxed{x}$ ← 変換公式

$$x^2 + y^2 = 4x \quad \therefore (x-2)^2 + y^2 = 4 \quad \text{……①′}$$

(ii) ②より，$\boxed{r\cos\theta} = a \quad \therefore x = a$ ………②′

$\boxed{x}$ ← 変換公式 　$(a > 0)$

以上，①′と②′が交点をもたないための条件は，xy 座標平面上のグラフより明らかに，$a > 4$ $(\because a > 0)$ ……………………………………(答)

y

$x = a$ …②′

$(x-2)^2 + y^2 = 4$ 　$(a > 0)$

…①′

0 　2 　4 　a 　x

2次曲線の極方程式とグラフ

次の極方程式を，xy 座標系の方程式に書きかえて，そのグラフの概形を描け。

(1) $r = \dfrac{2}{1 - \cos\theta}$　　(2) $r = \dfrac{3}{2 + \cos\theta}$　　(3) $r = \dfrac{3}{1 - 2\cos\theta}$

レクチャー　2次曲線の極方程式は，

$$r = \frac{k}{1 \pm e\cos\theta} \quad \text{で}$$

(ⅰ) $0 < e < 1$ のとき，だ円
(ⅲ) $e = 1$　　　のとき，放物線
(ⅱ) $1 < e$　　　のとき，双曲線

となることがわかっているんだね。
よって，問題の各方程式が表す2次曲線は，

(1) $r = \dfrac{2}{1 - \boxed{1} \cdot \cos\theta}$ ：放物線
　　　　　　　　　　$\underset{e}{}$

(2) $r = \dfrac{\dfrac{3}{2}}{1 + \boxed{\dfrac{1}{2}}\cos\theta}$ ：だ円
　　　　　　　　$\underset{e}{}$

(3) $r = \dfrac{3}{1 - \boxed{2} \cdot \cos\theta}$ ：双曲線
　　　　　　　　　　$\underset{e}{}$

となることが，予めわかるんだよ。

解答＆解説

(1) $r = \dfrac{2}{1 - \cos\theta}$ より，$r\overbrace{(1 - \cos\theta)} = 2$，　$r - \overbrace{(r\cos\theta)}_{x} = 2$　　変換公式

　　$r = x + 2$　　両辺を2乗して

　　$\boxed{r^2} = (x + 2)^2$　　$x^2 + y^2 = x^2 + 4x + 4$
　　$\underset{x^2 + y^2}{}$　←　変換公式

　　∴放物線：$y^2 = 4 \cdot 1 \cdot (x + 1)$ ……………(答)

　　これは，$y^2 = 4 \cdot 1 \cdot x$ を $(-1, 0)$ だけ平行移動したものだ！

$y^2 = 4(x+1)$

これが焦点

(2) $r = \dfrac{3}{2 + \cos\theta}$ より，$r\overbrace{(2 + \cos\theta)} = 3$，　$2r + \overbrace{(r\cos\theta)}_{x} = 3$　　変換公式

　　$2r = 3 - x$　　この両辺を2乗して

　　$4\boxed{r^2} = (3 - x)^2$　　$4\overbrace{(x^2 + y^2)} = 9 - 6x + x^2$
　　$\underset{x^2 + y^2}{}$　←　変換公式

　　$\underline{3x^2 + 6x} + 4y^2 = 9$，　$3\underline{(x^2 + 2 \cdot x + 1)} + 4y^2 = 9 + 3$

　　2で割って2乗

60

$$3(x+1)^2 + 4y^2 = 12 \qquad \text{両辺を } 12 \text{ で割って}$$

$$\frac{(x+1)^2}{4} + \frac{y^2}{3} = 1$$

$$\therefore \text{だ円} : \frac{(x+1)^2}{2^2} + \frac{y^2}{(\sqrt{3})^2} = 1 \quad \cdots\cdots(\text{答})$$

> これは, $\dfrac{x^2}{2^2} + \dfrac{y^2}{(\sqrt{3})^2} = 1$ を
> $(-1, 0)$ だけ平行移動したもの

(3) $r = \dfrac{3}{1 - 2\cos\theta}$ より, $r(1 - 2\cos\theta) = 3$, $r - 2\boxed{r\cos\theta} = 3$

$\boxed{x}$ ← 変換公式

$$r = 2x + 3 \qquad \text{この両辺を } 2 \text{ 乗して}$$

$$\boxed{r^2} = (2x+3)^2, \; x^2 + y^2 = 4x^2 + 12x + 9, \; \underset{\sim}{3x^2 + 12x} - y^2 = -9$$

$\boxed{x^2 + y^2}$ ← 変換公式

$$3(\underset{\smile}{x^2 + 4x + 4}) - y^2 = -9 + \underline{12} \qquad 3(x+2)^2 - y^2 = 3$$

2 で割って 2 乗

両辺を 3 で割って, $(x+2)^2 - \dfrac{y^2}{3} = 1$

$$\therefore \text{双曲線} : \frac{(x+2)^2}{1^2} - \frac{y^2}{(\sqrt{3})^2} = 1 \quad \cdots(\text{答})$$

> これは, $\dfrac{x^2}{1^2} - \dfrac{y^2}{(\sqrt{3})^2} = 1$ を
> $(-2, 0)$ だけ平行移動したもの

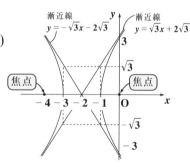

漸近線 $y = -\sqrt{3}x - 2\sqrt{3}$ 　漸近線 $y = \sqrt{3}x + 2\sqrt{3}$

頻出問題にトライ・7	難易度 ★☆	CHECK1	CHECK2	CHECK3

0 でない定数 k について, 極方程式で表されただ円 $r = \dfrac{3}{2 - \cos\theta}$ と, 直線 $r = \dfrac{k}{\cos\theta}$ とが, 2 つの異なる共有点をもつような k の値の範囲を求めよ。

解答は P217

1. 放物線の公式

　　（ⅰ）$x^2 = 4py$ $(p \neq 0)$ の場合，（ア）焦点 $\mathrm{F}(0, p)$ （イ）準線：$y = -p$

　　　　（ウ）$\boxed{\mathrm{QF} = \mathrm{QH}}$ （Q：曲線上の点，QH：Q と準線との距離）

　　（ⅱ）$y^2 = 4px$ $(p \neq 0)$ の場合，（ア）焦点 $\mathrm{F}(p, 0)$ （イ）準線：$x = -p$

　　　　（ウ）$\boxed{\mathrm{QF} = \mathrm{QH}}$ （Q：曲線上の点，QH：Q と準線との距離）

2. だ円：$\dfrac{x^2}{a^2} + \dfrac{y^2}{b^2} = 1$ の公式

　　（ⅰ）$a > b$ の場合，（ア）焦点 $\mathrm{F}(c, 0)$, $\mathrm{F}'(-c, 0)$ $(c = \sqrt{a^2 - b^2})$

　　　　（イ）$\boxed{\mathrm{QF} + \mathrm{QF}' = 2a}$ （Q：曲線上の点）

　　（ⅱ）$b > a$ の場合，（ア）焦点 $\mathrm{F}(0, c)$, $\mathrm{F}'(0, -c)$ $(c = \sqrt{b^2 - a^2})$

　　　　（イ）$\boxed{\mathrm{QF} + \mathrm{QF}' = 2b}$ （Q：曲線上の点）

3. 双曲線の公式

　　（ⅰ）$\dfrac{x^2}{a^2} - \dfrac{y^2}{b^2} = 1$ の場合，（ア）焦点 $\mathrm{F}(c, 0)$, $\mathrm{F}'(-c, 0)$ $(c = \sqrt{a^2 + b^2})$

　　　　（イ）漸近線：$y = \pm \dfrac{b}{a}x$ （ウ）$\boxed{|\mathrm{QF} - \mathrm{QF}'| = 2a}$ （Q：曲線上の点）

　　（ⅱ）$\dfrac{x^2}{a^2} - \dfrac{y^2}{b^2} = -1$ の場合，（ア）焦点 $\mathrm{F}(0, c)$, $\mathrm{F}'(0, -c)$ $(c = \sqrt{a^2 + b^2})$

　　　　（イ）漸近線：$y = \pm \dfrac{b}{a}x$ （ウ）$\boxed{|\mathrm{QF} - \mathrm{QF}'| = 2b}$ （Q：曲線上の点）

4. アステロイド曲線の媒介変数表示

　　$x = a\cos^3\theta$, $y = a\sin^3\theta$ （θ：媒介変数, a：正の定数）

5. サイクロイド曲線の媒介変数表示

　　$x = a(\theta - \sin\theta)$, $y = a(1 - \cos\theta)$ （θ：媒介変数 , a：正の定数）

6. 座標の変換公式

　　（1）$\begin{cases} x = r\cos\theta \\ y = r\sin\theta \end{cases}$ 　　（2）$x^2 + y^2 = r^2$

7. 極方程式は，r と θ の関係式。$r = f(\theta)$ の形のものが代表的。

　　2 次曲線の極方程式　$r = \dfrac{k}{1 \pm e\cos\theta}$ （e：離心率）

講義
Lecture
③ 数列の極限

テーマ

▶ 数列の極限の基本

▶ 無限級数（等比数列型，部分分数分解型）

▶ 漸化式と数列の極限

講義③ 数列の極限

§1. 極限の思考パターンをマスターしよう！

さァ，これから "**数列の極限**" の講義を始めよう。極限は，初心者にとって一番学習しづらいところなんだけれど，親切にわかりやすく解説するから，心配はいらない。必ずマスターできるよ。

● まず，極限 $\lim_{n \to \infty}$ の意味をつかもう！

一般に，数列の極限の式は，$\lim_{n \to \infty} (n\,の式)$ の形で出題されることが多い。

> これを，"リミット" と読む。limit の略だね。

これは，$n = 1, 2, 3, \cdots\cdots$ と，n を限りなく大きく (無限大に) していったとき，この (n の式) がどうなるかを調べる式なんだ。

この例を，次に示すよ。

> 具体的に $n = 10, 100, 1000, \cdots$ と大きくすると

(1) $\lim_{n \to \infty} \dfrac{1}{n} = \boxed{0}$ (収束)   ← 極限値

$$\left[\dfrac{1}{\infty} \to 0 \right]$$

> $\dfrac{1}{n} = \dfrac{1}{10}, \dfrac{1}{100}, \dfrac{1}{1000}, \cdots\cdots$ と限りなく 0 に近
> 0.1　0.01　0.001
> づく (収束する) ので，この**極限値**は **0** だ！

(2) $\lim_{n \to \infty} \dfrac{n}{2} = \infty$ (発散)   ←

$$\left[\dfrac{\infty}{2} \to \infty \right]$$

> $\dfrac{n}{2} = 5, 50, 500, \cdots\cdots$ と，限りなく大きくなって
> いくので，これは ∞ (無限大) に発散する。

このように，(n の式) が限りなくある値に近づいていくとき，この (n の式) は**収束する**といい，その近づいていく値を**極限値**という。これに対して (n の式) が $+\infty$ になったり，$-\infty$ になったり，または値が**振動**したりして，特定の値に近づかない場合，この (n の式) は**発散する**というんだよ。

上の例では，(1) の $\dfrac{1}{n}$ は極限値 0 に収束し，(2) の $\dfrac{n}{2}$ は $+\infty$ に発散するんだね。

このように，$\dfrac{1}{\infty} \to 0$，$\dfrac{\infty}{2} \to \infty$ になるのは大丈夫だね。それでは，$\dfrac{\infty}{\infty}$ の形の極限がどうなるか？さらに，深めてみよう。

● $\dfrac{\infty}{\infty}$ の不定形をマスターしよう！

分母も分子も，共に ∞ に大きくなっていく $\dfrac{\infty}{\infty}$ の極限のイメージとして，次の 3 つの例を頭に描くといいよ。

(i) 圧倒的に，分母の ∞ の方が分子の ∞ より強い！

(i) $\dfrac{100}{2000000000}$ $\longrightarrow$ 0 （収束） $\left[\dfrac{弱い\infty}{強い\infty} \longrightarrow 0\right]$

(ii) 圧倒的に，分子の ∞ の方が分母の ∞ より強い！

(ii) $\dfrac{2000000000}{3000}$ $\longrightarrow$ ∞ （発散） $\left[\dfrac{強い\infty}{弱い\infty} \longrightarrow \infty\right]$

(iii) 試験では，このパターンが狙われる！

(iii) $\dfrac{30000}{40000}$ $\longrightarrow$ $\dfrac{3}{4}$ （収束） $\left[\dfrac{同じ強さの\infty}{同じ強さの\infty} \longrightarrow 極限値\right]$

極限は，n がどんどん大きくなっていくように，動きがあるので，これを紙面に正確に書き表わすことはできない。でも，動いているものでも，パチリとある瞬間のスナップ写真をとることはできるだろう。それが上に示した 3 つのイメージで，無限大にも，強弱のあるのがわかると思う。

このように，$\dfrac{\infty}{\infty}$ は，(i)(iii) のようにある値に収束するか，(ii) のように発散するか，定まっていないので，これを "$\dfrac{\infty}{\infty}$ の**不定形**" というんだよ。

それでは，この例を下に書いておこう。

$n = 10, 100, 1000, \cdots$ とすると，

(i) $\displaystyle\lim_{n \to \infty}\dfrac{n+1}{n^2} = 0$ $\left[\dfrac{1次の（弱い）\infty}{2次の（強い）\infty}\right]$ $\dfrac{n+1}{n^2} = \dfrac{11}{100}, \dfrac{101}{10000}, \dfrac{1001}{1000000}, \cdots \to \boxed{0}$ 収束

答案には，$\displaystyle\lim_{n \to \infty}\dfrac{n+1}{n^2} = \lim_{n \to \infty}\left(\dfrac{1}{n}^{\,0} + \dfrac{1}{n^2}^{\,0}\right) = 0$ と書く！

(ii) $\displaystyle\lim_{n \to \infty}\dfrac{n^2-1}{\sqrt{n}} = \infty$ $\left[\dfrac{2次の（強い）\infty}{\frac{1}{2}次の（弱い）\infty}\right]$ $\dfrac{n^2-1}{\sqrt{n}} = \dfrac{99}{\sqrt{10}}, \dfrac{9999}{10}, \dfrac{999999}{10\sqrt{10}}, \cdots \to \boxed{\infty}$

これは，このまま答えにしてもいいよ。 $\underset{3.2}{} \quad \underset{32}{}$ 発散

(iii) $\displaystyle\lim_{n \to \infty}\dfrac{n+1}{2n} = \dfrac{1}{2}$ $\left[\dfrac{1次（同じ強さ）の\infty}{1次（同じ強さ）の\infty}\right]$ $\dfrac{n+1}{2n} = \dfrac{11}{20}, \dfrac{101}{200}, \dfrac{1001}{2000}, \cdots \to \boxed{\dfrac{1}{2}}$ 収束

答案には，$\displaystyle\lim_{n \to \infty}\dfrac{n+1}{2n} = \lim_{n \to \infty}\left(\dfrac{1}{2} + \dfrac{1}{2n}^{\,0}\right) = \dfrac{1}{2}$ と書く！

● $\lim\limits_{n \to \infty} r^n$ の極限は，r の値によって変化する！

　次，$\lim\limits_{n \to \infty} r^n$ の形の極限について，解説しよう。これは，実数 r の値によって，次のように極限が分類されるんだ。

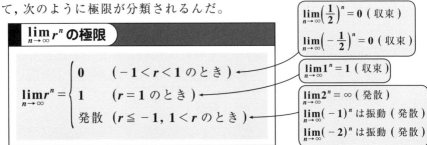

$$\lim_{n \to \infty} r^n = \begin{cases} 0 & (-1 < r < 1 \text{ のとき}) \\ 1 & (r = 1 \text{ のとき}) \\ \text{発散} & (r \leqq -1,\ 1 < r \text{ のとき}) \end{cases}$$

$\lim\limits_{n \to \infty}\left(\dfrac{1}{2}\right)^n = 0$（収束）

$\lim\limits_{n \to \infty}\left(-\dfrac{1}{2}\right)^n = 0$（収束）

$\lim\limits_{n \to \infty} 1^n = 1$（収束）

$\lim\limits_{n \to \infty} 2^n = \infty$（発散）
$\lim\limits_{n \to \infty}(-1)^n$ は振動（発散）
$\lim\limits_{n \to \infty}(-2)^n$ は振動（発散）

　$r^n = r \times r \times \cdots\cdots \times r$ と，r^n は n 個の r の積のことだから，この n を ∞ にするということは，r を無限回かけていくということなんだね。

$n = 1, 2, 3, 4, \cdots\cdots$ のとき　$\dfrac{1}{2}, \dfrac{1}{4}, \dfrac{1}{8}, \dfrac{1}{16}, \cdots \to 0$　$-\dfrac{1}{2}, \dfrac{1}{4}, -\dfrac{1}{8}, \dfrac{1}{16}, \cdots \to 0$

よって，$r = \dfrac{1}{2}$，$-\dfrac{1}{2}$ のとき，$\lim\limits_{n \to \infty}\left(\dfrac{1}{2}\right)^n = 0$ だし，$\lim\limits_{n \to \infty}\left(-\dfrac{1}{2}\right)^n = 0$ となる

のはいいね。また，$r = 1$ のとき，$\lim\limits_{n \to \infty} 1^n = 1$ も当然だね。

$2, 4, 8, 16, \cdots \to \infty$

　ところが，$r = 2$ のとき $\lim\limits_{n \to \infty} 2^n = \infty$ に発散していく。また，

$r = -1$ のとき $(-1)^n$ は，n が奇数のとき -1，偶数のとき 1 となって，

$-1, 1, -1, 1, \cdots\cdots$（振動）

$\lim\limits_{n \to \infty}(-1)^n$ は永遠に -1 と 1 に交互にパタパタと変化（振動）して，ある値に収束することはない。よって，発散するんだね。さらに，$r = -2$ のときも，$\lim\limits_{n \to \infty}(-2)^n$ は，$-2, 4, -8, 16, \cdots\cdots$ と，$\ominus$，$\oplus$ に振動しながら，その絶対値を増加させていくから，これも発散だね。

　ただし，$\underline{r < -1,\ 1 < r}$ のときでも，$-1 < \dfrac{1}{r} < 1$ となるので，次の公式

$r > 0$ より，この両辺を r で割って，$\dfrac{1}{r} < \dfrac{r}{r}$ より $\dfrac{1}{r} < 1$

$r < 0$ より，この両辺を $-r\,(>0)$ で割って，$\dfrac{r}{-r} < \dfrac{-1}{-r}$ より $-1 < \dfrac{1}{r}$

が成り立つことも覚えておくといいよ。

これは "なぜなら" 記号

$r < -1,\ 1 < r$ のとき，$\lim\limits_{n \to \infty}\left(\dfrac{1}{r}\right)^n = 0$（収束）$\left(\because -1 < \dfrac{1}{r} < 1\right)$

● 数列の極限に，Σ計算は不可欠だ！

数列の極限を計算する上で，頻繁にΣ計算を使うことになるよ。だから，次の公式は，必ず使いこなせるようになっておこう！

Σ計算の公式

(1) $\sum_{k=1}^{n} k = 1 + 2 + 3 + \cdots + n = \frac{1}{2}n(n+1)$

(2) $\sum_{k=1}^{n} k^2 = 1^2 + 2^2 + 3^2 + \cdots + n^2 = \frac{1}{6}n(n+1)(2n+1)$

(3) $\sum_{k=1}^{n} k^3 = 1^3 + 2^3 + 3^3 + \cdots + n^3 = \frac{1}{4}n^2(n+1)^2$

(4) $\sum_{k=1}^{n} c = \underbrace{c + c + c + \cdots + c}_{n\text{個の}c\text{の和}} = nc$ （c：定数）

◆例題1◆

極限 $\displaystyle\lim_{n \to \infty} \frac{1^2 + 2^2 + 3^2 + \cdots + n^2}{n^3}$ ……① を求めよ。

解答 この分子は， 〔公式通り〕

$1^2 + 2^2 + 3^2 + \cdots + n^2 = \sum_{k=1}^{n} k^2 = \frac{1}{6}n(n+1)(2n+1)$ ……②

②を①に代入して，

$\displaystyle\lim_{n \to \infty} \frac{\frac{1}{6}n(n+1)(2n+1)}{n^3}$ $\left[\begin{array}{c} 3\text{次（同じ強さ）の}\infty \\ 3\text{次（同じ強さ）の}\infty \end{array}\right]$

イメージとして，$\frac{100000}{300000}$ のようなものだ！

$= \displaystyle\lim_{n \to \infty} \frac{1}{6} \cdot \frac{n}{n} \cdot \frac{n+1}{n} \cdot \frac{2n+1}{n}$

$= \displaystyle\lim_{n \to \infty} \frac{1}{6} \cdot 1 \cdot \left(1 + \frac{1}{n}\right) \cdot \left(2 + \frac{1}{n}\right)$

$= \frac{1}{6} \cdot 1 \cdot 1 \cdot 2 = \frac{1}{3}$ ……（答）

数列の極限の基本

次の極限を求めよ。

(1) $\displaystyle\lim_{n\to\infty}\dfrac{2^n+3}{2^{n+2}+5}$　　　　　　　　　　（日本大＊）

(2) $\displaystyle\lim_{n\to\infty}\sqrt{n}\left(2\sqrt{n}-\sqrt{4n-3}\right)$

ヒント!　(1) は，$2^n\to\infty$ から，与式の分母・分子を 2^n で割ると，うまくいくよ。
(2) では，$2\sqrt{n}-\sqrt{4n-3}=\infty-\infty$ の不定形だけれど，「$\sqrt{\ }-\sqrt{\ }$ がきたら，分母・分子に $\sqrt{\ }+\sqrt{\ }$ をかける」と覚えよう！

解答＆解説

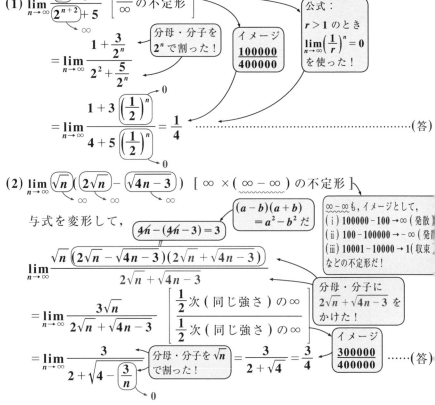

(1) $\displaystyle\lim_{n\to\infty}\dfrac{\overbrace{2^n}+3}{\underbrace{2^{n+2}}+5}$　$\left[\dfrac{\infty}{\infty} \text{の不定形}\right]$

　　公式：$r>1$ のとき $\displaystyle\lim_{n\to\infty}\left(\dfrac{1}{r}\right)^n=0$ を使った！

$=\displaystyle\lim_{n\to\infty}\dfrac{1+\dfrac{3}{2^n}}{2^2+\dfrac{5}{2^n}}$　　分母・分子を 2^n で割った！　イメージ $\dfrac{100000}{400000}$

$=\displaystyle\lim_{n\to\infty}\dfrac{1+3\left(\dfrac{1}{2}\right)^n}{4+5\left(\dfrac{1}{2}\right)^n}=\dfrac{1}{4}$ ……………………………（答）

(2) $\displaystyle\lim_{n\to\infty}\sqrt{n}\left(2\sqrt{n}-\sqrt{4n-3}\right)$　$\left[\infty\times(\infty-\infty)\text{の不定形}\right]$

$\infty-\infty$ も，イメージとして，
(i) $100000-100\to+\infty$（発散）
(ii) $100-100000\to-\infty$（発散）
(iii) $10001-10000\to1$（収束）
などの不定形だ！

与式を変形して，　$(a-b)(a+b)=a^2-b^2$ だ　$4n-(4n-3)=3$

$\displaystyle\lim_{n\to\infty}\dfrac{\sqrt{n}\left(2\sqrt{n}-\sqrt{4n-3}\right)\left(2\sqrt{n}+\sqrt{4n-3}\right)}{2\sqrt{n}+\sqrt{4n-3}}$

分母・分子に $2\sqrt{n}+\sqrt{4n-3}$ をかけた！

$=\displaystyle\lim_{n\to\infty}\dfrac{3\sqrt{n}}{2\sqrt{n}+\sqrt{4n-3}}$　$\left[\dfrac{\frac{1}{2}\text{次（同じ強さ）の}\infty}{\frac{1}{2}\text{次（同じ強さ）の}\infty}\right]$

$=\displaystyle\lim_{n\to\infty}\dfrac{3}{2+\sqrt{4-\dfrac{3}{n}}}=\dfrac{3}{2+\sqrt{4}}=\dfrac{3}{4}$

分母・分子を $\sqrt{n}$ で割った！　イメージ $\dfrac{300000}{400000}$ ……（答）

Σ 計算と数列の極限

絶対暗記問題 23	難易度 ☆	CHECK1	CHECK2	CHECK3

極限 $\displaystyle\lim_{n\to\infty}\dfrac{2+4+6+\cdots\cdots+2n}{1+3+5+\cdots\cdots+(2n-1)}$ を求めよ。 （福岡教育大＊）

ヒント！ 与式の分母・分子の Σ 計算を行うと，共に，n の 2 次式となって，同じ強さの ∞ になるから，ある極限値に収束するよ。

解答＆解説

(i) 与式の分子 $=2+4+6+\cdots\cdots+2n=\displaystyle\sum_{k=1}^{n}2k$

定数係数は Σ の外に出せる。

$=2\displaystyle\sum_{k=1}^{n}k=2\times\dfrac{1}{2}n(n+1)=n(n+1)$ ← 公式通り

(ii) 与式の分母 $=1+3+5+\cdots\cdots+(2n-1)=\displaystyle\sum_{k=1}^{n}(2k-1)$

たし算・引き算は項別に Σ 計算できる！

$=2\displaystyle\sum_{k=1}^{n}k-\sum_{k=1}^{n}1=2\cdot\dfrac{1}{2}n(n+1)-n\cdot1$ ← 公式通り

$=n^2+n-n=n^2$

以上 (i)(ii) より，求める極限は，

$\displaystyle\lim_{n\to\infty}\dfrac{\overset{2+4+6+\cdots\cdots+2n}{n(n+1)}}{\underset{1+3+5+\cdots\cdots+(2n-1)}{n^2}}$ $\left[\begin{array}{l}\text{2 次（同じ強さ）の }\infty\\ \text{2 次（同じ強さ）の }\infty\end{array}\right]$

イメージ $\dfrac{100000}{100000}$

$=\displaystyle\lim_{n\to\infty}1\cdot\left(1+\dfrac{\overset{0}{1}}{n}\right)=1\times1=1$ $\cdots\cdots\cdots\cdots\cdots\cdots\cdots\cdots$（答）

頻出問題にトライ・8	難易度 ☆☆	CHECK1	CHECK2	CHECK3

$S_n=\displaystyle\sum_{k=0}^{n}(n+3k)^2$ のとき，S_n および $\displaystyle\lim_{n\to\infty}\dfrac{S_n}{n^3}$ を求めよ。

解答は P217

§2. 等比型と部分分数分解型の無限級数を押さえよう!

　今回は，数列の無限和，すなわち "無限級数" について解説する。これも解法に明確なパターンがあるから，まず，それを頭に入れるといいんだよ。

● 無限級数には，2つのタイプがある!

　数列の和 $S_n = \sum\limits_{k=1}^{n} a_k = a_1 + a_2 + \cdots + a_n$ を部分和と呼ぶ。ここで，$n \to \infty$ にした数列の無限和 $\lim\limits_{n \to \infty} S_n = a_1 + a_2 + \cdots$ を無限級数といい，これを $\sum\limits_{k=1}^{\infty} a_k$ で表す。この無限級数には，次に示す2つのタイプがある。

2つのタイプの無限級数

（Ⅰ）無限等比級数の和 ←|等比数列の無限和|

$$\sum_{k=1}^{\infty} ar^{k-1} = a + ar + ar^2 + \cdots = \frac{a}{1-r} \quad （収束条件：-1 < r < 1）$$

> 等比数列の部分和 S_n は，公式より，$S_n = a + ar + \cdots + ar^{n-1} = \dfrac{a(1-r^n)}{1-r}$ $(r \neq 1)$
> だね。ここで，r が，収束条件：$-1 < r < 1$ をみたすと，$\lim\limits_{n \to \infty} r^n = 0$ だから
> 無限等比級数の和は，$\lim\limits_{n \to \infty} S_n = \lim\limits_{n \to \infty} \dfrac{a(1 - \overbrace{r^n}^{0})}{1-r} = \dfrac{a}{1-r}$ と，簡単な公式が導ける。

（Ⅱ）部分分数分解型

　これについては，$\sum\limits_{k=1}^{\infty} \dfrac{1}{k(k+1)}$ の例で示すよ。

　（ⅰ）まず，部分和 S_n を求める。

$$S_n = \sum_{k=1}^{n} \frac{1}{k(k+1)} = \sum_{k=1}^{n} \left(\overbrace{\frac{1}{k}}^{I_k} - \overbrace{\frac{1}{k+1}}^{I_{k+1}} \right) \quad \boxed{部分分数 に分解した!}$$

$$= \left(\overbrace{\frac{1}{1}}^{I_1} - \frac{1}{2} \right) + \left(\frac{1}{2} - \frac{1}{3} \right) + \left(\frac{1}{3} - \frac{1}{4} \right) + \cdots + \left(\frac{1}{n} - \overbrace{\frac{1}{n+1}}^{I_{n+1}} \right)$$

$$= 1 - \frac{1}{n+1} \quad [= I_1 - I_{n+1}]$$

> 途中の項がバサバサ……と打ち消し合って，最初と最後の項だけが残る!

　（ⅱ）$n \to \infty$ として，無限級数の和を求める。

$$無限級数の和　\lim_{n \to \infty} S_n = \lim_{n \to \infty} \left(1 - \overbrace{\frac{1}{n+1}}^{0} \right) = 1　となって，答えだ!$$

それでは，**無限等比級数**の例題として，初項 $a = 1$，公比 $r = \dfrac{1}{2}$ の無限等

比級数の和を求めるよ。これは，収束条件：$-1 < r < 1$ をみたすので，

無限等比級数では，この確認が必要だ！

$$\sum_{k=1}^{\infty} \underset{a}{1} \cdot \left(\underset{r}{\dfrac{1}{2}}\right)^{k-1} = \dfrac{1}{1 - \dfrac{1}{2}} = \dfrac{1}{\dfrac{1}{2}} = 2 \quad となるんだね。つまり，$$

公式 $\dfrac{a}{1-r}$ を使った！

$1 + \dfrac{1}{2} + \dfrac{1}{4} + \dfrac{1}{8} + \cdots\cdots = 2$ と一発で答えがわかってしまうんだね。

次，**部分分数分解型**の方だけれど，この部分和には，

$\sum_{k=1}^{n}(I_k - I_{k+1})$ だけではなく，$\sum_{k=1}^{n}(I_{k+1} - I_k)$ や $\sum_{k=1}^{n}(I_k - I_{k+2})$ など，さまざまなヴァリエーションがある。でも，どれも途中がバサバサ……と消えて，簡単に結果が出せる点は共通だよ。

それでは，1 例として $\sum_{k=1}^{\infty} \dfrac{1}{k(k+1)(k+2)}$ を求めてみよう。

(i) 部分和 $S_n = \sum_{k=1}^{n} \dfrac{1}{k(k+1)(k+2)} = \dfrac{1}{2}\sum_{k=1}^{n}\left\{ \overset{I_k}{\dfrac{1}{k(k+1)}} - \overset{I_{k+1}}{\dfrac{1}{(k+1)(k+2)}} \right\}$

$\dfrac{1}{k(k+1)(k+2)}$ の分子 1 は，$1 = \dfrac{1}{2}\{(k+2) - k\}$ と書けるから，

$\dfrac{1}{k(k+1)(k+2)} = \dfrac{\dfrac{1}{2}\{(k+2) - k\}}{k(k+1)(k+2)} = \dfrac{1}{2} \cdot \left\{ \dfrac{k+2}{k(k+1)(k+2)} - \dfrac{k}{k(k+1)(k+2)} \right\}$

$\qquad = \dfrac{1}{2} \cdot \left\{ \dfrac{1}{k(k+1)} - \dfrac{1}{(k+1)(k+2)} \right\}$ と部分分数に分解できる。

ここで，$I_k = \dfrac{1}{k(k+1)}$ とおくと，$I_{k+1} = \dfrac{1}{(k+1)\{(k+1)+1\}} = \dfrac{1}{(k+1)(k+2)}$ だからね。

$\quad = \dfrac{1}{2}\left\{ \left(\dfrac{1}{1 \cdot 2} - \dfrac{1}{2 \cdot 3}\right) + \left(\dfrac{1}{2 \cdot 3} - \dfrac{1}{3 \cdot 4}\right) + \left(\dfrac{1}{3 \cdot 4} - \dfrac{1}{4 \cdot 5}\right) + \cdots\cdots + \left(\dfrac{1}{n(n+1)} - \dfrac{1}{(n+1)(n+2)}\right) \right\}$

$\quad = \dfrac{1}{2}\left\{ \dfrac{1}{2} - \dfrac{1}{(n+1)(n+2)} \right\}$ 途中がバサバサ……と消える！

(ii) よって，求める無限級数の和は，

$$\lim_{n \to \infty} S_n = \lim_{n \to \infty} \dfrac{1}{2}\left\{ \dfrac{1}{2} - \overset{0}{\underbrace{\dfrac{1}{(n+1)(n+2)}}} \right\} = \dfrac{1}{2} \times \dfrac{1}{2} = \dfrac{1}{4} \quad となる。$$

どう？ 部分分数分解型の無限級数の解法にも慣れた？

循環小数と無限等比級数

循環小数 $3.2\dot{1}\dot{8}$ を既約分数で表せ。　　　　　　　　　　　　（福岡大＊）

ヒント！　$3.2\dot{1}\dot{8}$ とは，$3.2\dot{1}\dot{8} = 3.2181818$……のことだ。ここで，$0.0181818$……
の部分が無限等比級数となっているんだよ。

解答&解説

既約分数とは，$\dfrac{6}{10}$ ではなく，$\dfrac{3}{5}$ などの形の分数のこと

$3.2\dot{1}\dot{8}$ を既約分数で表す。

$3.2\dot{1}\dot{8} = 3.2181818$……

$\quad = \underset{\boxed{\frac{32}{10}}}{3.2} + \underset{\boxed{\frac{18}{1000}}}{0.018} + \underset{\boxed{\frac{18}{100000}}}{0.00018} + \underset{\boxed{\frac{18}{10000000}}}{0.0000018} + \cdots$

$\quad = \dfrac{16}{5} + 18(0.001 + 0.00001 + 0.0000001 + \cdots)$

$\quad = \dfrac{16}{5} + 18\left(\dfrac{1}{10^3} + \dfrac{1}{10^5} + \dfrac{1}{10^7} + \cdots\right)$

これは，初項 $a = \dfrac{1}{10^3}$，公比 $r = \dfrac{1}{10^2}$ の
無限等比級数で，収束条件：$-1 < r < 1$
をみたすから，$\dfrac{a}{1-r}$ と変形できる。

$\quad = \dfrac{16}{5} + 18 \times \dfrac{\dfrac{1}{10^3}}{1 - \dfrac{1}{10^2}}$

$\quad = \dfrac{16}{5} + 18 \times \dfrac{1}{10^3 - 10}$　　分母・分子に 10^3 をかけた

$\quad = \dfrac{16}{5} + \underset{\boxed{\frac{2}{110} = \frac{1}{55}}}{\dfrac{18}{990}} = \dfrac{16}{5} + \dfrac{1}{55}$

$\quad = \dfrac{16 \times 11 + 1}{55} = \dfrac{176 + 1}{55} = \dfrac{177}{55}$ ……………………………（答）

部分分数分解型の $\sum$ 計算と数列の極限

| 絶対暗記問題 25 | 難易度 ★★★ | CHECK1 | CHECK2 | CHECK3 |

$S_n = \sum\limits_{k=1}^{n} \dfrac{1}{\sqrt{2k+1} + \sqrt{2k-1}}$ のとき, $\lim\limits_{n \to \infty} \dfrac{S_n}{\sqrt{n}}$ を求めよ。　　（工学院大）

ヒント！ 有理化することにより, S_n は, 部分分数分解型の $\sum$ 計算になる。また, 求める極限は, 分母・分子が共に n の $\frac{1}{2}$ 次の ∞ なので, ある極限値に収束するはずだ。

解答 & 解説

分母・分子に $\sqrt{} - \sqrt{}$ をかけた！

$S_n = \sum\limits_{k=1}^{n} \dfrac{1}{\sqrt{2k+1} + \sqrt{2k-1}} = \sum\limits_{k=1}^{n} \dfrac{\sqrt{2k+1} - \sqrt{2k-1}}{(\sqrt{2k+1} + \sqrt{2k-1})(\sqrt{2k+1} - \sqrt{2k-1})}$

$= \dfrac{1}{2} \sum\limits_{k=1}^{n} (\sqrt{2k+1} - \sqrt{2k-1})$　　$\boxed{2k+1 - (2k-1) = 2}$　有理化

$= -\dfrac{1}{2} \sum\limits_{k=1}^{n} (\underset{I_k}{(\sqrt{2k-1}} - \underset{I_{k+1}}{\sqrt{2k+1})})$　← 部分分数分解型の $\sum$ 計算

$= -\dfrac{1}{2} \{(\sqrt{1} - \sqrt{3}) + (\sqrt{3} - \sqrt{5}) + (\sqrt{5} - \sqrt{7}) + \cdots + (\sqrt{2n-1} - \sqrt{2n+1})$

$= -\dfrac{1}{2} (1 - \sqrt{2n+1})$　　　$\boxed{\begin{array}{l} I_k = \sqrt{2k-1} \text{ とおくと,} \\ I_{k+1} = \sqrt{2(k+1)-1} = \sqrt{2k+1} \text{ と} \\ \text{なるからね。} \end{array}}$

$= \dfrac{1}{2} (\sqrt{2n+1} - 1)$　$\boxed{I_1 - I_{n+1}}$

以上より, 求める極限は,

$\lim\limits_{n \to \infty} \dfrac{S_n}{\sqrt{n}} = \lim\limits_{n \to \infty} \dfrac{\frac{1}{2}(\sqrt{2n+1} - 1)}{\sqrt{n}} = \lim\limits_{n \to \infty} \dfrac{\sqrt{2n+1} - 1}{2\sqrt{n}}$ $\left[\begin{array}{l} \frac{1}{2} \text{次の} \infty \\ \frac{1}{2} \text{次の} \infty \end{array} \right]$

$= \lim\limits_{n \to \infty} \dfrac{\sqrt{2 + \overset{0}{\frac{1}{n}}} - \overset{0}{\frac{1}{\sqrt{n}}}}{2}$　分母・分子を $\sqrt{n}$ で割った！　$= \dfrac{\sqrt{2}}{2}$　　……………（答）

| 頻出問題にトライ・9 | 難易度 ★★★ | CHECK1 | CHECK2 | CHECK3 |

$S_n = \dfrac{1}{1^3} + \dfrac{1+2}{1^3+2^3} + \dfrac{1+2+3}{1^3+2^3+3^3} + \cdots + \dfrac{1+2+\cdots+n}{1^3+2^3+\cdots+n^3}$ とするとき,

$\lim\limits_{n \to \infty} S_n$ を求めよ。　　　　　　　　　　　　　　　　（神奈川大）

解答は **P218**

講義 1 複素数平面

講義 2 式と曲線

講義 3 数列の極限

73

§3. 漸化式から一般項を求めて，極限にもち込もう！

　さァ，いよいよ "数列と極限" のメインテーマ "漸化式と極限" の解説に入ろう。漸化式を解いて一般項 a_n を求めるコツについては，既に「元気が出る数学B」(マセマ) でも詳しく解説したね。エッ，忘れたって？　いいよ。ここでもう1度シッカリ復習しておくからね。そして，一般項 a_n が求まれば，後はこれまでの知識を使って，その極限を調べればいいんだよ。

● まず，等差・等比・階差型の漸化式から始めよう！

　漸化式というのは，まず初めは，"a_n と a_{n+1} との間の関係式" と考えて

> もちろん，変形ヴァージョンはあるよ。

いいよ。そして，与えられた漸化式と初項から，一般項 a_n を求めることを，"漸化式を解く" というんだったね。

　それでは，簡単な 等差数列型，等比数列型の漸化式とその解 (一般項) を下にまとめておくから，思い出してくれ。

(1) 等差数列型
漸化式：$a_{n+1} = a_n + \boxed{d}$ 　　　　　　　　　公差 のとき， 一般項：$a_n = a_1 + (n-1)d$ 　　　　　　　　$(n = 1, 2, 3, \cdots)$

(2) 等比数列型
漸化式：$a_{n+1} = \boxed{r} \cdot a_n$ 　　　　　　　　公比 のとき， 一般項：$a_n = a_1 \cdot r^{n-1}$ 　　　　　　$(n = 1, 2, 3, \cdots)$

この2つは，大丈夫だね。それでは，さらに 階差数列型の漸化式とその解についても，下に示す。

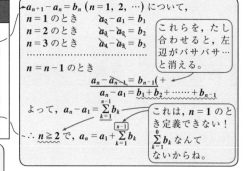

(3) 階差数列型
漸化式：$a_{n+1} - a_n = b_n$ のとき， $n \geqq 2$ で $a_n = a_1 + \displaystyle\sum_{k=1}^{n-1} b_k$

> $n = 1$ では，定義できないので，この a_n は，一般項とは言えない。

$a_{n+1} - a_n = b_n$ $(n = 1, 2, \cdots)$ について，
$n = 1$ のとき　　$a_2 - a_1 = b_1$
$n = 2$ のとき　　$a_3 - a_2 = b_2$
$n = 3$ のとき　　$a_4 - a_3 = b_3$
$\cdots\cdots\cdots\cdots\cdots$
$n = n - 1$ のとき

> これらを，たし合わせると，左辺がバサバサ…と消える。

$\underline{a_n - a_{n-1} = b_{n-1}}$（$+$
$a_n - a_1 = b_1 + b_2 + \cdots\cdots + b_{n-1}$

よって，$a_n - a_1 = \displaystyle\sum_{k=1}^{n-1} b_k$

> これは，$n = 1$ のとき定義できない！ $\displaystyle\sum_{k=1}^{n-1} b_k$ なんてないからね。

$\therefore n \geqq 2$ で，$a_n = a_1 + \boxed{\displaystyle\sum_{k=1}^{n-1} b_k}$

それでは，次の階差数列型の漸化式から，一般項 a_n を求めてみよう。

$a_1 = 1$, $a_{n+1} - a_n = \underline{2n}$ $(n = 1, 2, 3, \cdots)$

このとき，$n \geqq 2$ で，b_n

> 階差型
> $a_{n+1} - a_n = b_n$ のとき，
> $n \geqq 2$ で，
> $a_n = a_1 + \sum\limits_{k=1}^{n-1} b_k$

$$a_n = \underline{a_1} + \sum_{k=1}^{n-1} \underline{(2k)}^{b_k} \quad \text{(公式通り)}$$
$\quad\quad \underset{1}{}$

$$= 1 + 2 \sum_{k=1}^{n-1} k$$

> 公式：$\sum\limits_{k=1}^{n} k = \frac{1}{2} n(n+1)$ より，
> $\sum\limits_{k=1}^{n-1} k = \frac{1}{2}(n-1)(n-1+1)$
> $ = \frac{1}{2} n(n-1)$ だね。

$$= 1 + 2 \cdot \frac{1}{2} n(n-1)$$

> このチェックを忘れずに！

$\therefore a_n = n^2 - n + 1 \;(n \geqq 2)$

$n = 1$ のとき，$a_1 = 1^2 - 1 + 1 = 1$ となって，$a_1 = 1$ をみたす。

$\therefore a_n = n^2 - n + 1 \quad (n = \underline{1}, 2, 3, \cdots)$ ← 一般項の完成！

● $F(n+1) = rF(n)$ も復習しておこう！

それでは，本格的な漸化式の解法のパターン，"**等比関数列型**"漸化式の解説に入るよ。これをマスターすると，ほとんどの漸化式が楽に解けるようになるんだったね。この"**等比関数列型**"は，前にやった"**等比数列型**"とソックリだから，対比させてみるとわかりやすい。

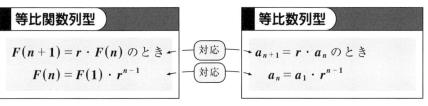

等比関数列型

$F(n+1) = r \cdot F(n)$ のとき ← 対応
$F(n) = F(1) \cdot r^{n-1}$ ← 対応

等比数列型

→ $a_{n+1} = r \cdot a_n$ のとき
→ $a_n = a_1 \cdot r^{n-1}$

それでは，この例を，"**等比数列型**"と並べて下に示すよ。

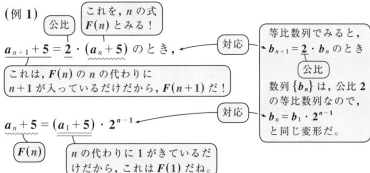

(例1)

> 公比
> これを，n の式 $F(n)$ とみる！

$\underline{a_{n+1} + 5} = \underline{2} \cdot (a_n + 5)$ のとき， ← 対応

> これは，$F(n)$ の n の代わりに $n+1$ が入っているだけだから，$F(n+1)$ だ！

> 等比数列でみると，
> → $b_{n+1} = \underline{2} \cdot b_n$ のとき
> 　公比
> 数列 $\{b_n\}$ は，公比 2 の等比数列なので，
> → $b_n = b_1 \cdot 2^{n-1}$
> と同じ変形だ。

$\underline{a_n + 5} = \underline{(a_1 + 5)} \cdot 2^{n-1}$ ← 対応

> $F(n)$
> n の代わりに 1 がきているだけだから，これは $F(1)$ だね。

これも含めて，"**等比関数列型**"の例を下に示すので，思い出してくれ。

(例1)
$a_{n+1}+5=2(a_n+5)$ のとき
$[F(n+1)=2 \cdot F(n)]$
$a_n+5=(a_1+5) \cdot 2^{n-1}$
$[F(n)=F(1) \cdot 2^{n-1}]$

(例2)
$a_{n+1}-1=-3(a_n-1)$ のとき
$[F(n+1)=-3 \cdot F(n)]$
$a_n-1=(a_1-1) \cdot (-3)^{n-1}$
$[F(n)=F(1) \cdot (-3)^{n-1}]$

(例3)
$a_{n+1}-b_{n+1}=3(a_n-b_n)$ のとき
$[F(n+1)=3 \cdot F(n)]$
$a_n-b_n=(a_1-b_1) \cdot 3^{n-1}$
$[F(n)=F(1) \cdot 3^{n-1}]$

(例4)
$a_{\underset{n+1+1}{n+2}}+a_{n+1}=4(a_{n+1}+a_n)$ のとき
$[F(n+1)=4 \cdot F(n)]$
$a_{n+1}+a_n=(a_{\underset{2}{1+1}}+a_1) \cdot 4^{n-1}$
$[F(n)=F(1) \cdot 4^{n-1}]$

(例2)でみると，$F(n)=a_n-1$ とおくと，n の代わりに $n+1$ が入って，それ以外は何も変わらないものが $F(n+1)$ だから，$F(n+1)=a_{n+1}-1$ となるね。そして，$F(n+1)=\boxed{-3}^{\text{公比}} \cdot F(n)$ ならば，$F(n)=F(1) \cdot (-3)^{n-1}$ となるから，$a_n-1=(a_1-1) \cdot (-3)^{n-1}$ となるんだね。(例3)も同様だから，自分で考えてみてごらん。

問題は，(例4)だっただろうね。まず，$F(n)=a_{n+1}+a_n$ とおくことに抵抗を感じる？　確かに，$F(n)$ の式の中に a_{n+1} が入っているからね。でも，これを n の式とみて，$F(n)=a_{n+1}+a_n$ とおくと，n の代わりに $n+1$ が代入されたものが $F(n+1)$ だから，$F(n+1)=a_{n+1+1}+a_{n+1}=a_{n+2}+a_{n+1}$ となって，うまくいっているでしょう。そして，

$F(n+1)=\boxed{4}^{\text{公比}} \cdot F(n)$ ときたら $F(n)=F(1) \cdot 4^{n-1}$ とすればいいので，

$F(1)=a_{①+1}+a_{①}=a_2+a_1$ だから，$\boxed{\underset{F(n)}{a_{n+1}+a_n}}=(\boxed{\underset{F(1)}{a_2+a_1}}) \cdot 4^{n-1}$ と変形で

$\boxed{n \text{ のところに } 1 \text{ を代入したもの}}$

きるんだね。

さァ，後は，この"**等比関数列型**"のパターンを使って，具体的な問題を沢山解いていくことにしよう！

● $a_{n+1} = p a_n + q$ は，特性方程式を利用できる！

a_n と a_{n+1} の 2 項間の漸化式：$a_{n+1} = p a_n + q$ は，特性方程式：$x = px + q$ の解 $\underset{\sim}{\alpha}$ を用いて，次のようにアッサリ解けるんだね。

> これは，$a_{n+1} = p a_n + q$ の a_{n+1} と a_n の位置に x が入った形の，x の 1 次方程式だ

(4) 2 項間の漸化式

漸化式：$a_{n+1} = \underset{=}{p} a_n + q$ ……⑦ のとき，
$\qquad (p, q：定数)$

特性方程式：$x = px + q$ ……⑦ の
解 $\underset{\sim}{\alpha}$ を用いて，⑦は次のように変形できる。

$a_{n+1} - \underset{=}{\alpha} = \underset{=}{p}(a_n - \alpha)$ ……⑦

$[F(n+1) = p \cdot F(n)]$

⑦は，"等比関数列型"の漸化式より，

$a_n - \alpha = (a_1 - \alpha) \cdot p^{n-1}$ ともち込める！

$[F(n) = F(1) \cdot p^{n-1}]$

> $\begin{cases} a_{n+1} = \underset{=}{p} a_n + \not{q} & ……⑦ \\ x = \underset{=}{p} x + \not{q} & ……① \end{cases}$
> ⑦ー①より，
> $a_{n+1} - x = \underset{=}{p}(a_n - x)$
> この x に，①の解 $\underset{\sim}{\alpha}$ を代入すると，
> $a_{n+1} - \underset{\sim}{\alpha} = \underset{=}{p}(a_n - \alpha)$
> となって，⑦は必ず
> ⑦の形に変形できる！

◆例題 2 ◆

$a_1 = 4$，$a_{n+1} = \overset{p}{\underset{=}{\left(\dfrac{1}{3}\right)}} a_n + \overset{q}{\underset{=}{2}}$ ……① $(n = 1, 2, \cdots)$ をみたす数列の一般項 a_n と，$\displaystyle\lim_{n \to \infty} a_n$ を求めよ。

解答　①を変形して，

> $F(n+1) = \dfrac{1}{3} F(n)$ の形だ！

$a_{n+1} - \underset{=}{3} = \dfrac{1}{3}(a_n - 3)$

> アッという間だ！

$a_n - \underset{\sim}{3} = (\overset{4}{\underset{\sim}{(a_1)}} - 3) \cdot \left(\dfrac{1}{3}\right)^{n-1}$

> $F(n) = F(1) \cdot \left(\dfrac{1}{3}\right)^{n-1}$ と変形できる！

$\therefore a_n = 3 + \left(\dfrac{1}{3}\right)^{n-1}$ ……………………………………………(答)

> ①の特性方程式：
> $x = \dfrac{1}{3} x + 2$
> これを解いて，
> $\dfrac{2}{3} x = 2 \quad \therefore x = \overset{\alpha}{\underset{\approx}{3}}$

よって，求める極限は，

$\displaystyle\lim_{n \to \infty} a_n = \lim_{n \to \infty} \left\{ 3 + \overset{0}{\left(\left(\dfrac{1}{3}\right)^{n-1}\right)} \right\} = 3$ …………………………………(答)

● 3項間の漸化式では，2次の特性方程式を使おう！

次，3項間の漸化式：$a_{n+2} + pa_{n+1} + qa_n = 0$ について，解説するよ。この一般項を求めるのにも，特性方程式が有効なんだね。この場合，a_{n+2}，a_{n+1}，a_n の位置にそれぞれ x^2，x，1 を代入した x の2次方程式が，**特性方程式**となるんだね。

■ (5) 3項間の漸化式

漸化式：$a_{n+2} + pa_{n+1} + qa_n = 0$ ……⑦
のとき，$(p, q：定数)$

特性方程式：$x^2 + px + q = 0$ の解 $\underset{\sim}{\alpha}$ と $\underset{\sim}{\beta}$ を用いて，⑦は，次のように変形できる。

$$a_{n+2} - \underset{\sim}{\alpha} a_{n+1} = \underset{\sim}{\beta}(a_{n+1} - \underset{\sim}{\alpha} a_n) \quad ……①$$
$$[\quad F(n+1) \quad = \underset{\sim}{\beta} \cdot \quad F(n) \quad]$$

$$a_{n+2} - \underset{\sim}{\beta} a_{n+1} = \underset{\sim}{\alpha}(a_{n+1} - \underset{\sim}{\beta} a_n) \quad ……⑦$$
$$[\quad G(n+1) \quad = \underset{\sim}{\alpha} \cdot \quad G(n) \quad]$$

①，⑦の形が出てくれば，後は，"**等比関数列型**"の変形パターンで，アッという間に答えにもっていける。

なんで，こんなにうまくいくか，話しておくよ。
①と⑦をまとめると，これは実は，同じ次の式になる。
$$\underset{x^2}{\underline{a_{n+2}}} - (\alpha+\beta)\underset{x}{\underline{a_{n+1}}} + \alpha\beta \underset{1}{\underline{a_n}} = 0$$
そして，この式は，a_{n+2}，a_{n+1}，a_n の間の関係式だから，これは，⑦の漸化式と同じものなんだね。この a_{n+2}，a_{n+1}，a_n に，それぞれ，x^2，x，1 を代入した特性方程式は，
$x^2 - (\alpha+\beta)x + \alpha\beta = 0$
$(x-\alpha)(x-\beta) = 0$ より，
解 $x = \alpha$，β となって，なるほど，①，⑦の形の式を作るのに必要な，α，β の値を求める方程式になっていたんだね。
納得いった？

◆ 例題 3 ◆

3項間の漸化式では，a_1 と a_2 の値がいる！

$\underline{a_1 = 1}$，$\underline{a_2 = 3}$，$a_{n+2} - 3a_{n+1} + 2a_n = 0$ ……①　$(n = 1, 2, \cdots)$

をみたす数列の一般項 a_n と，極限 $\displaystyle\lim_{n \to \infty} \frac{a_n}{2^n}$ を求めよ。

解答

$a_1 = 1$，$a_2 = 3$

$a_{n+2} - 3a_{n+1} + 2a_n = 0$ ……①

①を変形して，

特性方程式：
$x^2 - 3x + 2 = 0$，$(x-1)(x-2) = 0$
$\therefore x = \underset{\alpha}{\underline{①}}, \underset{\beta}{\underline{②}}$
この値を使って，$F(n+1) = r \cdot F(n)$
の形の式を2つ作る！

$$\begin{cases} a_{n+2} - \overset{\alpha}{\underline{\textcircled{1}}} \cdot a_{n+1} = \overset{\beta}{\underline{\textcircled{2}}}(a_{n+1} - \overset{\alpha}{\underline{\textcircled{1}}} \cdot a_n) \\ [\quad F(n+1) \qquad = 2 \cdot \qquad F(n) \quad] \end{cases}$$

$$\begin{cases} a_{n+2} - \overset{\beta}{\underline{\textcircled{2}}} \cdot a_{n+1} = \overset{\alpha}{\underline{\textcircled{1}}}(a_{n+1} - \overset{\beta}{\underline{\textcircled{2}}} \cdot a_n) \\ [\quad G(n+1) \qquad = 1 \cdot \qquad G(n) \quad] \end{cases}$$

アッという間

よって,

$$\begin{cases} a_{n+1} - a_n = (\overset{3}{\underline{(a_2)}} - \overset{1}{\underline{(a_1)}}) \cdot 2^{n-1} = 2^n \\ [\quad F(n) \quad = \quad F(1) \quad \cdot 2^{n-1}] \end{cases}$$

$$\begin{cases} a_{n+1} - 2a_n = (\overset{3}{\underline{(a_2)}} - 2\overset{1}{\underline{(a_1)}}) \cdot 1^{n-1} = 1 \\ [\quad G(n) \quad = \quad G(1) \quad \cdot 1^{n-1}] \end{cases}$$

$$\begin{cases} a_{n+1} - a_n = 2^n \quad \cdots\cdots ② \\ a_{n+1} - 2a_n = 1 \quad \cdots\cdots ③ \end{cases}$$

②－③より, ← a_{n+1} を消去する!

$$a_n = 2^n - 1 \quad (n = 1, 2, \cdots\cdots) \quad \cdots\cdots\cdots\cdots\cdots\cdots\cdots\cdots\cdots\cdots\cdots\text{(答)}$$

以上より,求める極限は,

$$\lim_{n \to \infty} \frac{a_n}{2^n} = \lim_{n \to \infty} \frac{\overset{\infty}{2^n - 1}}{\underset{\infty}{2^n}} \quad \left[\frac{\infty}{\infty} \text{ の不定形}\right]$$

$$= \lim_{n \to \infty}\left\{1 - \overset{0}{\left(\left(\frac{1}{2}\right)^n\right)}\right\} = 1 \quad \cdots\cdots\cdots\cdots\cdots\cdots\cdots\cdots\text{(答)}$$

　以上で,漸化式と極限の解説も終了だ。漸化式を確実に解けるようになると,その極限の問題もそれ程難しくは感じないだろう?

　この後さらに,"絶対暗記問題"や"頻出問題にトライ"で実力に磨きをかけるといいよ。

階差型の漸化式と極限

数列 $\{a_n\}$ が，$a_1 = 5$，$a_n = a_{n-1} + 6n^2$ $(n = 2, 3, \cdots)$ で定義されるとき，

極限 $\displaystyle\lim_{n \to \infty} \frac{a_n}{n^3}$ を求めよ。

ヒント！ $a_{n+1} - a_n = b_n$ の形だから，階差型の漸化式だね。これから，一般項 a_n を求めて，極限の値を求めるんだよ。

解答＆解説

$a_n - a_{n-1} = 6n^2$ $(n = 2, 3, \cdots)$ の n に $n+1$ を代入した。よって，$n = 1$ スタートだね。

$$\begin{cases} a_1 = 5 \\ a_{n+1} - a_n = \underset{b_n}{\underbrace{6(n+1)^2}} \cdots\cdots ① \quad (n = \underline{1}, 2, \cdots) \end{cases}$$

①より，$n \geqq 2$ で，

公式通り

階差数列型
$a_{n+1} - a_n = b_n$ のとき，
$n \geqq 2$ で，
$a_n = a_1 + \displaystyle\sum_{k=1}^{n-1} b_k$ だ！

$$a_n = \underset{a_1}{\underbrace{a_1}} + \sum_{k=1}^{n-1} \underset{b_k}{\underbrace{6(k+1)^2}}$$

$$= 5 + 6 \underbrace{\left(\sum_{k=1}^{n-1} (k+1)^2 \right)}$$

$2^2 + 3^2 + \cdots\cdots + n^2 = (1^2 + 2^2 + 3^2 + \cdots\cdots + n^2) - 1^2 = \left(\displaystyle\sum_{k=1}^{n} k^2 \right) - 1^2$
$= \dfrac{1}{6} n(n+1)(2n+1) - 1$

$$= 5 + 6 \cdot \left\{ \frac{1}{6} n(n+1)(2n+1) - 1 \right\}$$

$$= 5 + n(n+1)(2n+1) - 6$$

$$= 2n^3 + 3n^2 + n - 1$$

これは，$a_1 = 2 \cdot 1^3 + 3 \cdot 1^2 + \cancel{1} - \cancel{1} = 5$ となって，$a_1 = 5$ をみたす。

よって，$n = 1$ も OK だ！

$\therefore a_n = 2n^3 + 3n^2 + n - 1$ $(n = \underline{1}, 2, \cdots)$ ← 一般項

以上より，求める極限は，

$$\lim_{n \to \infty} \frac{a_n}{n^3} = \lim_{n \to \infty} \frac{2n^3 + 3n^2 + n - 1}{n^3} \left[\frac{3 \text{ 次の} \infty}{3 \text{ 次の} \infty} \right]$$

$$= \lim_{n \to \infty} \left(2 + \overset{0}{\frac{3}{n}} + \overset{0}{\frac{1}{n^2}} - \overset{0}{\frac{1}{n^3}} \right)$$

$$= 2 \cdots\cdots\cdots\cdots\cdots\cdots\cdots\cdots\cdots\cdots\cdots\cdots\cdots\cdots\cdots\cdots (答)$$

2 項間の漸化式と極限

| 絶対暗記問題 27 | 難易度 | CHECK1 | CHECK2 | CHECK3 |

$a_1 = 1$, $4a_{n+1} = 3a_n - 1$ $(n = 1, 2, \cdots)$ で定義される数列 $\{a_n\}$ の一般項 a_n と，極限 $\lim_{n \to \infty} a_n$ を求めよ。

ヒント! 与式の両辺を 4 で割ると，$a_{n+1} = pa_n + q$ の形の漸化式が出来るので，特性方程式 $x = px + q$ の解 α を用いて，$a_{n+1} - \alpha = p(a_n - \alpha)$ の形にもち込めばいいんだね。頑張れ。

解答&解説

$$\begin{cases} a_1 = 1 \\ a_{n+1} = \dfrac{3}{4}a_n - \dfrac{1}{4} \quad \cdots \cdots ① \quad (n = 1, 2, \cdots) \end{cases}$$

与式の両辺を 4 で割った！

特性方程式
$x = \dfrac{3}{4}x - \dfrac{1}{4}$
$\dfrac{1}{4}x = -\dfrac{1}{4}$
$\therefore x = -1$

①を変形して，

$$a_{n+1} - (-1) = \dfrac{3}{4}\{a_n - (-1)\}$$

$$a_{n+1} + 1 = \dfrac{3}{4}(a_n + 1)$$

$$[F(n+1) = \dfrac{3}{4}F(n)]$$

アッという間！

$$a_n + 1 = (a_1 + 1)\left(\dfrac{3}{4}\right)^{n-1}$$

$$[F(n) = F(1)\left(\dfrac{3}{4}\right)^{n-1}]$$

$$\therefore a_n = -1 + 2 \cdot \left(\dfrac{3}{4}\right)^{n-1} \cdots\cdots(答)$$

以上より，求める極限は，

$$\lim_{n \to \infty} a_n = \lim_{n \to \infty}\left\{-1 + 2\left(\dfrac{3}{4}\right)^{n-1}\right\} = -1 \cdots\cdots(答)$$

$\lim_{n \to \infty}\left(\dfrac{3}{4}\right)^n$ も $\lim_{n \to \infty}\left(\dfrac{3}{4}\right)^{n-1}$ も，$\dfrac{3}{4}$ を無限にかけていくことに変わりはないので，$\lim_{n \to \infty}\left(\dfrac{3}{4}\right)^{n-1} = 0$ となるんだね。$\dfrac{3}{4}$ を無限にかけるからだ。同様に，$\lim_{n \to \infty}\left(\dfrac{3}{4}\right)^{n+1} = \lim_{n \to \infty}\left(\dfrac{3}{4}\right)^{2n-1} = \cdots\cdots = 0$ などとなる。納得いった？

3 項間の漸化式と極限

$a_1 = 1$, $a_2 = \dfrac{2}{3}$, $3a_{n+2} - 2a_{n+1} - a_n = 0$ $(n = 1, 2, \cdots)$ で定義される数列 $\{a_n\}$ の一般項 a_n と，極限 $\displaystyle\lim_{n \to \infty} a_n$ を求めよ。

ヒント！ 3項間の漸化式なので，2次の特性方程式の解 $\underset{\sim}{\alpha}, \underline{\underline{\beta}}$ を使って，$F(n+1) = r \cdot F(n)$ の形の式を2つ作ればいいんだね。

解答＆解説

$a_1 = 1$, $a_2 = \dfrac{2}{3}$, $3a_{n+2} - 2a_{n+1} - a_n = 0$ ……① $(n = 1, 2, \cdots)$

①を変形して，

$$\boxed{\begin{array}{l} \text{特性方程式}: 3x^2 - 2x - 1 = 0 \\ (3x+1)(x-1) = 0 \quad \therefore x = \overset{\alpha}{\underset{\sim}{\boxed{1}}}, \overset{\beta}{\underline{\underline{-\dfrac{1}{3}}}} \end{array}}$$

$$\begin{cases} a_{n+2} - \underset{\sim}{1} \cdot a_{n+1} = -\underline{\underline{\dfrac{1}{3}}}\left(a_{n+1} - \underset{\sim}{1} \cdot a_n\right) & \left[F(n+1) = -\dfrac{1}{3} \cdot F(n)\right] \\ a_{n+2} + \underline{\underline{\dfrac{1}{3}}} a_{n+1} = \underset{\sim}{1} \cdot \left(a_{n+1} + \underline{\underline{\dfrac{1}{3}}} a_n\right) & \left[G(n+1) = 1 \cdot G(n)\right] \end{cases}$$

よって，

アッという間！

$$\begin{cases} a_{n+1} - a_n = \left(\overset{\frac{2}{3}}{\boxed{a_2}} - \overset{1}{\boxed{a_1}}\right) \cdot \left(-\dfrac{1}{3}\right)^{n-1} = \left(-\dfrac{1}{3}\right)^n & \left[F(n) = F(1) \cdot \left(-\dfrac{1}{3}\right)^{n-1}\right] \\ a_{n+1} + \dfrac{1}{3} a_n = \left(\overset{\frac{2}{3}}{\boxed{a_2}} + \dfrac{1}{3}\overset{1}{\boxed{a_1}}\right) \cdot 1^{n-1} = 1 & \left[G(n) = G(1) \cdot 1^{n-1}\right] \end{cases}$$

$$\therefore \begin{cases} a_{n+1} - a_n = \left(-\dfrac{1}{3}\right)^n & \text{……②} \\ a_{n+1} + \dfrac{1}{3} a_n = 1 & \text{………③} \end{cases}$$

(③ − ②) $\div \dfrac{4}{3}$ より，$a_n = \dfrac{3}{4}\left\{1 - \left(-\dfrac{1}{3}\right)^n\right\}$ $(n = 1, 2, \cdots)$ ………………(答)

以上より，求める極限は，

$$\lim_{n \to \infty} a_n = \lim_{n \to \infty} \dfrac{3}{4}\left\{1 - \overset{0}{\boxed{\left(-\dfrac{1}{3}\right)^n}}\right\} = \dfrac{3}{4}$$ ………………………………(答)

これで，3項間の漸化式にも自信がついた？

等比関数列型の漸化式の応用と極限

| 絶対暗記問題 29 | 難易度 ★★ | CHECK1 | CHECK2 | CHECK3 |

$a_1 = 0$, $a_{n+1} = 2a_n + n$ $(n = 1, 2, \cdots)$ について,

(1) $a_{n+1} + \alpha(n+1) + \beta = 2(a_n + \alpha n + \beta)$ をみたす α, β を求めよ。

(2) $\displaystyle\lim_{n \to \infty} \frac{a_n}{2^n}$ を求めよ。ただし, $\displaystyle\lim_{n \to \infty} \frac{n}{2^n} = 0$ を用いてもよい。

ヒント！ (1) をみたす α, β を用いて, $F(n+1) = 2F(n)$ の形が出来るので, a_n はすぐ求まる。これを使って, (2) の極限も求まるね。

解答&解説

(1) $a_1 = 0$, $a_{n+1} = 2a_n + n$ ……① $(n = 1, 2, \cdots)$ これは, $F(n+1) = 2F(n)$ の形だ。

$a_{n+1} + \alpha(n+1) + \beta = 2(a_n + \alpha n + \beta)$ ……② $(\alpha, \beta : 定数)$

②を変形すると, ①と②, すなわち①と③は同じ式！

$a_{n+1} = 2a_n + 2\alpha n + 2\beta - \alpha(n+1) - \beta$, $a_{n+1} = 2a_n + \boxed{\alpha}^{1} n + \boxed{\beta - \alpha}^{0}$ ……③

①と③の係数を比較して, $\alpha = 1$, $\beta = 1$ ……………………………(答)

(2) よって, ②は, $\alpha = 1, \beta - \alpha = 0$ より

$a_{n+1} + (n+1) + 1 = 2(a_n + n + 1)$ $[F(n+1) = 2F(n)]$

アッという間！

$a_n + n + 1 = (\overset{0}{\cancel{a_1}} + 1 + 1) \cdot 2^{n-1} = 2^n$ $[F(n) = F(1) \cdot 2^{n-1}]$

$\therefore a_n = 2^n - n - 1$

以上より, 求める極限は, これは, $\frac{\infty}{\infty}$ の不定形だけれど, 分母の 2^n の方が分子の n より, 圧倒的に強い∞だから, 0 収束だ！

$\displaystyle\lim_{n \to \infty} \frac{a_n}{2^n} = \lim_{n \to \infty} \frac{2^n - n - 1}{2^n} = \lim_{n \to \infty} \left(1 - \underset{0}{\frac{n}{2^n}} - \underset{0}{\frac{1}{2^n}}\right) = 1$ …………………(答)

| 頻出問題にトライ・10 | 難易度 ★★★ | CHECK1 | CHECK2 | CHECK3 |

$a_1 = 3$, $a_{n+1} = 2a_n + n^2 - 2n - 2$ $(n = 1, 2, \cdots)$ について,

(1) $a_{n+1} + \alpha(n+1)^2 + \beta(n+1) + \gamma = 2(a_n + \alpha n^2 + \beta n + \gamma)$

　　をみたす定数 α, β, γ の値を求めよ。

(2) 極限 $\displaystyle\lim_{n \to \infty} \frac{a_n}{2^n}$ を求めよ。ただし, $\displaystyle\lim_{n \to \infty} \frac{n^2}{2^n} = 0$ は用いてもよい。

解答は **P218**

講義

複素数平面

1

講義

式と曲線

2

講義

数列の極限

3

1. $\displaystyle\lim_{n \to \infty} r^n$ の極限の公式

$$\lim_{n \to \infty} r^n = \begin{cases} 0 & (-1 < r < 1 \text{ のとき}) \\ 1 & (r = 1 \text{ のとき}) \\ \text{発散} & (r \leqq -1, 1 < r \text{ のとき}) \end{cases}$$

$r < -1, 1 < r \text{ のとき,}$
$$\lim_{n \to \infty} \left(\frac{1}{r}\right)^n = 0$$
$$\left(\because -1 < \frac{1}{r} < 1 \right)$$

2. Σ 計算の公式

(1) $\displaystyle\sum_{k=1}^{n} k = \frac{1}{2} n(n+1)$ 　　　　**(2)** $\displaystyle\sum_{k=1}^{n} k^2 = \frac{1}{6} n(n+1)(2n+1)$

(3) $\displaystyle\sum_{k=1}^{n} k^3 = \frac{1}{4} n^2 (n+1)^2$ 　　　**(4)** $\displaystyle\sum_{k=1}^{n} c = \underbrace{c + c + \cdots + c}_{n \text{ 個の } c \text{ の和}} = nc$ (c：定数)

3. 2つのタイプの無限級数の和

　　（I）無限等比級数の和の公式

　　　　$\displaystyle\sum_{k=1}^{\infty} ar^{k-1} = a + ar + ar^2 + \cdots = \frac{\boxed{a}}{1 - \boxed{r}}$ 　（収束条件：$-1 < r < 1$）

　　　　　　初項　　公比

　　（II）部分分数分解型

　　　　（ⅰ）まず，部分和 S_n を求める。──部分分数分解型

　　　　　　$\displaystyle S_n = \sum_{k=1}^{n} (I_k - I_{k+1}) = I_1 - I_{n+1}$

　　　　（ⅱ）次に，$n \to \infty$ として，無限級数の和を求める。

　　　　　　$\displaystyle\lim_{n \to \infty} S_n = \lim_{n \to \infty} (I_1 - I_{n+1})$

4. 階差数列型の漸化式

　　$a_{n+1} - a_n = b_n$ のとき，

　　$n \geqq 2$ で，$\displaystyle a_n = a_1 + \sum_{k=1}^{n-1} b_k$

5. 等比関数列型の漸化式

　　$F(n+1) = r \cdot F(n)$ のとき　　　(ex) $a_{n+1} - 2 = 3(a_n - 2)$ のとき，

　　$F(n) = F(1) \cdot r^{n-1}$ 　　　　　　　　　$a_n - 2 = (a_1 - 2) \cdot 3^{n-1}$

④ 関数の極限

▶ 分数関数・無理関数

▶ 三角関数の極限

▶ 自然対数の底 e の極限

▶ 関数の連続性，中間値の定理

関数の極限

§1. 分数関数・無理関数のグラフの形状をつかもう！

本格的な"関数の極限"の解説に入る。前段階として，ここでは分数関数や無理関数，それに逆関数や合成関数について，詳しく教えるつもりだ。

● 分数関数・無理関数は，平行移動が決め手だ！

まず，一般に，関数 $y = f(x)$ が与えられたとき，これを x 軸方向に p，y 軸方向に q だけ平行移動した関数は，次の公式で得られる。

関数の平行移動

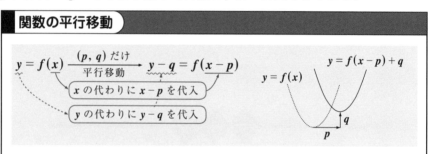

この平行移動が，これから解説する分数関数や無理関数でも重要な役割を演じるんだよ。それでは，**分数関数**からいくよ。これには，次の公式で示すように，基本形と標準形がある。

分数関数

(I) 基本形：$y = \dfrac{k}{x}$ $(x \neq 0)$　　　(II) 標準形：$y = \dfrac{k}{x-p} + q$

基本形 $y = \dfrac{k}{x}$ を (p, q) だけ平行移動したもの

分数関数の基本形：$y = \dfrac{k}{x}$ は，定数 k の符号によって，グラフの形が大きく2通りに分類できる。

図1 (i) $k > 0$ のとき　　(ii) $k < 0$ のとき

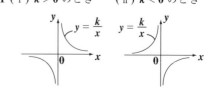

図 1 の (i) $k>0$, (ii) $k<0$ のと
きの基本形のグラフの形状をまず頭に
入れてくれ。そして，これを x 軸方向
に p，y 軸方向に q だけ平行移動した
ものが，(II) の標準形：$y=\dfrac{k}{x-p}+q$

だったんだよ。$k>0$ のときの，基本
形と標準形のグラフを図 2 に示す。

図 2

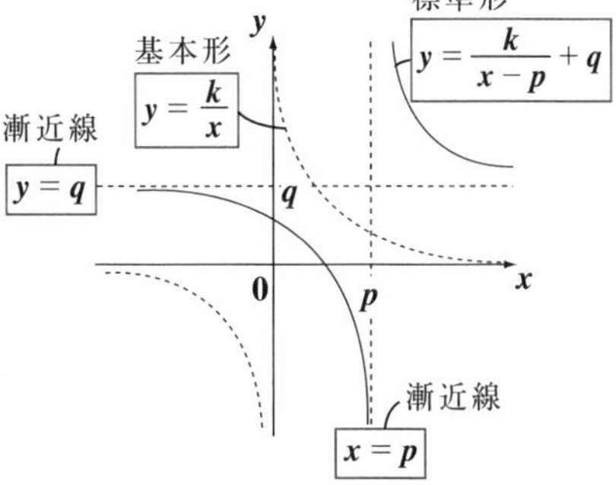

標準形 $y=\dfrac{k}{x-p}+q$

基本形 $y=\dfrac{k}{x}$

漸近線 $y=q$

漸近線 $x=p$

それでは，次に**無理関数**の公式を書いておこう。これも，(I) 基本形と，
それを平行移動した(II) 標準形の 2 つを覚えるんだよ。

無理関数

(I) 基本形：$y=\sqrt{ax}$　　　(II) 標準形：$y=\sqrt{a(x-p)}+q$

基本形 $y=\sqrt{ax}$ を (p, q) だけ平行移動したもの

無理関数の基本形：
$y=\sqrt{ax}$ も，a の符号によ
って大きく 2 通りのグラ
フに分かれるんだよ。

図 3

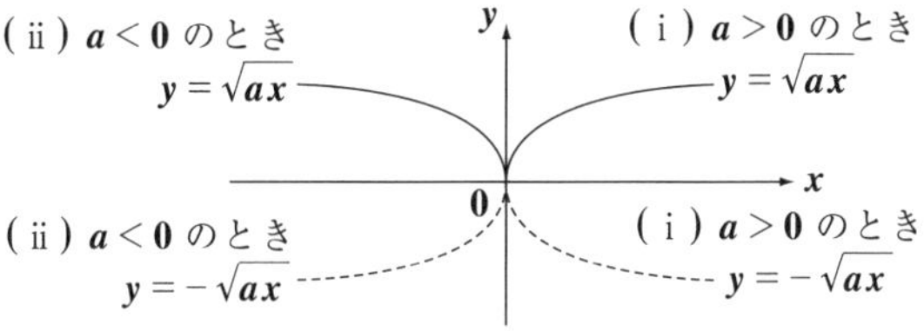

(ii) $a<0$ のとき $y=\sqrt{ax}$
(i) $a>0$ のとき $y=\sqrt{ax}$
(ii) $a<0$ のとき $y=-\sqrt{ax}$
(i) $a>0$ のとき $y=-\sqrt{ax}$

(i) $a>0$ のとき $\sqrt{\ }$ 内
は 0 以上でないといけないから $ax\geqq0$。よって，図 3 のように $x\geqq0$
にグラフが出てくる。

(ii) $a<0$ のときも，$ax\geqq0$ より，$x\leqq0$ だね。よって，このとき $y=\sqrt{ax}$ は，
$x\leqq0$ の範囲に出てくるんだ。

また，(i) $a>0$，(ii) $a<0$ のときの，$y=-\sqrt{ax}$ のグラフ (x 軸に関して
対称なグラフ) についても，図 3 に点線で示しておいた。

そして，これらを，(p, q) だけ平行移動
したものが，(II) の標準形で，図 4 には，
$a>0$ のときの基本形 $y=\sqrt{ax}$ を平行移
動した標準形のグラフを示す。

図 4

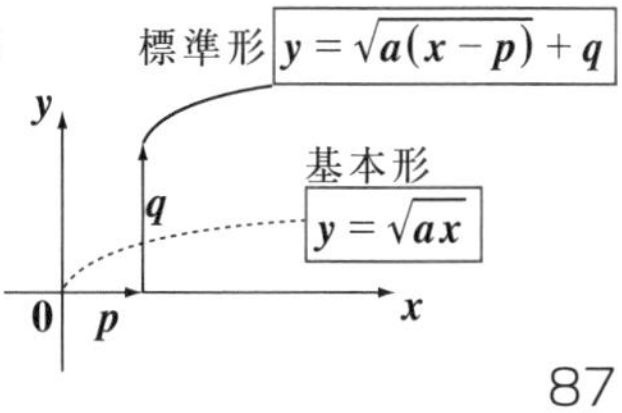

標準形 $y=\sqrt{a(x-p)}+q$
基本形 $y=\sqrt{ax}$

87

● 逆関数は，元の関数と直線 $y=x$ に関して対称なグラフになる！

関数 $y=f(x)$ が

$\begin{cases}(\text{i})\ 1\ \text{対}\ 1\ \text{対応である場合，と}\\(\text{ii})\ 1\ \text{対}\ 1\ \text{対応でない場合}\end{cases}$

のグラフを，図 5 に示すよ。

図 5
(ⅰ) 1 対 1 対応だ！　　(ⅱ) 1 対 1 対応ではない！

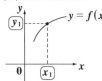
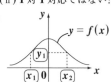

(ⅰ)のように，1 つの y の値 (y_1) に対して，1 つの x の値 (x_1) が対応するとき，**1 対 1 対応**の関数といい，

(ⅱ)のように 1 つの y の値 (y_1) に対して，複数の x の値 (x_1, x_2) が対応するとき，**1 対 1 対応ではない**，というんだよ。

ここで，$y=f(x)$ が 1 対 1 対応の関数のとき $y=f(x)$ の**逆関数**は，次のように定義できる。

■ 逆関数の公式

$y=f(x)$ が，1 対 1 対応の関数のとき，

元の $y=f(x)$ の x と y を入れ替えたもの

$$y=f(x) \xleftrightarrow{\ \text{逆関数}\ } x=f(y)$$

これを，$y=$（x の式）の形に変形

$y=f(x)$ と $y=f^{-1}(x)$ は，直線 $y=x$ に関して対称なグラフになる。

$$y=f^{-1}(x)$$

逆関数 $f^{-1}(x)$ の完成！

◆例題 4◆

$f(x)=\sqrt{x-2}\ (x \geqq 2)$ の逆関数を求めよ。

解答

$y=f(x)=\sqrt{x-2}\ (x \geqq 2)$ は，1 対 1 対応の関数より，

$y=\sqrt{x}$ を $(2, 0)$ 平行移動したもの

この逆関数は，x と y をチェンジ！　　$x=\sqrt{y-2} \geqq 0$

$\underline{x=\sqrt{y-2}\ (y \geqq 2,\ x \geqq 0)}$

この両辺を 2 乗して，

$x^2=y-2$

∴ 求める逆関数は，

$y=f^{-1}(x)=x^2+2\ (x \geqq 0)$ ……（答）

図 6 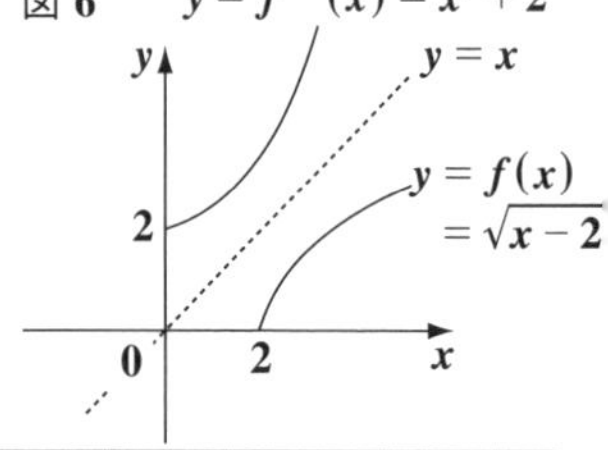
$$y=f^{-1}(x)=x^2+2$$

$y=x$

$y=f(x)=\sqrt{x-2}$

$y=f(x)$ と $y=f^{-1}(x)$ は直線 $y=x$ に関して対称なグラフだ！

● 合成関数って，直航便 !?

2つの関数 $t = f(x)$, $y = g(t)$ が与えられたとするよ。すると，

(i) $t = f(x)$ で，$x \to t$

(ii) $y = g(t)$ で，$t \to y$

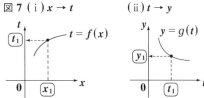

図7 (i) $x \to t$ (ii) $t \to y$

へと，対応しているんだね。つまり，具体的には，x に x_1 の値が代入されると，$t = f(x)$ によって，t_1 の値が決まり，これを $y = g(t)$ の t に代入すると，y_1 が決定されるんだね。図7(i), (ii)を見てくれ。

これをさらに，図8のように模式図で示すこともできるよ。これを，x から f という飛行機に乗って，t に行き，t から g という飛行機に乗って y に行くと見ると，t という中継点を経由せずに，直接 x から y に行くこともできるんだね。この直航便が**合成関数** $y = g(f(x))$ と呼ばれるものなんだよ。

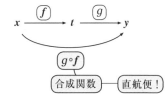

図8 合成関数

これを，$y = g \circ f(x)$ と書いたりもする。

合成関数の公式

$t = f(x)$ ……⑦ ，$y = g(t)$ ……① のとき，
⑦を①に代入して，$y = g(f(x))$ の合成関数が導かれる。

同じ合成関数でも，$y = g(f(x))$ と，$y = f(g(x))$ がまったく異なることを次の例題で，理解できると思う。

◆例題 5 ◆

$y = f(x) = \sqrt{x}$, $y = g(x) = x^2 + 1$ のとき，2つの合成関数
(i) $g(f(x))$ と (ii) $f(g(x))$ を求めよ。

解答　$f(x) = \sqrt{x}$, $g(x) = x^2 + 1$ より

(i) $g(f(x)) = \{f(x)\}^2 + 1 = (\sqrt{x})^2 + 1 = x + 1$ ……………(答)

(ii) $f(g(x)) = \sqrt{g(x)} = \sqrt{x^2 + 1}$ ……………………………………(答)

どう？ この違いがわかった？

2 つのグラフが 2 つの共有点をもつ条件

曲線 $y = \sqrt{x-1}$ と直線 $y = x + a$ が異なる 2 つの共有点をもつような a の値の範囲を求めよ。　　　　　　　　　　　　　　（工学院大＊）

ヒント！　これは無理関数と直線のグラフを描いて，図形的な位置関係をつかんだ上で計算すると，楽になるよ。

解答＆解説

$y = \sqrt{x}$ を $(1, 0)$ だけ平行移動したもの

$$\begin{cases} y = \sqrt{x-1} & \cdots\cdots① \\ y = x + a & \cdots\cdots② \end{cases}$$

傾き 1 の直線

図より，①と②が接するときの a の値を a_1 とおくと，求める a の値の範囲は，$-1 \leqq a < a_1$ となるのがわかる。

①，②より，y を消去して，

$\sqrt{x-1} = x + a$ 　　この両辺を 2 乗して

$x - 1 = (x+a)^2, \quad x - 1 = x^2 + 2ax + a^2$

$\overset{a}{\boxed{1}} \cdot x^2 + (\overset{b}{\boxed{2a-1}})x + \overset{c}{\boxed{a^2+1}} = 0 \ \cdots\cdots③$

①と②が接するとき，③は重解をもつ。

$\therefore$ 判別式 $D = \boxed{(2a-1)^2 - 4 \cdot (a^2+1) = 0}$ 　$[D = b^2 - 4ac]$

$4a^2 - 4a + 1 - 4a^2 - 4 = 0, \quad 4a = -3$

$\therefore a = \boxed{-\dfrac{3}{4}}$ ← これが，求めたかった a_1 の値だ！

（図中）

$y = x + a$

接点

$y = \sqrt{x-1}$

a_1

a

$\boxed{-1}$ 　a の最小値

重解

以上より，①と②が異なる 2 つの共有点をもつための a の値の範囲は，

$$-1 \leqq a < -\frac{3}{4} \quad\cdots\cdots\cdots\cdots\cdots\cdots\cdots\cdots\cdots\cdots\cdots（答）$$

逆関数と合成関数

| 絶対暗記問題 31 | 難易度 ★ | CHECK*1* | CHECK*2* | CHECK*3* |

2 つの関数 $f(x) = \dfrac{2x+3}{x+1}$, $g(x) = x+2$ がある。このとき，逆関数 $f^{-1}(x)$，合成関数 $f(g(x))$ を求めよ。 （日本大＊）

ヒント！ $y = f(x)$ は，1 対 1 対応の関数だから，x と y を入れ替えて，$y = (x$ の式$)$ の形にすれば，$f^{-1}(x)$ が求まる。次に，合成関数 $f(g(x))$ は，$f(x)$ の x に $g(x)$ を代入すれば求まるよ。

解答＆解説

$y = f(x) = \dfrac{2x+3}{x+1}$ ……① , $y = g(x) = x+2$ ……②

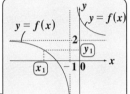

$y = \dfrac{2(x+1)+1}{x+1} = \dfrac{1}{x+1} + 2$：これは，分数関数の標準形だ！

①の $y = f(x)$ は，1 対 1 対応の関数より，その逆関数は，

$x = \dfrac{2y+3}{y+1}$ ← ①の x と y を入れ替えた！ これを，$y = f^{-1}(x)$ の形にする。

$x(y+1) = 2y+3$ $xy + x = 2y + 3$

$(x-2)y = -x+3$

$\therefore$ 求める逆関数 $f^{-1}(x) = \dfrac{-x+3}{x-2}$ $(x \neq 2)$ ……………………………（答）

次に，求める合成関数 $f(g(x))$ は，

$f(g(x)) = \dfrac{2g(x)+3}{g(x)+1} = \dfrac{2(x+2)+3}{x+2+1} = \dfrac{2x+7}{x+3}$ $(x \neq -3)$ ………………（答）

| 頻出問題にトライ・11 | 難易度 ★★ | CHECK*1* | CHECK*2* | CHECK*3* |

$0 \leq x \leq \dfrac{\pi}{2}$ のとき，$P = \dfrac{3\cos 2x - 2\sin^2 x + 7}{2\cos^2 x + 1}$ の最小値を求めよ。

（大同工大）

解答は **P219**

§2. さまざまな関数の極限をマスターしよう！

　関数の基本の解説が終わったので，いよいよ本格的な"関数の極限"について解説しよう。ここでは，"三角関数"，"指数・対数関数"など，さまざまな関数の極限について，学習する。エッ？ちょっと難しそうって？でも，そんなに心配しなくてもいいよ。前にやった，"**数列の極限**"と似た部分も結構あるから，勉強しやすいと思う。

● ちょっとズレれば，大富豪か大借金王！?

　数列の極限では，$n \to \infty$ の極限が中心だったけれど，関数の極限では，連続型の変数 x が，$x \to \infty$ だけでなく，$x \to 0$ や $x \to 2$ の極限など，様々な場合がある。ここで，たとえば，$x \to 2$ という場合，次の 2 通りの 2 への近づき方があるんだよ。

(i) $x \to 2+0$ ← $x = 2.00\cdots01$ のように，**2** より大きい側から **2** に近づくことを表す！

(ii) $x \to 2-0$ ← $x = 1.999\cdots$ のように，**2** より小さい側から **2** に近づくことを表す！

そして，ただ $x \to 2$ と書くと，このいずれの状態も含んでいるんだよ。

◆例題 6◆

　関数の極限 (1) $\displaystyle \lim_{x \to 2+0} \frac{1}{x-2}$，(2) $\displaystyle \lim_{x \to 2-0} \frac{1}{x-2}$ を調べよ。

解答

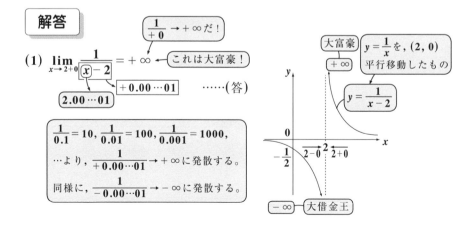

$\dfrac{1}{+0} \to +\infty$ だ！

(1) $\displaystyle \lim_{x \to 2+0} \frac{1}{\boxed{x-2}} = +\infty$ ← これは大富豪！ ……(答)

$\boxed{2.00\cdots01}$　$\boxed{+0.00\cdots01}$

$\dfrac{1}{0.1} = 10,\ \dfrac{1}{0.01} = 100,\ \dfrac{1}{0.001} = 1000,$
$\cdots$ より，$\dfrac{1}{+0.00\cdots01} \to +\infty$ に発散する。
同様に，$\dfrac{1}{-0.00\cdots01} \to -\infty$ に発散する。

大富豪 $+\infty$

$y = \dfrac{1}{x}$ を，$(2, 0)$ 平行移動したもの

$y = \dfrac{1}{x-2}$

$-\infty$ 大借金王

(2) $\displaystyle\lim_{x \to 2-0} \dfrac{1}{\boxed{x-2}} = -\infty$ ……(答)

$\dfrac{1}{-0} \to -\infty$ だね

これは大借金王！

$-0.00\cdots01$

$1.9999\cdots$

大富豪と大借金王の様子はグラフを見るとよくわかると思う！

● $\dfrac{0}{0}$ の不定形も，イメージを押さえよう！

数列の極限では，$\dfrac{\infty}{\infty}$ の不定形を解説したけれど，関数の極限ではこれに加えて，$\dfrac{0}{0}$ の不定形の極限の問題もよく出てくるんだよ。これは分母・分子共に 0 に近づいていく，動きのあるものなんだけれど，そのある瞬間をパチリと撮ったイメージ (スナップ写真) を，下に示そう。

(i) 圧倒的に分子の方が分母より 0 に近い！

(i) $\dfrac{0.000000001}{0.04} \longrightarrow 0$ （収束）　$\left[\dfrac{強い 0}{弱い 0} \longrightarrow 0\right]$

(ii) (i) の逆のパターン

(ii) $\dfrac{0.03}{0.000000002} \longrightarrow \infty$ （発散）　$\left[\dfrac{弱い 0}{強い 0} \longrightarrow \infty\right]$

(iii) これが，試験では狙われる！

(iii) $\dfrac{0.00001}{0.00002} \longrightarrow \dfrac{1}{2}$ （収束）　$\left[\dfrac{同じ強さの 0}{同じ強さの 0} \longrightarrow 極限値\right]$

分子と分母の 0 に近づいていくスピード (強さ) によって，

(i) 0 に収束したり，

(ii) ∞ に発散したり，そして

(iii) ある値に収束したりするんだね。

これは，$\dfrac{\infty}{\infty}$ の不定形のときと同様だから，その意味がわかると思う。

それでは，ここで，$\dfrac{0}{0}$ の不定形の簡単な例題を 1 題解いておこう。

◆例題 7 ◆

極限 $\lim\limits_{x \to 3} \dfrac{\sqrt{x+6}-3}{x-3}$ を求めよ。

解答

$$\lim_{x \to 3} \frac{\sqrt{x+6}-3}{x-3} = \lim_{x \to 3} \frac{(\sqrt{x+6}-3)(\sqrt{x+6}+3)}{(x-3)(\sqrt{x+6}+3)}$$

$x+6-9=x-3$

これは，$x \to 3+0, x \to 3-0$ の両方を含む！

$x \to 3$ のとき，$\dfrac{\sqrt{x+6}-3}{x-3} \longrightarrow \dfrac{\sqrt{3+6}-3}{3-3} = \dfrac{0}{0}$ の不定形だね。こういうときは，$\sqrt{x+6}+3$ を分母・分子にかけると，うまくいくよ。

$$= \lim_{x \to 3} \frac{x-3}{(x-3)(\sqrt{x+6}+3)}$$

$\dfrac{0}{0}$ の要素が消えた！

イメージ $\dfrac{0.0001}{0.0006}$

$$= \lim_{x \to 3} \frac{1}{\sqrt{x+6}+3} = \frac{1}{\sqrt{9}+3} = \frac{1}{6} \quad \cdots\cdots\text{(答)}$$

$\underset{3}{}$

● これが，三角関数の極限公式だ！

それでは，いよいよ，本格的な"関数の極限"の話に入ろう。まず，次の 3 つの三角関数の極限公式を頭に入れてくれ。

三角関数の極限公式

(1) $\lim\limits_{\theta \to 0} \dfrac{\sin \theta}{\theta} = 1$ (2) $\lim\limits_{\theta \to 0} \dfrac{\tan \theta}{\theta} = 1$ (3) $\lim\limits_{\theta \to 0} \dfrac{1 - \cos \theta}{\theta^2} = \dfrac{1}{2}$

(θ の単位はすべて**ラジアン**) ← $180° = \pi$（ラジアン）

(1), (2), (3) はいずれも $\dfrac{0}{0}$ の不定形だけど，それぞれ，**1, 1, $\dfrac{1}{2}$** に収束することを覚えておこう。

(1) の $\lim\limits_{\theta \to 0} \dfrac{\sin \boxed{\theta}}{\boxed{\theta}} = 1$ の公式は，半径 **1**，

中心角 θ の扇形の面積と，2 つの三角形の面積の大小関係から，導ける。

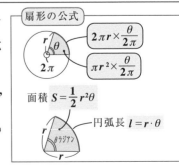

扇形の公式

$2\pi r \times \dfrac{\theta}{2\pi}$

$\pi r^2 \times \dfrac{\theta}{2\pi}$

面積 $S = \dfrac{1}{2} r^2 \theta$

円弧長 $l = r \cdot \theta$

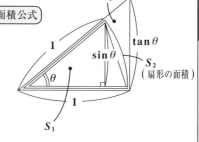

図 9 より，$S_1 = \dfrac{1}{2} \cdot 1 \cdot \sin\theta$，$S_2 = \dfrac{1}{2} \cdot 1^2 \cdot \theta$　図 9

$S_3 = \dfrac{1}{2} \cdot 1 \cdot \tan\theta$ だね。明らかに， 扇形の面積公式

$S_1 \leqq S_2 \leqq S_3$ [$\triangle \leqq \triangle \leqq \triangle$] より，

$\dfrac{1}{2}\sin\theta \leqq \dfrac{1}{2}\theta \leqq \dfrac{1}{2}\tan\theta$

各辺を 2 倍して

$\boxed{\sin\theta \leqq} \boxed{\theta} \leqq \dfrac{\sin\theta}{\cos\theta}$　$\left(0 < \theta < \dfrac{\pi}{2}\right)$

(ア)　　(イ)

$0 < \theta < \dfrac{\pi}{2}$ より，$\sin\theta > 0$，$\cos\theta > 0$ だね。よって，

(ア) $\sin\theta \leqq \theta$ より，$\dfrac{\sin\theta}{\theta} \leqq 1$

(イ) $\theta \leqq \dfrac{\sin\theta}{\cos\theta}$ より，$\cos\theta \leqq \dfrac{\sin\theta}{\theta}$

以上 (ア)(イ) より，$\cos\theta \leqq \dfrac{\sin\theta}{\theta} \leqq 1$　$\left(0 < \theta < \dfrac{\pi}{2}\right)$ ……①

(i) ここで，$\theta \to +0$ のとき，← θ を $\oplus$ 側から 0 に近づける。つまり，$\theta = +0.00\cdots01$ のこと。

$\cos 0 = 1$

$\displaystyle\lim_{\theta \to +0} \boxed{\cos\theta} \leqq \lim_{\theta \to +0} \dfrac{\sin\theta}{\theta} \leqq 1$ となって，$\displaystyle\lim_{\theta \to +0} \dfrac{\sin\theta}{\theta}$ が，1 と 1 とではさみ

打ちされる。よって，$\displaystyle\lim_{\theta \to +0} \dfrac{\sin\theta}{\theta} = 1$

(ii) 次に，$\theta < 0$ のとき，$-\theta > 0$ より，$-\theta$ を①の θ に代入して，

$-\sin\theta$

$\boxed{\cos(-\theta)} \leqq \boxed{\dfrac{\sin(-\theta)}{-\theta}} \leqq 1$ より，$\cos\theta \leqq \dfrac{\sin\theta}{\theta} \leqq 1$ となって，

$\boxed{\cos\theta}$

①と同様の式が導ける。

ここで，$\theta \to -0$ のとき，← $\theta < 0$ より，θ を $\ominus$ 側から 0 に近づける。

$$\lim_{\theta \to -0} \overbrace{(\cos\theta)}^{\boxed{\cos\theta = 1}} \leqq \lim_{\theta \to -0} \frac{\sin\theta}{\theta} \leqq 1 \text{ となり，同様のはさみ打ちにより}$$

$$\lim_{\theta \to -0} \frac{\sin\theta}{\theta} = 1 \text{ となる。} \quad \boxed{\theta \to \pm 0 \text{ のいずれでもよい！}}$$

以上 (i)(ii) より，(1) の公式 $\displaystyle\lim_{\theta \to 0} \frac{\sin\theta}{\theta} = 1$ が導けた！

(2), (3) の公式は，(1) の結果から，簡単に導ける。

(2) $\displaystyle\lim_{\theta \to 0} \frac{\overbrace{\tan\theta}^{\frac{\sin\theta}{\cos\theta}}}{\theta} = \lim_{\theta \to 0} \boxed{\frac{\sin\theta}{\theta}}^{1\,((1)\text{の公式！})} \cdot \underbrace{\frac{1}{\boxed{\cos\theta}}}_{1} = 1 \times \frac{1}{1} = 1$ で，オシマイ。

(3) $\displaystyle\lim_{\theta \to 0} \frac{1-\cos\theta}{\theta^2} = \lim_{\theta \to 0} \frac{\overbrace{(1-\cos\theta) \cdot (1+\cos\theta)}^{1-\cos^2\theta = \sin^2\theta}}{\theta^2 \cdot (1+\cos\theta)}$ $\boxed{\begin{array}{l}\text{分母・分子に}\\ 1+\cos\theta \\ \text{をかけた！}\end{array}}$

$$= \lim_{\theta \to 0} \left(\boxed{\frac{\sin\theta}{\theta}}\right)^{2\,{}^{1\,((1)\text{の公式！})}} \cdot \underbrace{\frac{1}{1+\boxed{\cos\theta}}}_{1} = 1^2 \times \frac{1}{1+1} = \frac{1}{2} \text{ と導ける！}$$

$\boxed{\begin{array}{l}\text{文字は，}\theta\text{でも}\\ x\text{でも，何でも}\\ \text{かまわない！}\end{array}}$ $\boxed{\begin{array}{c}\text{イメージ}\\ \dfrac{0.0001}{0.0001}\end{array}}$ $\boxed{\begin{array}{c}\text{イメージ}\\ \dfrac{0.0001}{0.0001}\end{array}}$

ここで，$\displaystyle\lim_{x \to 0} \boxed{\frac{\sin x}{x}} = 1$ より，その逆数をとっても $\displaystyle\lim_{x \to 0} \boxed{\frac{x}{\sin x}} = 1$ となるよ。

$\boxed{これも公式}$

$\boxed{\begin{array}{c}\text{イメージ}\\ \dfrac{0.0001}{0.0001}\end{array}}$ $\boxed{\begin{array}{c}\text{イメージ}\\ \dfrac{0.0001}{0.0001}\end{array}}$

同様に，$\displaystyle\lim_{x \to 0} \boxed{\frac{\tan x}{x}} = 1$ より，$\displaystyle\lim_{x \to 0} \boxed{\frac{x}{\tan x}} = 1$ となるし，また，

$\boxed{これも公式}$

$\boxed{\begin{array}{c}\text{イメージ}\\ \dfrac{0.0001}{0.0002}\end{array}}$ $\boxed{\begin{array}{c}\text{イメージ}\\ \dfrac{0.0002}{0.0001}\end{array}}$

$\displaystyle\lim_{x \to 0} \boxed{\frac{1-\cos x}{x^2}} = \frac{1}{2}$ より，その逆数の極限は，$\displaystyle\lim_{x \to 0} \boxed{\frac{x^2}{1-\cos x}} = 2$ となるのもい

$\boxed{これも公式}$

いね。

● 自然対数の底 e の極限もマスターしよう！

$\lim\limits_{x \to \infty}\left(1+\dfrac{1}{x}\right)^{x}$ の極限を調べると

これは極限値をもち，

$$\lim_{x \to \infty}\left(1+\dfrac{1}{x}\right)^{x}=\underbrace{\boxed{2.7182\cdots\cdots}}_{e}$$

となる。この無理数 $2.7182\cdots\cdots$ を e とおいて，これを，**自然対数の底** というんだよ。これは，$x \to -\infty$ の ときも，同じ e に収束するので，次 の e の極限の公式が成り立つ。

> $\left(1+\dfrac{1}{x}\right)^{x}$ の値は
> （ i ）$x=10$ のとき
> $\quad\left(1+\dfrac{1}{10}\right)^{10}=2.59\cdots$
> （ ii ）$x=100$ のとき
> $\quad\left(1+\dfrac{1}{100}\right)^{100}=2.70\cdots$
> （ iii ）$x=1000$ のとき
> $\quad\left(1+\dfrac{1}{1000}\right)^{1000}=2.71\cdots$
> となって，$x \to \infty$ にすると
> $\quad\left(1+\dfrac{1}{x}\right)^{x}$ は $2.7182\cdots$
> の値に限りなく近づく。

e に近づく極限の公式

$$(1)\ \lim_{x \to \pm\infty}\left(1+\dfrac{1}{x}\right)^{x}=e \qquad (2)\ \lim_{h \to 0}(1+h)^{\frac{1}{h}}=e$$

(1) の公式から，**(2)** の公式は，次のように導けるよ。

$\lim\limits_{x \to \pm\infty}\left(1+\dfrac{1}{x}\right)^{x}=e$ について，$x=\dfrac{1}{h}$ とおくと，$h=\dfrac{1}{x}$ となる。

ここで，$x \to \pm\infty$ のとき，$\underset{\frac{1}{x}}{(h)}\to 0$ より，

$\lim\limits_{x \to \pm\infty}\left(1+\underset{h}{\left(\frac{1}{x}\right)}\right)^{\overset{\frac{1}{h}}{x}}=\lim\limits_{h \to 0}(1+h)^{\frac{1}{h}}=e$ となるんだね。

この e を底にもつ対数 $\log_{e}x$ を**自然 対数**と呼び，一般に自然対数は $\log x$ と 書いて，底 e を書くことを省略する。 $y=\log x$ のグラフを図 **10** に示す。底 $\underset{2.7}{(e)}>1$ より，当然このグラフは，単調増 加型のグラフになる。ここで，$\log 1=0$，$\log e=1$ となることも大丈夫だね。 $\boxed{\because e^{0}=1}$

$\boxed{\because e^{1}=e}$

図 **10** 自然対数のグラフ

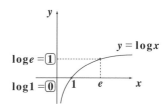

自然対数の底 e は "**ネイピア数**" とも呼ばれ，グラフ的には次のような意味を持っているんだよ。図 11(i)(iii) に示すように，

$\begin{cases} (i) \ y = 2^x \ \text{の点} \ (0, 1) \ \text{における接線の傾きは} \ 1 \ \text{より小さく，} \\ (iii) \ y = 3^x \ \text{の点} \ (0, 1) \ \text{における接線の傾きは} \ 1 \ \text{より大きい。} \end{cases}$

よって，ある指数関数 $y = a^x$ の点 $(0, 1)$ における接線の傾きがちょうど 1 となるものがあるはずで，その a の値をネイピア数 e とおいたんだね。当然，$2 < e < 3$ となる。図 11(ii) に $y = e^x$ のグラフを示す。

図 11　指数関数 $y = e^x$ $(e = 2.718\cdots)$

(i) $y = 2^x$

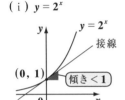

(ii) $y = e^x$

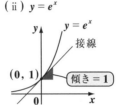

(iii) $y = 3^x$

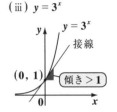

数学 III で指数関数というと，$y = e^x$ のことだと思ってくれ。図 12 には，これと $y = e^{-x}$ のグラフも示しておくので，頭に入れておくといいよ。

図 12　$y = e^x$ と $y = e^{-x}$ のグラフ

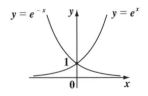

$y = e^{-x}$ は，$y = e^x$ の x の代わりに，$-x$ が入っているので，$y = e^x$ とは y 軸に関して対称なグラフになる。

それでは，自然対数と指数関数に関する 2 つの重要な極限公式をさらに追加しておこう。

x, y の代わりに，θ, r とすると，下のグラフになり，これは，らせんのグラフの解説 (**P48,49**) で使った。

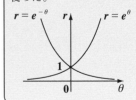

自然対数と指数関数の極限公式

(3) $\displaystyle \lim_{x \to 0} \frac{\log(1+x)}{x} = 1$　　(4) $\displaystyle \lim_{x \to 0} \frac{e^x - 1}{x} = 1$

(3)(4) の公式の左辺は，共に $\dfrac{0}{0}$ の不定形だけれど，いずれも極限値 1 に収束することも覚えておこう。

それでは，(3) の公式を (2) から導いてみよう。

$$(3)\lim_{x \to 0}\frac{\overbrace{\log(1+x)}^{\text{これは，自然対数 }\log_e(1+x)\text{ のこと}}}{x} = \lim_{x \to 0}\left(\frac{1}{x}\right)\log(1+x)^{\square} = \lim_{x \to 0}\log\underbrace{(1+x)^{\frac{1}{x}}}_{} = \log \underset{\sim}{e} = 1$$

e（公式 (2) より）

公式 (2)：$\displaystyle\lim_{h \to 0}(1+h)^{\frac{1}{h}}=e$ を使った。
文字は，h でも x でも何でもかまわない。

となって，(3) の公式が導けた。ここで，

$$\lim_{x \to 0}\frac{\log(1+x)}{x} = 1 \qquad \text{（イメージ } \frac{0.0001}{0.0001}\text{）}$$

より，この逆数の極限も

$$\lim_{x \to 0}\frac{x}{\log(1+x)} = 1 \qquad \text{（イメージ } \frac{0.0001}{0.0001}\text{）}$$

となるのも大丈夫だね。

(4) の公式 $\displaystyle\lim_{x \to 0}\dfrac{e^x-1}{x} = 1$ については，$e^x - 1 = t$ と置換することによって，示そう。

$e^x - 1 = t$ とおくと，$e^x = 1+t$ より，$x = \log(1+t)$ となる。

ここで，$x \to 0$ のとき，$t = e^x - 1 \to e^0 - 1 = 0$ より，$t \to 0$ だね。

よって，

$$\lim_{x \to 0}\frac{\overbrace{e^x - 1}^{t}}{\underbrace{x}_{\log(1+t)}} = \lim_{t \to 0}\frac{t}{\log(1+t)} = 1 \quad \text{となって，(4) の公式も導けた。}$$

$\displaystyle\lim_{x \to 0}\dfrac{x}{\log(1+x)}=1$ を使った！ 文字は，x でも t でも何でもかまわない。

また，この逆数の極限が $\displaystyle\lim_{x \to 0}\dfrac{x}{e^x - 1} = 1$ となるのも大丈夫だね。

有理化による関数の極限の計算

次の極限を求めよ。

(1) $\displaystyle \lim_{x \to 0} \frac{\sqrt{2x+1} - x - 1}{x^2}$ （琉球大）　　(2) $\displaystyle \lim_{x \to -\infty} (\sqrt{x^2 + x} + x)$ （大阪工大）

ヒント！　(1) は，$\dfrac{0}{0}$ の不定形だけれど，分母・分子に $\sqrt{} + (x+1)$ をかければうまくいく。(2) は，$-x = t$ とおくと，$x \to -\infty$ のとき $t \to \infty$ となって，$\infty - \infty$ の不定形の形が明らかになる。

解答&解説

(1) $\displaystyle \lim_{x \to 0} \frac{\sqrt{2\overset{0}{\boxed{x}}+1} - (\overset{0}{\boxed{x}}+1)}{\underset{0}{\boxed{x^2}}}$ $\left[\dfrac{0}{0} \text{ の不定形} \right]$

$$2x+1-(x+1)^2$$
$$= 2x + 1 - (x^2 + 2x + 1)$$
$$= -x^2$$

$\displaystyle = \lim_{x \to 0} \frac{\{\sqrt{2x+1} - (x+1)\}\{\sqrt{2x+1} + (x+1)\}}{x^2(\sqrt{2x+1} + x + 1)}$

$\displaystyle = \lim_{x \to 0} \frac{-x^2}{x^2\{\sqrt{2x+1} + (x+1)\}}$ ← $\dfrac{0}{0}$ の要素が消えた！

$\displaystyle = \lim_{x \to 0} -\frac{1}{\sqrt{2\underset{0}{\boxed{x}}+1} + \underset{0}{\boxed{x}} + 1} = -\frac{1}{\sqrt{1}+1} = -\frac{1}{2}$ ....(答)

(2) $\displaystyle \lim_{x \to -\infty} (\sqrt{x^2 + x} + x)$ について，$-x = t$ とおくと，$[x = -t]$

$x \to -\infty$ のとき $t \to \infty$ となる。よって，

$\displaystyle \lim_{x \to -\infty} (\sqrt{x^2 + x} + x) = \lim_{t \to \infty} (\sqrt{(-t)^2 - t} - t)$

$\displaystyle = \lim_{t \to \infty} (\overset{\infty}{\boxed{\sqrt{t^2 - t}}} - \overset{\infty}{\boxed{t}})$ $[\infty - \infty \text{ の不定形}]$

$t^2 - t - t^2 = -t$

$\displaystyle = \lim_{t \to \infty} \frac{(\sqrt{t^2 - t} - t)(\sqrt{t^2 - t} + t)}{\sqrt{t^2 - t} + t}$ ← 分母・分子に $\sqrt{} + t$ をかけた！

$\displaystyle = \lim_{t \to \infty} \frac{-t}{\sqrt{t^2 - t} + t}$ $\left[\dfrac{1 \text{ 次の } -\infty}{1 \text{ 次の } \infty} \right]$

$\displaystyle = \lim_{t \to \infty} \frac{-1}{\sqrt{1 - \underset{0}{\boxed{\dfrac{1}{t}}}} + 1}$ ← 分子・分母を t で割った！ $= -\frac{1}{\sqrt{1} + 1} = -\frac{1}{2}$ ....(答)

100

$\dfrac{0}{0}$ の不定形が極限値をもつ条件

絶対暗記問題 33	難易度	CHECK1	CHECK2	CHECK3

次の等式が成り立つように，定数 a, b の値を定めよ。

$$\lim_{x \to 1} \frac{a\sqrt{x^2 + 3x + 5} + b}{x - 1} = 5$$

（弘前大）

ヒント！ 左辺の極限は，$x \to 1$ のとき，分母 $\to 0$ となる。しかし，この極限は，5 に収束するので，当然，分子 $\to 0$ となる。つまり，$\dfrac{0.0005}{0.0001} \to 5$ のイメージなんだね。

解答 & 解説

極限 $\displaystyle\lim_{x \to 1} \frac{a\sqrt{x^2 + 3x + 5} + b}{\boxed{x - 1}_{\to 0}}$ ……① が極限値 $\underset{\sim}{5}$ に収束することにより，

$\begin{cases} \text{分母} : \displaystyle\lim_{x \to 1} (\underset{1}{(x)} - 1) = 1 - 1 = 0 \text{ から} \\ \text{分子} : \displaystyle\lim_{x \to 1} = (a\sqrt{\underset{1}{(x^2)} + 3\underset{1}{(x)} + 5} + b) = a\sqrt{1 + 3 + 5} + b = \boxed{3a + b = 0} \end{cases}$

$\therefore b = -3a$ ……②

この極限のイメージは，$\dfrac{\boxed{0.0005}^{\to 0}}{\boxed{0.0001}_{\to 0}} \to 5$（極限値）だから，分子の 0.0005 のイメージは，0 に近づくってことを意味してるんだ。たとえば，分子が 0 でない，1 に収束するとしたら，$\dfrac{1}{0.0\cdots01} \to \infty$ となって，極限値 5 に収束することはないからね。納得いった？

②を①に代入して，

$$\lim_{x \to 1} \frac{a\sqrt{x^2 + 3x + 5} - 3a}{x - 1} = \lim_{x \to 1} \frac{a(\sqrt{x^2 + 3x + 5} - 3)}{x - 1} \quad \left[\frac{0}{0} \text{ の不定形}\right]$$

$$= \lim_{x \to 1} \frac{a\boxed{(\sqrt{x^2 + 3x + 5} - 3)(\sqrt{x^2 + 3x + 5} + 3)}}{(x - 1)(\sqrt{x^2 + 3x + 5} + 3)} \quad \boxed{\begin{array}{l} x^2 + 3x + 5 - 9 \\ = x^2 + 3x - 4 \\ = (x - 1)(x + 4) \end{array}}$$

$$= \lim_{x \to 1} \frac{a(x - 1)(x + 4)}{(x - 1)(\sqrt{x^2 + 3x + 5} + 3)} \quad \longleftarrow \boxed{\dfrac{0}{0} \text{ の要素が消えた！}}$$

$$= \lim_{x \to 1} \frac{a(\underset{1}{(x)} + 4)}{\sqrt{\underset{1}{(x^2)} + 3\underset{1}{(x)} + 5} + 3} = \frac{5a}{\sqrt{9} + 3} = \boxed{\underset{\sim}{\frac{5a}{6} = 5}} \quad \overset{\text{極限値}}{}$$

これから，$a = 6$，②より $b = -18$ ……………………………………（答）

三角関数の極限

次の極限を求めよ。

(1) $\displaystyle\lim_{x \to 0}\frac{\sin 2x}{x}$ 　　(2) $\displaystyle\lim_{x \to 0}\frac{\tan 2x}{\sin 3x}$ 　　(3) $\displaystyle\lim_{x \to 0}\frac{1 - \cos 3x}{x^2 + 3x^3}$

> **ヒント！** 　三角関数の極限の公式を使う問題だよ。ポイントは，$x \to 0$ のとき，x を 2 倍しても，3 倍しても，0 に近づくんだよ。つまり，$2x \to 0$，$3x \to 0$ になるんだね。うまく式を変形するのがコツだ。

解答 & 解説

(1) $\displaystyle\lim_{x \to 0}\frac{\sin 2x}{x} = \lim_{x \to 0}\boxed{\frac{\sin \boxed{2x}}{\boxed{2x}}} \cdot 2$

> $2x = \theta$ とおくと，
> $x \to 0$ ならば $\theta \to 0$ より
> 公式：$\displaystyle\lim_{\theta \to 0}\frac{\sin \theta}{\theta} = 1$
> が使える！

$= 1 \times 2 = 2$ ……………………………(答)

(2) $\displaystyle\lim_{x \to 0}\frac{\boxed{\tan 2x}}{\boxed{\sin 3x}}$ $\left[\dfrac{0}{0}\ \text{の不定形}\right]$

> ・$2x = \theta$ とおくと
> 公式：$\displaystyle\lim_{\theta \to 0}\frac{\tan \theta}{\theta} = 1$ が，
> ・また，$3x = t$ とおくと
> 公式：$\displaystyle\lim_{t \to 0}\frac{t}{\sin t} = 1$ が使える！

$= \displaystyle\lim_{x \to 0}\boxed{\frac{\tan \boxed{2x}}{\boxed{2x}}} \cdot \boxed{\frac{\boxed{3x}}{\sin \boxed{3x}}} \cdot \frac{2}{3}$

$= 1 \times 1 \times \dfrac{2}{3} = \dfrac{2}{3}$ ……………………………(答)

(3) $\displaystyle\lim_{x \to 0}\frac{1 - \boxed{\cos 3x}}{\boxed{x^2} + 3\boxed{x^3}}$ $\left[\dfrac{0}{0}\ \text{の不定形}\right]$

> $3x = \theta$ とおくと，$x \to 0$ より，$\theta \to 0$
> よって，公式：$\displaystyle\lim_{\theta \to 0}\frac{1 - \cos \theta}{\theta^2} = \frac{1}{2}$
> が使える形にもち込める！

$= \displaystyle\lim_{x \to 0}\frac{1 - \cos \boxed{3x}}{x^2(1 + 3x)}$

$= \displaystyle\lim_{x \to 0}\boxed{\frac{1 - \cos \boxed{3x}}{(\boxed{3x})^2}} \cdot \frac{9}{1 + 3\boxed{x}} = \frac{1}{2} \times \frac{9}{1 + 3 \times 0} = \frac{9}{2}$ ………………(答)

e に収束する極限公式の応用

次の極限を求めよ。

(1) $\displaystyle\lim_{x\to\infty}\left(1+\frac{2}{x}\right)^x$　　　　　　(2) $\displaystyle\lim_{x\to0}\frac{\log(1+3x)}{x}$

ヒント！　(1) は，$\displaystyle\lim_{x\to\pm\infty}\left(1+\frac{1}{x}\right)^x=e$ を，(2) は，$\displaystyle\lim_{h\to0}(1+h)^{\frac{1}{h}}=e$ を使う問題だね。(1) では，$\frac{x}{2}=t$ とおき，(2) では，$3x=h$ とおくといいよ。

解答＆解説

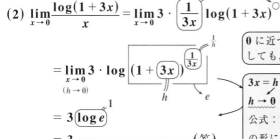

(1) $\displaystyle\lim_{x\to\infty}\left(1+\frac{2}{x}\right)^x=\lim_{x\to\infty}\left(1+\frac{1}{\frac{x}{2}}\right)^x$

∞に大きくなるものは，2 や 3 で割ったって，∞に大きくなる！

$\frac{x}{2}=t$ とおくと $x\to\infty$ のとき $t\to\infty$ より

公式：$\displaystyle\lim_{t\to\infty}\left(1+\frac{1}{t}\right)^t=e$ の形にもち込める！

$=\displaystyle\lim_{\substack{x\to\infty\\(t\to\infty)}}\left\{\left(1+\frac{1}{\frac{x}{2}}\right)^{\frac{x}{2}}\right\}^2=e^2$ ‥‥‥‥‥‥‥‥‥‥‥‥(答)

(2) $\displaystyle\lim_{x\to0}\frac{\log(1+3x)}{x}=\lim_{x\to0}3\cdot\frac{1}{3x}\log(1+3x)$

0 に近づくものは，2 倍しても 3 倍しても，0 に近づく！

$=\displaystyle\lim_{\substack{x\to0\\(h\to0)}}3\cdot\log(1+3x)^{\frac{1}{3x}}$

$3x=h$ とおくと $x\to0$ のとき，$h\to0$ より，

公式：$\displaystyle\lim_{h\to0}(1+h)^{\frac{1}{h}}=e$ の形にもち込める！

$=3\log e^1$

$=3$ ‥‥‥‥‥‥‥‥‥‥(答)

$\displaystyle\lim_{x\to\infty}\left\{\sqrt{4x^2-12x+1}-(ax+b)\right\}=0$ $(a,b$ は定数) が成り立つとき a,b の値を求めよ。　　　　　　　　　　　　　　　　　（千葉工大＊）

解答は P219

§3. 関数の連続性と中間値の定理も押さえよう！

"関数の極限"の最後のテーマとして，"関数の連続性"と，"中間値の定理"について教えよう。特に，中間値の定理は，方程式の解の存在を示すのに有効な定理なんだ。これから詳しく教えよう。

● 連続な関数とは，切れ目のない関数だ！

$f(x) = x^2$ や $g(x) = \sin x$ など……，与えられた定義域の範囲で，切れ目なくつながってる関数を連続な関数というんだね。そして，この関数の連続性の証明は次のように行う。

関数の連続性の証明

関数 $f(x)$ が，その定義域内の $x = a$ について，

$$\underbrace{\lim_{x \to a-0} f(x)}_{\text{左側極限}} = \underbrace{\lim_{x \to a+0} f(x)}_{\text{右側極限という}} = f(a) \qquad \text{が成り立つとき}$$

関数 $f(x)$ は $x = a$ で連続であるという。

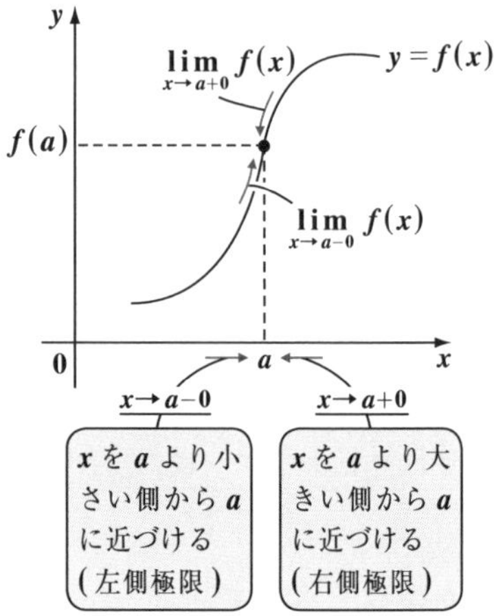

図1に示すように，関数 $y = f(x)$ の $x = a$ における点について

(ⅰ) x を a より小さい側から a に近づけるときの $f(x)$ の左側極限 $\lim\limits_{x \to a-0} f(x)$ と，

(ⅱ) x を a より大きい側から a に近づけるときの $f(x)$ の右側極限 $\lim\limits_{x \to a+0} f(x)$ が存在し，これらが共に同じ $f(a)$ の値に収束するとき，

図1 関数の連続性

つまり，$\lim\limits_{x \to a-0} f(x) = \lim\limits_{x \to a+0} f(x) = f(a)$ が成り立つとき，関数 $f(x)$ は，$x = a$ で，つながっている。つまり連続であると言えるんだね。

$(ex1)$ 関数 $f(x) = \begin{cases} -x+a & (x < 1) \\ x+1 & (1 \leqq x) \end{cases}$ が，$x=1$ で連続となるような

a の値を求めよう。

$\underline{x=1\text{のとき}}$ $\underline{f(1)=1+1=2}$ より，$f(x)$ が，$x=1$で連続となる条件は，

$x \geqq 1$ より，$f(x) = x+1$ を使う

$\displaystyle \lim_{x \to 1-0} f(x) = \lim_{x \to 1+0} f(x) = \underset{2}{f(1)}$ より，

$x < 1$ より，
$f(x) = -x + a$

$x > 1$ より，
$f(x) = x + 1$

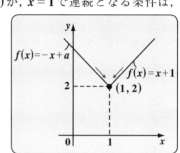
$f(x) = -x + a$
$f(x) = x + 1$
$(1, 2)$

$\displaystyle \lim_{x \to 1-0} (-\overset{1}{(x)} + a) = \lim_{x \to 1+0} (\overset{1}{(x)} + 1) = 2$

$-1 + a = 2$ $\therefore a = 3$ となる。

関数の連続性は，極限の形式で解くけれど，図から分かるように，$f(x) = -x + a$ が点 $(1, 2)$ を通るようにするだけなんだね。難しく考えなくていいよ (^o^)/

$(ex2)$ 実数 x を超えない最大の整数を $[\underline{x}]$ で表す。

この [ ] を "ガウス記号" と呼ぶよ。

たとえば，
$[3.8] = 3$, $[14.23] = 14$
$[-1.2] = -2$, $[-3.8] = -4$

関数 $f(x) = [x]$ $(0 \leqq x < 3)$ のグラフ

を描き，$f(x)$ が $x=1$ で不連続である

ことを示そう。

・$0 \leqq x < 1$ のとき，$f(x) = [\underline{x}] = 0$

$0.\cdots$ の数

・$1 \leqq x < 2$ のとき，$f(x) = [\underline{x}] = 1$

$1.\cdots$ の数

・$2 \leqq x < 3$ のとき，$f(x) = [\underline{x}] = 2$

$2.\cdots$ の数

$y = f(x) = [x]$

このとき，

・$\displaystyle \lim_{x \to 1-0} f(x) = \lim_{x \to 1-0} [\underline{x}] = 0$, $\displaystyle \lim_{x \to 1+0} f(x) = \lim_{x \to 1+0} [\underline{x}] = 1$ となって

左側極限 $0.\cdots$ の数   右側極限 $1.\cdots$ の数

左側極限と右側極限が一致しない。よって，関数 $f(x) = [x]$ は，

$x = 1$ で不連続であることが分かるんだね。

105

図2に示すような，関数 $f(x) = \sqrt{x-a}$ の定義域 $a \leqq x$ の左端 $x = a$ での連続性について考えよう。これは，右側極限しかないので，この連続性の条件は，

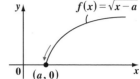

図2 関数の連続性

$\lim\limits_{x \to a+0} f(x) = f(a)$ となるんだね。この場合

$\lim\limits_{x \to a+0} \sqrt{\underset{a}{\underline{x}}-a} = \sqrt{a-a} = 0 \; (= f(a))$ となって，条件をみたすので，

この関数 $f(x) = \sqrt{x-a}$ は $x = a$ で連続と言えるんだね。大丈夫？

また，逆に関数 $g(x)$ の定義域が，$x \leqq b$ のときは，条件：

$\lim\limits_{x \to b-0} g(x) = g(b)$ が成り立てば，$g(x)$ は $x = b$ で連続と言える。

● 中間値の定理もマスターしよう！

では次，中間値の定理について，まず下に紹介しよう。

中間値の定理

閉区間 $[a, b]$ で連続な関数 $f(x)$
$\overline{(a \leqq x \leqq b \text{のこと})}$
が，$f(a) \ne f(b)$ ならば，$f(a)$ と $f(b)$ の間の実数 k に対して

$\quad f(c) = k \quad$ をみたす c が，a と b の間に少なくとも1つ存在する。

・$a \leqq x \leqq b$ を $[a, b]$ と表し，閉区間という。
・$a < x < b$ を (a, b) と表し，開区間という。
・$a \leqq x < b$ は $[a, b)$ と表し，また，
 $a < x \leqq b$ は $(a, b]$ と表す。

図3に示すように，閉区間 $[a, b]$ で連続な関数 $f(x)$ の両端点の y 座標 $f(a)$ と $f(b)$ が異なる値をとる。つまり $f(a) \ne f(b)$ のとき，$f(a)$ と $f(b)$ の間のある定数 k を用いて，直線 $y = k$ を引いてみよう。すると，

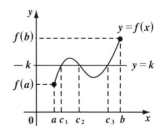

図3 中間値の定理

$y = f(x)$ は，$[a, b]$ で切れ目のない関数だから，$f(c) = k$ をみたす c が，a と b の間に必ず1つは存在することが分かるだろう？ 図3では，$c_1, c_2,$ c_3 と3個の c が存在する場合を示した。納得いった？

　この中間値の定理は，方程式 $f(x) = 0$ が実数解をもつことの証明に利用できるんだ。たとえば，区間 $[a, b]$ で，関数 $f(x)$ が連続で，かつ

$\underset{\boxed{\ominus \text{の数}}}{f(a)} < 0 < \underset{\boxed{\oplus \text{の数}}}{f(b)}$ であったとすると，$k = 0$

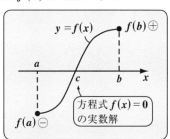

として，曲線 $y = f(x)$ と直線 $y = 0$ は，区間 (a, b) で必ず1回は共有点をもつ。この共有点の x 座標 c が方程式 $f(x) = 0$ の実数解になるんだね。

つまり，方程式 $f(x) = 0$ は，区間 (a, b) に実数解をもつことが示せたんだね。

$(ex3)$ 方程式 $e^x + 3x = 0$ が，

　　　閉区間 $(-1, 0)$ の範囲に，

　　　$\boxed{-1 < x < 0 \text{ のこと}}$

　　　実数解をもつことを示そう。

　　　関数 $f(x) = e^x + 3x$ は，閉区間

　　　$[-1, 0]$ で連続関数だね。また，

$\begin{cases} f(-1) = \underset{\boxed{\frac{1}{2.7}}}{e^{-1}} - 3 < 0 \\[2mm] f(0) = e^0 + 3 \cdot 0 = 1 > 0 \quad \text{より，} \end{cases}$

> 一般に，$f(x)$ と $g(x)$ が連続関数ならば，次の関数も連続になる。
> ・ $kf(x) \pm lg(x)$
> 　　　　　　$(k, l : 実数)$
> ・ $f(x) \cdot g(x)$
> ・ $\dfrac{f(x)}{g(x)}$ （ただし，$g(x) \neq 0$）
>
> よって，$y = e^x$ と $y = 3x$ は共に連続関数より，$f(x) = e^x + 3x$ も連続関数になるんだね。

方程式 $f(x) = 0$ すなわち $e^x + 3x = 0$ は，中間値の定理から，区間 $(-1, 0)$ の範囲に少なくとも1つの実数解をもつと，言えるんだね。面白かった？

関数の連続性

関数 $f(x) = \lim_{n \to \infty} \dfrac{ax^{2n+1} + x^{2n}}{x^{2n} + 1}$ ……① (a：実数定数) がある。

(1) (i) $-1 < x < 1$　(ii) $x = 1$　(iii) $x = -1$　(iv) $x < -1, 1 < x$　の

4つの場合に分けて，$f(x)$ を求めよ。

(2) $x = 1$ で，$f(x)$ が連続となるような a の値を求めよ。

レクチャー 極限 $\lim_{n \to \infty} r^n$ の公式 (P66)：

・$\lim_{n \to \infty} r^n = \begin{cases} 0 & (-1 < r < 1 \text{ のとき}) \\ 1 & (r = 1 \text{ のとき}) \\ \pm 1 & (r = -1 \text{ のとき}) \end{cases}$

$\boxed{+1, -1 \text{ を振動する (発散)}}$

・$\lim_{n \to \infty} \left(\dfrac{1}{r}\right)^n = 0$　$(r < -1, 1 < r \text{ のとき})$

これを利用すると，$\lim_{n \to \infty} r^n$ も $\lim_{n \to \infty} x^{2n}$ も r や x を沢山沢山かけることに変わ

りはないので，同様に，

・$\lim_{n \to \infty} x^{2n} = \begin{cases} 0 & (-1 < x < 1 \text{ のとき}) \\ 1 & (x = 1 \text{ のとき}) \\ 1 & (x = -1 \text{ のとき}) \end{cases}$

$\boxed{x^{2n} = (-1)^{2n} = 1^n = 1 \text{ となって，これ} \\ \text{も収束することがポイントだ！}}$

・$\lim_{n \to \infty} \left(\dfrac{1}{x}\right)^{2n} = 0$　$(x < -1, 1 < x \text{ のとき})$

となるんだね。

解答 & 解説

(1) $f(x) = \lim_{n \to \infty} \dfrac{ax^{2n+1} + x^{2n}}{x^{2n} + 1}$ ……① (a：実数定数) について

(i) $-1 < x < 1$ のとき，

$f(x) = \lim_{n \to \infty} \dfrac{a\overset{0}{\overbrace{(x^{2n+1})}} + \overset{0}{\overbrace{(x^{2n})}}}{\underset{0}{\underbrace{(x^{2n})}} + 1} = \dfrac{0}{1} = 0$

$\boxed{-1 < x < 1 \text{ のとき} \\ \lim_{n \to \infty} x^{2n} = \lim_{n \to \infty} x^{2n+1} = 0}$

(ii) $x = 1$ のとき，

$f(1) = \lim_{n \to \infty} \dfrac{a \cdot \overset{1}{\overbrace{(1^{2n+1})}} + \overset{1}{\overbrace{(1^{2n})}}}{\underset{1}{\underbrace{(1^{2n})}} + 1} = \dfrac{a + 1}{1 + 1} = \dfrac{a + 1}{2}$

$\boxed{x = 1 \text{ のとき} \\ \lim_{n \to \infty} x^{2n} = \lim_{n \to \infty} x^{2n+1} = 1}$

(iii) $x = -1$ のとき,

$$f(-1) = \lim_{n \to \infty} \frac{a \cdot (-1)^{2n+1} + (-1)^{2n}}{(-1)^{2n} + 1} = \frac{-a+1}{2}$$

> $x = -1$ のとき
> $\lim_{n \to \infty} x^{2n} = 1$ ← -1 を偶数回かけるので
> $\lim_{n \to \infty} x^{2n+1} = -1$ ← -1 を奇数回かけるので

(iv) $x < -1,\ 1 < x$ のとき,

$$f(x) = \lim_{n \to \infty} \frac{ax^{2n+1} + x^{2n}}{x^{2n} + 1}$$

$$= \lim_{n \to \infty} \frac{a \cdot x + 1}{1 + \left(\frac{1}{x}\right)^{2n}}$$

> 分子分母を x^{2n} で割った

> $x < -1,\ 1 < x$ のとき
> $\lim_{n \to \infty} \left(\frac{1}{x}\right)^{2n} = 0$

$$= ax + 1$$

以上 (i) ～ (iv) より, $f(x) = \begin{cases} 0 & (-1 < x < 1 \text{ のとき}) \\ \dfrac{a+1}{2} & (x = 1 \text{ のとき}) \\ \dfrac{-a+1}{2} & (x = -1 \text{ のとき}) \\ ax + 1 & (x < -1,\ 1 < x \text{ のとき}) \end{cases}$ ……(答)

(2) $f(x)$ が $x = 1$ で連続となるための条件は

$$\lim_{x \to 1-0} f(x) = \lim_{x \to 1+0} f(x) = f(1) \quad \text{より}$$

> $x < 1$ より $f(x) = 0$
> $1 < x$ より $f(x) = ax + 1$
> $\dfrac{a+1}{2}$

$$\lim_{x \to 1-0} 0 = \lim_{x \to 1+0} (ax + 1) = \frac{a+1}{2}$$

よって, $0 = a + 1 = \dfrac{a+1}{2}$ より

$\therefore a = -1$ …………………………(答)

$(y = f(x)$ のグラフを右に示す。$)$

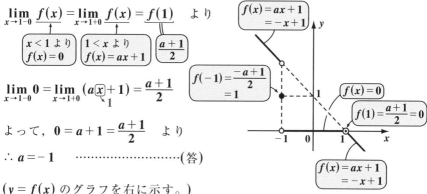

> $f(x) = ax + 1$
> $= -x + 1$

> $f(-1) = \dfrac{-a+1}{2}$
> $= 1$

> $f(x) = 0$

> $f(1) = \dfrac{a+1}{2} = 0$

> $f(x) = ax + 1$
> $= -x + 1$

今回は,“**頻出問題にトライ**”のスペースがなくて,ゴメンナサイ m(＿＿)m

1. 分数関数

（Ⅰ）基本形：$y = \dfrac{k}{x}\ (x \neq 0)$　（Ⅱ）標準形：$y = \dfrac{k}{x-p} + q$

2. 無理関数

（Ⅰ）基本形：$y = \sqrt{ax}$　　　　（Ⅱ）標準形：$y = \sqrt{a(x-p)} + q$

3. 逆関数の公式

$y = f(x)$ が 1 対 1 対応の関数のとき，

元の $y = f(x)$ の x と y を入れ替えたもの

$y = f(x)$ ←―― 逆関数 ――→ $x = f(y)$

これを，$y = (x\ の式)$ の形に変形

$y = f(x)$ と $y = f^{-1}(x)$ は，直線 $y = x$ に関して対称なグラフになる。　→ $y = f^{-1}(x)$

4. 合成関数の公式

$t = f(x)$ ……㋐，$y = g(t)$ ……㋑ のとき，

㋐を㋑に代入して，$y = g(f(x))$ の合成関数が導かれる。

5. 三角関数の極限の公式

(1) $\displaystyle\lim_{\theta \to 0} \dfrac{\sin\theta}{\theta} = 1$　(2) $\displaystyle\lim_{\theta \to 0} \dfrac{\tan\theta}{\theta} = 1$　(3) $\displaystyle\lim_{\theta \to 0} \dfrac{1-\cos\theta}{\theta^2} = \dfrac{1}{2}$

（θ の単位はすべてラジアン）

6. e に近づく極限の公式

(1) $\displaystyle\lim_{x \to \pm\infty} \left(1 + \dfrac{1}{x}\right)^x = e$　　　(2) $\displaystyle\lim_{h \to 0} (1+h)^{\frac{1}{h}} = e$

7. 対数関数と指数関数の極限の公式

(1) $\displaystyle\lim_{x \to 0} \dfrac{\log(1+x)}{x} = 1$　　　(2) $\displaystyle\lim_{x \to 0} \dfrac{e^x - 1}{x} = 1$

8. 関数の連続性

$\displaystyle\lim_{x \to a-0} f(x) = \lim_{x \to a+0} f(x) = f(a)$ のとき，$f(x)$ は $x = a$ で連続である。

9. 中間値の定理

$[a, b]$ で連続な関数が，$f(a) \neq f(b)$ ならば，$f(a)$ と $f(b)$ の間の実数 k に関して，$f(c) = k$ をみたす c が，a と b の間に存在する。

微分法と
その応用

テーマ

▶ 微分係数と導関数

▶ 接線と法線

▶ 関数のグラフの概形

▶ 方程式・不等式への応用

▶ 速度・加速度・近似式

微分法とその応用

§1. さまざまな公式を駆使して，導関数を求めよう！

さァ，これから数学Ⅲのメインテーマの1つ，"微分法"の解説に入ろう。ここではまず，微分法の基本となる微分係数と導関数の求め方から解説する。これには，極限によるものと公式によるものの2通りがある。

● 微分係数を求める3つの定義式を押さえよう！

微分係数は，次に示す3つの極限で定義される。

微分係数の定義式

$$f'(a) = \lim_{h \to 0} \frac{f(a+h) - f(a)}{h} \quad \leftarrow (\text{i}) \text{の定義式}$$

$$= \lim_{h \to 0} \frac{f(a) - f(a-h)}{h} \quad \leftarrow (\text{ii}) \text{の定義式}$$

$$= \lim_{b \to a} \frac{f(b) - f(a)}{b - a} \quad \leftarrow (\text{iii}) \text{の定義式}$$

図1 平均変化率は直線AB の傾き

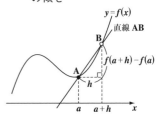

それでは，(i)の定義式の意味を解説するよ。図1のようにある曲線 $y = f(x)$ 上に2点 $A(a, f(a))$，$B(a+h, f(a+h))$ をとり，直線 AB の傾きを求めると，

これを**平均変化率**と呼ぶ！

$\dfrac{f(a+h) - f(a)}{h}$ となる。

ここで，$h \to 0$ としたときの，この式の極限は，

$$\lim_{h \to 0} \frac{f(a + \boxed{h}) - f(a)}{\boxed{h}} = \frac{0}{0}$$ の不定形だけれど，

これがある極限値に収束するとき，これを**微分係数**と呼び，$f'(a)$ で表すんだね。

よって，微分係数の(i)の定義式：

$$f'(a) = \lim_{h \to 0} \frac{f(a+h) - f(a)}{h}$$ が導かれた。

図2 微分係数 $f'(a)$ は，極限から求まる

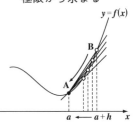

図3 微分係数 $f'(a)$ は，接線の傾き

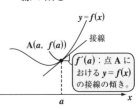

$f'(a)$：点 A における $y = f(x)$ の接線の傾き。

　以上をグラフで見ると，図 2 のように，$h \to 0$ のとき，$a+h \to a$ より，点 B は限りなく点 A に近づき，直線 AB は $y=f(x)$ 上の点 $A(a, f(a))$ における**接線**に限りなく近づく。よって，微分係数 $f'(a)$ は，この点における接線の傾きを表すことになるんだね。(図 3)

　ここでさらに，図 1 の $a+h$ を b とおくと，

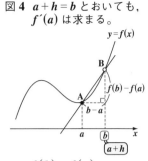

図 4　$a+h=b$ とおいても，$f'(a)$ は求まる。

図 4 に示すように直線 AB の傾き (平均変化率) は $\dfrac{f(b)-f(a)}{b-a}$ となる。

ここで，$h \to 0$ のとき $b \to a$ より，(iii) の微分係数の定義式も導けるね。

　最後に，(ii) の定義式は，$A(a, f(a))$，$B(a-h, f(a-h))$ とおいて，平均変化率を求め，さらに $h \to 0$ と動かして，$f'(a)$ を導いているんだね。

　ここで，(iii) の定義式の b を変数 x に置き換えると，命題：
「$x=a$ で，$f(x)$ が微分可能ならば，$f(x)$ は連続である。」……(＊) ことが次のように示せるんだね。

$$\lim_{x \to a}\{f(x)-f(a)\} = \lim_{x \to a}\left\{\underbrace{\frac{f(x)-f(a)}{x-a}}_{f'(a)} \cdot (\overbrace{(x-a)}^{0})\right\}$$

$x-a$ で割った分，$x-a$ をかけた

(iii) の b を x に変えたもの。$f(x)$ は $x=a$ で微分可能より $f'(a)$ はある定数だね。

$$= f'(a) \cdot 0 = 0 \ \text{となる。}$$

これから，$\lim_{x \to a} f(x) = f(a)$ が成り立つことが分かるので，$f(x)$ は $x=a$

これは，$\lim_{x \to a-0} f(x) = \lim_{x \to a+0} f(x)$ と同じだ。

で連続であると言えるんだね。納得いった？

　でも，この逆の命題：「$x=a$ で，$f(x)$ が連続ならば，$f(x)$ は微分可能である」は成り立たない。なぜなら，関数 $y=f(x)$ のグラフが，右図のような場合，$y=f(x)$ は連続な関数と言

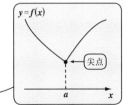

$y=f(x)$

尖点

えるけれど，$x=a$ で尖点 (とんがった点) をもつので，$x=a$ では，$y=f(x)$ は滑らかな曲線ではなく，微分不能になるからなんだね。

● 導関数と微分係数の定義式はソックリだ！

それでは，導関数 $f'(x)$ の定義式を下に示すよ。

導関数の定義式

$$f'(x) = \lim_{h \to 0} \frac{f(x+h) - f(x)}{h} = \lim_{h \to 0} \frac{f(x) - f(x-h)}{h}$$

導関数 $f'(x)$ の定義式は，微分係数 $f'(a)$ の（ⅰ）と（ⅱ）の定義式の a の代わりに x を代入しただけで，ソックリだね。

ただし，この x は変数だから，x の導関数 $f'(x)$ の x に，ある値 a を代入することにより，微分係数（接線の傾き）$f'(a)$ が求まるんだよ。

それでは，$f(x) = x^3$ のとき，その導関数を定義式から求めてみよう。

$$f'(x) = \lim_{h \to 0} \frac{f(x+h) - f(x)}{h} = \lim_{h \to 0} \frac{\overbrace{(x+h)^3}^{x^3 + 3x^2h + 3xh^2 + h^3} - x^3}{h}$$

$\boxed{\dfrac{0}{0}$ の要素が消えた！$}$

導関数 $f'(x)$ は，一般に x の関数になる。

$$= \lim_{h \to 0} \frac{h(3x^2 + 3xh + h^2)}{h} = \lim_{h \to 0} (3x^2 + 3x\underset{0}{(h)} + \underset{0}{(h^2)}) = 3x^2 \text{ となる。}$$

● 導関数 $f'(x)$ は，公式から楽に導ける！

$f'(x)$ を，極限の定義式から求める方法を教えたけれど，実践的には，次に示す 8 つの知識と 3 つの公式から，テクニカルに求めるんだよ。

微分計算（8 つの知識）

(1) $(x^\alpha)' = \alpha x^{\alpha-1}$ （α：実数）　　(2) $(\sin x)' = \cos x$

(3) $(\cos x)' = -\sin x$　　　　　　　(4) $(\tan x)' = \dfrac{1}{\cos^2 x}$

(5) $(e^x)' = e^x$ （$e \fallingdotseq 2.7$）　　　(6) $(a^x)' = a^x \cdot \log a$

(7) $(\log x)' = \dfrac{1}{x}$ （$x > 0$）　　(8) $\{\log f(x)\}' = \dfrac{f'(x)}{f(x)}$ （$f(x) > 0$）

（ただし，対数はすべて自然対数，$a > 0$ かつ $a \neq 1$）

微分計算（3つの公式）

簡単のため，$f(x) = f$，$g(x) = g$ と略記するよ。

(1) $(f \cdot g)' = f' \cdot g + f \cdot g'$

(2) $\left(\dfrac{g}{f}\right)' = \dfrac{g' \cdot f - g \cdot f'}{f^2}$ ← $\left(\dfrac{分子}{分母}\right)' = \dfrac{(分子)' \cdot 分母 - 分子 \cdot (分母)'}{(分母)^2}$ と口づさみながら覚えると忘れないと思う！

(3) 合成関数の微分

$$y' = \frac{dy}{dx} = \frac{dy}{dt} \cdot \frac{dt}{dx}$$ ← 複雑な関数は，まず，y を t の関数と考えると，うまく微分できる！

前にやった $f(x) = x^3$ の導関数は，(1) $(x^\alpha)' = \alpha x^{\alpha-1}$ を使えば

$f'(x) = (x^3)' = 3x^2$ と，アッサリ求まるんだね。この他にも，

(1) $y = 2\sin x - \cos x$ を微分すると，

・たし算，引き算は項別に微分できる。
・定数の係数は別にして後でかける。

$$y' = (2\sin x - \cos x)' = 2\underbrace{(\sin x)'}_{\cos x} - \underbrace{(\cos x)'}_{-\sin x} = 2\cos x + \sin x$$

(2) $y = \log(\cos x)$ を微分すると，

$(\log f)' = \dfrac{f'}{f}$ を使った！

$$y' = \{\log(\cos x)\}' = \frac{\overbrace{(\cos x)'}^{-\sin x}}{\cos x} = -\frac{\sin x}{\cos x} = -\tan x \quad となる。$$

それでは，3つの公式も利用して，導関数をいくつか求めてみよう。

微分計算というのも，慣れが大切だから繰り返し練習するといいんだよ。

◆ 例題 8 ◆

次の関数を微分して，導関数を求めよ。

(1) $y = x\sqrt{x}$ (2) $y = x \cdot \log x$

(3) $y = \dfrac{x-1}{x+1}$ (4) $y = (2x-1)^5$

解答   (1) $y = x\sqrt{x} = x \cdot x^{\frac{1}{2}} = x^{1+\frac{1}{2}} = x^{\frac{3}{2}}$ より，これを微分して，

$$y' = (x^{\frac{3}{2}})' = \frac{3}{2}x^{\frac{1}{2}} = \frac{3}{2}\sqrt{x} \quad \cdots\cdots\cdots (答) \quad ← (x^\alpha)' = \alpha x^{\alpha-1} を使った！$$

115

(2) $y = x \cdot \log x$ を微分して，

$$y' = (x \cdot \log x)' = \overset{1}{(x')} \cdot \log x + x \overset{\frac{1}{x}}{((\log x)')} \quad \boxed{\text{公式}: (f \cdot g)' = f' \cdot g + f \cdot g' \text{を使った！}}$$

$$= 1 \cdot \log x + \not{x} \cdot \frac{1}{\not{x}} = \log x + 1 \quad \cdots\cdots\cdots\cdots\cdots\cdots\text{(答)}$$

(3) $y' = \left(\dfrac{x-1}{x+1}\right)' = \dfrac{\overset{1}{((x-1)')} \cdot (x+1) - (x-1)\overset{1}{((x+1)')}}{(x+1)^2}$

$$= \frac{\not{x}+1-(\not{x}-1)}{(x+1)^2} = \frac{2}{(x+1)^2} \quad \cdots\cdots\cdots\text{(答)} \quad \boxed{\text{公式}: \left(\dfrac{g}{f}\right)' = \dfrac{g' \cdot f - g \cdot f'}{f^2} \text{を使った！}}$$

(4) $y = (\overset{t}{(2x-1)})^5$ を展開して，微分するのはメンドウなので，次の合成関数の微分の公式を使うといいよ。

$$\boxed{\text{これは, } y \text{ を } x \text{ で微分するという意味。}} \quad \boxed{y \text{ を } t \text{ で微分}}$$
$$\boxed{t \text{ を } x \text{ で微分}}$$
$$y' = \frac{dy}{dx} = \frac{dy}{dt} \cdot \frac{dt}{dx} \quad \boxed{\text{見かけ上, } dt \text{ で割った分 } dt \text{ をかけている形だね。}}$$

ここで，$2x - 1 = t$ とおくと，$y = t^5$ より，

$$\overset{(t^5)}{} \quad \overset{(2x-1)}{} \quad \boxed{(2x-1) \text{ を } x \text{ で微分}}$$
$$y' = \frac{dy}{dx} = \frac{d\overset{\shortparallel}{(y)}}{dt} \cdot \frac{d\overset{\shortparallel}{(t)}}{dx} = \frac{d(t^5)}{dt} \cdot \frac{d(2x-1)}{dx}$$

$$\boxed{(2x-1) \text{ に戻す！}} \quad \boxed{t^5 \text{ を } t \text{ で微分}}$$
$$= 5\underline{(t)}^4 \cdot \underline{2} = 10(2x-1)^4 \quad \cdots\cdots\cdots\cdots\cdots\cdots\text{(答)}$$

　ここで，微分公式の補足をしておこう。自然対数 $\log x$ の微分は，

$(\log x)' = \dfrac{1}{x}$ $(x > 0)$ だけれど，この x の定義域を $\underline{x \neq 0}$ と拡張した公式

$$\boxed{\text{つまり } x > 0 \text{ または } x < 0}$$

$(\log|x|)' = \dfrac{1}{x}$ $(x \neq 0)$ も覚えておこう。$x > 0$ のときは，従来通りだけれど，

$x < 0$ のときでも，$|\underset{\ominus}{x}| = \underset{\oplus}{-x}$ より，　$\boxed{\text{公式}: (\log f)' = \dfrac{f'}{f} \text{を使った。}}$

$(\log|x|)' = \{\log(-x)\}' = \dfrac{(-x)'}{-x} = \dfrac{-1}{-x} = \dfrac{1}{x}$ となるからだ。大丈夫？

同様に，公式：$\{\log f(x)\}' = \dfrac{f'(x)}{f(x)}$ $(f(x)>0)$ も $\{\log|f(x)|\}' = \dfrac{f'(x)}{f(x)}$ $(f(x) \neq 0)$

と覚えておこう。

◆ 例題 9 ◆

$y = \dfrac{(x+1)^4}{(2x+1)^2}$ ……① $\left(x \neq -\dfrac{1}{2}\right)$ の両辺の絶対値の自然対数をとって，微

分することにより，導関数 $y' = \dfrac{dy}{dx}$ を求めよ。

解答　①の両辺の絶対値の自然対数をとると，

$\log|y| = \log\left|\dfrac{(x+1)^4}{(2x+1)^2}\right| = \log\dfrac{|x+1|^4}{|2x+1|^2} = \log|x+1|^{④} - \log|2x+1|^{②}$ より，

$\log|y| = 4\log|x+1| - 2\log|2x+1|$ ……② となる。②の両辺を微分すると，

$(\log|y|)' = 4(\log|x+1|)' - 2(\log|2x+1|)'$

$\dfrac{(x+1)'}{x+1} = \dfrac{1}{x+1}$　　$\dfrac{(2x+1)'}{(2x+1)} = \dfrac{2}{2x+1}$ ◀── 公式：$\log|f| = \dfrac{f'}{f}$

$\dfrac{d}{dx}(\log|y|) = \dfrac{dy}{dx} \cdot \dfrac{d}{dy}(\log|y|) = \dfrac{1}{y} \cdot \dfrac{dy}{dx}$ ◀── 合成関数の微分の考え方とまったく同じだね

まず，$\log|y|$ を y で微分して，$\dfrac{1}{y}$ となる。これに $\dfrac{dy}{dx}$ がかかる。

$\therefore \dfrac{1}{y}\dfrac{dy}{dx} = \dfrac{4}{x+1} - \dfrac{4}{2x+1} = \dfrac{4(2x+1) - 4(x+1)}{(x+1)(2x+1)} = \dfrac{4x}{(x+1)(2x+1)}$ となる。

この両辺に y をかけて，

$y' = \dfrac{dy}{dx} = \dfrac{4x}{(x+1)(2x+1)} \cdot y = \dfrac{4x}{(x+1)(2x+1)} \cdot \dfrac{(x+1)^{4^3}}{(2x+1)^2} = \dfrac{4x(x+1)^3}{(2x+1)^3}$ …(答)

このような，y' の求め方を "**対数微分法**" というんだよ。面白かった？

さらに $\left(\dfrac{g}{f}\right)'$ の特別な場合として，$\left(\dfrac{1}{f}\right)'$ を求めると，$\left(\dfrac{1}{f}\right)' = \dfrac{0 \cdot f - 1 \cdot f'}{f^2}$

よって，$\left\{\dfrac{1}{f(x)}\right\}' = -\dfrac{f'(x)}{\{f(x)\}^2}$ となる。これも公式として覚えておくといいよ。

微分係数の定義式

(1) $f'(a) = 1$ のとき，極限 $\displaystyle\lim_{h \to 0}\frac{f(a+2h)-f(a-h)}{h}$ を求めよ。

(2) $\displaystyle\lim_{h \to 0}\frac{\sin h}{h} = 1$ を用いて，$(\sin x)' = \cos x$ を示せ。

ヒント！ (1) は，うまく変形して，(ⅰ) と (ⅱ) の微分係数の定義式を利用するといいよ。(2) は，$f(x) = \sin x$ とおいて，導関数の定義式を使う。差→積の公式を使うこともポイントだ。

解答＆解説

> $f(a)$ を引いた分，たすとうまくいく！

(1) $f'(a) = 1$ より，求める極限は，

$$\lim_{h \to 0}\frac{\{f(a+2h)-f(a)\} + \{f(a)-f(a-h)\}}{h}$$

$$= \lim_{\substack{h \to 0 \\ (k \to 0)}}\left\{ \underbrace{\frac{f(a+\overbrace{2h}^{k})-f(a)}{\underbrace{2h}_{k}}}_{f'(a)} \times 2 + \underbrace{\frac{f(a)-f(a-h)}{h}}_{f'(a)} \right\}$$

> (ⅱ) の微分係数の定義式だ！

> $2h = k$ とおくと，$h \to 0$ のとき，$k \to 0$ となるから，
> (ⅰ) の微分係数の定義式 $\displaystyle\lim_{k \to 0}\frac{f(a+k)-f(a)}{k} = f'(a)$ が使える！

$$= f'(a) \times 2 + f'(a) = 3 \cdot \underset{①}{\boxed{f'(a)}} = 3 \quad\cdots\cdots\cdots\text{(答)}$$

(2) $f(x) = \sin x$ とおくと，$f'(x) = (\sin x)'$ は，

$$(\sin x)' = f'(x) = \lim_{h \to 0}\frac{f(x+h)-f(x)}{h}$$

> 差→積の公式
> $\sin(\alpha+\beta) - \sin(\alpha-\beta)$
> 　$= 2\cos\alpha\sin\beta$
> を使った！

$$= \lim_{h \to 0}\frac{\overbrace{\sin(x+h)-\sin x}^{2\cos\left(x+\frac{h}{2}\right)\sin\frac{h}{2}}}{h}$$

$$= \lim_{\substack{h \to 0 \\ (h' \to 0)}}\underbrace{\frac{\sin\frac{h}{2}}{\frac{h}{2}}}_{\substack{1 \\ h'}} \cdot \cos\left(x+\overbrace{\frac{h}{2}}^{0}\right) = \cos x \quad\cdots\cdots\cdots\cdots\text{(終)}$$

微分計算の基本

次の関数を微分せよ。

(1) $y = e^x \cdot \sin x$ 　　(2) $y = \dfrac{e^x}{x}$ 　　(3) $y = e^{-2x}$

(4) $y = \cos 2x$ 　　(5) $y = \cos^2 x$

ヒント! (1) は関数の積の微分で, (2) は商の微分だから公式通りだね。
(3)(4)(5) はすべて合成関数の微分だ! 微分計算に慣れよう!

解答&解説

(1) $y' = (e^x \cdot \sin x)' = \overset{e^x}{(\underline{(e^x)'})} \cdot \sin x + e^x \cdot \overset{\cos x}{(\underline{(\sin x)'})}$ 　　公式 : $(f \cdot g)' = f' \cdot g + f \cdot g'$

$= e^x \sin x + e^x \cos x = e^x(\sin x + \cos x)$ ……………(答)

(2) $y' = \left(\dfrac{e^x}{x}\right)' = \dfrac{\overset{e^x}{(\underline{(e^x)'})} \cdot x - e^x \cdot \overset{1}{(\underline{x'})}}{x^2}$ 　　公式 : $\left(\dfrac{g}{f}\right)' = \dfrac{g' \cdot f - g \cdot f'}{f^2}$

$= \dfrac{e^x(x-1)}{x^2}$ ……………(答)

(3) $y = e^{-2x}$ の $-2x$ を t とおいて, 　　合成関数の微分公式 : $\dfrac{dy}{dx} = \dfrac{dy}{dt} \cdot \dfrac{dt}{dx}$

$y' = \dfrac{dy}{dx} = \dfrac{d(\overset{y}{(\underline{e^t})})}{dt} \cdot \dfrac{d(\overset{t}{(\underline{-2x})})}{dx} = \overset{-2x}{e^{\underline{t}}} \cdot (-2) = -2e^{-2x}$ ……………(答)

(4) $y = \cos \overset{t}{(\underline{2x})}$ の $2x$ を t とおくと,

$y' = \dfrac{dy}{dx} = \dfrac{d(\overset{y}{(\underline{\cos t})})}{dt} \cdot \dfrac{d(\overset{t}{(\underline{2x})})}{dx}$ 　　公式 : $\dfrac{dy}{dx} = \dfrac{dy}{dt} \cdot \dfrac{dt}{dx}$

$= -\sin \overset{2x}{\underline{t}} \times 2 = -2\sin 2x$ ……………(答)

文字は t でも, u でも, 何でもいい。

(5) $y = \overset{u}{(\underline{\cos^2 x})}$ の $\cos x$ を u とおくと,

$y' = \dfrac{dy}{dx} = \dfrac{d(\overset{y}{(\underline{u^2})})}{du} \cdot \dfrac{d(\overset{u}{(\underline{\cos x})})}{dx}$ 　　公式 : $\dfrac{dy}{dx} = \dfrac{dy}{du} \cdot \dfrac{du}{dx}$

$= 2\overset{\cos x}{\underline{u}} \cdot (-\sin x) = -2\sin x \cdot \cos x$ ……………(答)

微分計算の応用

次の関数を微分せよ。

(1) $y = e^{-x} \cdot \sin 2x$

(2) $y = \dfrac{e^{-x^2}}{x}$

(3) $y = \tan^2 3x$

ヒント！ (1)(2)は関数の積や商の微分と，合成関数の微分の融合問題だ。(3)は，合成関数の微分を2回使う形のものだよ。

解答&解説

(1) $y' = (e^{-x} \cdot \sin 2x)' = (e^{\underbrace{-x}})' \cdot \sin 2x + e^{-x} \cdot (\sin \underbrace{2x}_{u})'$

t とおく

公式： $(f \cdot g)' = f' \cdot g + f$

$\dfrac{d(e^t)}{dt} \cdot \dfrac{d(-x)}{dx} = e^t \cdot (-1) = -e^{-x}$

$\dfrac{d(\sin u)}{du} \cdot \dfrac{d(2x)}{dx} = (\cos u) \times 2 = 2\cos 2x$

$= -e^{-x} \cdot \sin 2x + 2e^{-x} \cdot \cos 2x$ （合成関数の微分！）

$= e^{-x}(2\cos 2x - \sin 2x)$ ‥‥‥‥‥‥（答）

(2) $y' = \left(\dfrac{e^{-x^2}}{x}\right)' = \dfrac{(e^{\underbrace{-x^2}})' \cdot x - e^{-x^2} \cdot \underbrace{x'}^{1}}{x^2}$

t とおく

公式： $\left(\dfrac{g}{f}\right)' = \dfrac{g' \cdot f - g \cdot f'}{f^2}$

$\dfrac{d(e^t)}{dt} \cdot \dfrac{d(-x^2)}{dx} = e^t \cdot (-2x) = -2x \cdot e^{-x^2}$

$= \dfrac{-2x \cdot e^{-x^2} \cdot x - e^{-x^2}}{x^2} = -\dfrac{(2x^2 + 1)e^{-x^2}}{x^2}$ ‥‥‥‥‥（答）

(3) $y = \tan^2 3x$ の $\tan 3x = u$ とおくと，$y = u^2$ より，

これを，さらに θ とおく。

$y' = (\underbrace{\tan^{2}3x})' = 2 \cdot \tan 3x \cdot (\tan \underbrace{3x})'$

$\dfrac{dy}{du} = 2u$

$(\tan\theta)\ (3x)$

$\dfrac{du}{dx} = \dfrac{d\underbrace{u}}{d\underbrace{\theta}} \cdot \dfrac{d\underbrace{\theta}}{dx}$

$= \dfrac{1}{\cos^2\theta} \cdot 3 = \dfrac{3}{\cos^2 3x}$

これは $\dfrac{6\sin 3x}{\cos^3 3x}$ を答えにしてもいいよ。

合成関数の微分の中の合成関数の微分だね。

$= 2\tan 3x \cdot \dfrac{3}{\cos^2 3x} = \dfrac{6\tan 3x}{\cos^2 3x}$ ‥‥‥‥‥‥‥‥（答）

逆関数の微分

絶対暗記問題 40	難易度 ★★	CHECK1	CHECK2	CHECK3

公式：$(e^x)' = e^x$ を用いて，$(\log x)' = \dfrac{1}{x}$ が成り立つことを示せ。

ヒント！ 一般に，$y = f(x)$ ……① の導関数 $y' = \dfrac{dy}{dx}$ は，①の逆関数が存在して，$x = f^{-1}(y)$ と表されるとき，次の公式で求めることができるんだね。

$$y' = \frac{dy}{dx} = \frac{1}{\frac{dx}{dy}}$$
← 分母・分子を見かけ上 dy で割った形だ！

これを "逆関数の微分法" という。

解答＆解説

$(e^x)' = e^x$ より，$(e^y)' = e^y$ ……① となる。

文字変数は x でも y でも何でもかまわない。

ここで，$y = \log x$ ……② とおいて，

①を用いて，この導関数 y' を求める。

②を変形すると，$x = e^y$ ……③

よって，②の x を y で微分すると，

$$\frac{dx}{dy} = (e^y)' = e^y = x \quad \cdots\cdots④ \ (①，③より)$$

よって，求める導関数 $y' = (\log x)'$ は，

$$y' = (\log x)' = \frac{dy}{dx} = \frac{1}{\frac{dx}{dy}} = \frac{1}{x} \quad (④より)$$

$$\therefore (\log x)' = \frac{1}{x} \quad \cdots\cdots\cdots\cdots\cdots\cdots\cdots\cdots(答)$$

$(e^x)' = e^x$ は，

$$(e^x)' = \lim_{h \to 0} \frac{e^{x+h} - e^x}{h}$$
$$= \lim_{h \to 0} e^x \cdot \left(\frac{e^h - 1}{h} \right)$$
$$= e^x \text{ により示せるね。}$$

$y = \log x$ と $y = e^x$ は，逆関数の関係なので，逆関数の微分法を利用した！

頻出問題にトライ・13	難易度 ★★	CHECK1	CHECK2	CHECK3

関数 $f(x)$，$g(x)$ が微分可能のとき，導関数の定義式を使って公式：
$\{f(x) \cdot g(x)\}' = f'(x) \cdot g(x) + f(x) \cdot g'(x)$ が成り立つことを示せ。

(お茶の水女子大*)

解答は **P220**

§2. 微分計算の応用にもチャレンジしよう！

前回で，微分計算の基本を教えたので，今回は，"**媒介変数表示された関数**"や"**$f(x, y) = k$の形の関数**"の微分，それに，"**高次導関数**"など，微分計算の応用について解説しよう。

● 媒介変数表示された曲線の導関数を求めよう！

媒介変数表示された曲線の導関数y'は，次のように求められる。

■ 媒介変数表示の関数の導関数

媒介変数表示された関数 $\begin{cases} x = f(t) \\ y = g(t) \end{cases}$ （これはθでもなんでも構わない）(t：媒介変数) の導関数

y'は，次のように求める。

$$y' = \frac{dy}{dx} = \frac{\dfrac{dy}{dt}}{\dfrac{dx}{dt}}$$

$\dfrac{dx}{dt} = \dfrac{df(t)}{dt}$ と $\dfrac{dy}{dt} = \dfrac{dg(t)}{dt}$ を別々に求めて，このように割り算の形にして，導関数y'を求めるんだね。

見かけ上，分子分母をdtで割った形だ

したがって，この場合，導関数y'は(tの式)で表されることになるよ。

◆例題 10 ◆

サイクロイド曲線 $\begin{cases} x = a(\theta - \sin\theta) \\ y = a(1 - \cos\theta) \end{cases}$ （a：定数，θ：媒介変数）

の導関数 y' を求め，$\theta = \dfrac{\pi}{2}$ のときの微分係数を求めよ。

解答

$\begin{cases} \dfrac{dx}{d\theta} = \{a(\theta - \sin\theta)\}' = a(1 - \cos\theta) & \cdots\cdots\cdots\cdots① \\ \dfrac{dy}{d\theta} = \{a(1 - \cos\theta)\}' = -a \cdot (-\sin\theta) = a\sin\theta & \cdots\cdots② \end{cases}$

よって，①・②より，求める導関数y'は，

媒介変数は，tでなくて，θでもなんでも構わない！

$$y' = \frac{dy}{dx} = \frac{\dfrac{dy}{d\theta}}{\dfrac{dx}{d\theta}} = \frac{\overset{a\sin\theta\,(②\text{より})}{a\sin\theta}}{\underset{a(1-\cos\theta)\,(①\text{より})}{a(1-\cos\theta)}} = \frac{\sin\theta}{1-\cos\theta} \quad\cdots\cdots\text{(答)}$$

また，$\theta = \dfrac{\pi}{2}$ のときの微分係数は，

$$\frac{dy}{dx} = \frac{\overset{1}{\boxed{\sin\dfrac{\pi}{2}}}}{1 - \underset{0}{\boxed{\cos\dfrac{\pi}{2}}}} = \frac{1}{1-0} = 1 \quad\cdots\cdots\cdots\cdots\cdots\text{(答)}$$

● $f(x, y) = k$ の形の導関数も求めよう！

円：$x^2 + y^2 = r^2$ や，だ円 $\dfrac{x^2}{a^2} + \dfrac{y^2}{b^2} = 1$ など，$f(x, y) = k(\,$定数$\,)$ の形をした関数の導関数 y' の求め方も勉強しよう。これは，次の円の方程式を使って，具体的に解説しよう。

円：$x^2 + y^2 = \underset{\boxed{\text{半径 2 の円}}}{4}$ ……① の導関数 $y' = \dfrac{dy}{dx}$ を求めたいとき，①の両辺をいきなり，バッサリと $(?)\ x$ で微分すればいいんだよ。

$$(x^2 + y^2)' = \underset{\boxed{0\,(\text{定数の微分は 0 だね})}}{4'}$$

$$\underset{\boxed{2x}}{(x^2)'} + \underset{\boxed{\dfrac{d(y^2)}{dx} = \dfrac{dy}{dx} \cdot \dfrac{d(y^2)}{dy} = 2y \cdot \dfrac{dy}{dx} = \boxed{2y}}}{(y^2)'} = 0$$

> y^2 は，y の関数なので，まず y で微分して，それに $\dfrac{dy}{dx}$ をかける。これは，合成関数の微分の考え方と同じだね。

$2x + 2y \cdot \dfrac{dy}{dx} = 0$　　　よって，求める導関数 $y' = \dfrac{dy}{dx}$ は，

$$y' = \frac{dy}{dx} = -\frac{\overset{}{2}x}{\underset{}{2}y} = -\frac{x}{y} \quad \text{となる。} \quad\cdots\cdots\cdots\cdots\cdots\text{(答)}$$

◆例題 11 ◆

だ円：$\dfrac{x^2}{4}+\dfrac{y^2}{2}=1$ の導関数を求めよ。また，$x=\sqrt{2}$, $y=1$ のときの微分係数を求めよ。

解答　だ円：$\dfrac{x^2}{4}+\dfrac{y^2}{2}=1$ ……① の両辺を x で微分して，

$$\dfrac{1}{4}\underbrace{(x^2)'}_{2x}+\dfrac{1}{2}\underbrace{(y^2)'}_{\frac{d(y^2)}{dx}=\frac{dy}{dx}\cdot\frac{d(y^2)}{dy}=2y\cdot\frac{dy}{dx}}=0$$

$$\dfrac{2}{4}x+\dfrac{2y}{2}\cdot\dfrac{dy}{dx}=0 \qquad y\cdot\dfrac{dy}{dx}=-\dfrac{x}{2}$$

> $f(x,\ y)=k$ の形の関数の導関数 y' は，このように，x と y の式になる。

∴ 求める導関数 y' は，$y'=\dfrac{dy}{dx}=-\dfrac{x}{2y}$ ……………………(答)

また，$\underline{x=\sqrt{2},\ y=1}$ のときの微分係数は，これを y' の式に代入して，

> これを①に代入して，$\dfrac{(\sqrt{2})^2}{4}+\dfrac{1^2}{2}=1$ をみたすので，$(\sqrt{2},\ 1)$ はだ円上の点

$$y'=\dfrac{dy}{dx}=-\dfrac{\sqrt{2}}{2\cdot 1}=-\dfrac{\sqrt{2}}{2} \quad \text{となる。} \qquad\qquad ……………………(答)$$

● 高次導関数もマスターしよう！

$y=f(x)$ が微分可能のとき，この導関数は，1 回微分できて，

$$y'=f'(x)=\dfrac{dy}{dx}=\dfrac{d}{dx}f(x) \qquad \text{などと表したね。} \quad \leftarrow \boxed{\text{これを第 1 次導関数とも呼ぶ}}$$

そして，これがさらに微分可能なら，もう 1 回微分できて，

$$y''=f''(x)=\dfrac{d^2y}{dx^2}=\dfrac{d^2}{dx^2}f(x) \qquad \text{などと表せ，これを第 2 次導関数という。}$$

そして，これがさらに微分可能ならば，これを微分して，第 3 次導関数

$$y'''=f'''(x)=\dfrac{d^3y}{dx^3}=\dfrac{d^3}{dx^3}f(x) \quad \text{を求めることができる。}$$

一般に，**2** 次以上の導関数を "**高次導関数**" といい，$y = f(x)$ を n 回微分した第 n 次導関数は

$$y^{(n)} = f^{(n)}(x) = \frac{d^n y}{dx^n} = \frac{d^n}{dx^n} f(x)$$ などと表し，この n が $n \geqq 2$ のとき高次

> したがって，$y''' = f'''(x)$ は $y^{(3)} = f^{(3)}(x)$ と表しても同じことだ。これは " ´ " をたくさんつけるにはムリがあるので，このような表記法にしたんだろうね。

導関数と呼ぶんだね。大丈夫？ では，実際に高次導関数を求めてみよう。

$(ex1)$ $y = x^3$ の第 n 次導関数 $(n = 1, 2, 3, \cdots\cdots)$ を求めよう。

$y' = (x^3)' = 3x^2, \quad y'' = (3x^2)' = 6x, \quad y''' = (6x)' = 6,$

$y^{(4)} = (6)' = 0, \quad y^{(5)} = (0)' = 0, \cdots\cdots$

$\therefore y' = 3x^2, \ y'' = 6x, \ y''' = 6, \quad n \geqq 4$ のとき $y^{(n)} = 0$ となる。

$(ex2)$ $y = e^{-x}$ の第 n 次導関数 $(n = 1, 2, 3, \cdots\cdots)$ を求めよう。

$y' = (e^{-x})' = \underline{(-x)' \cdot e^{-x}} = -e^{-x} \quad y'' = (-e^{-x})' = -(e^{-x})' = e^{-x}$

> $-x = t$ とおいて，
> $\frac{de^{-x}}{dx} = \frac{dt}{dx} \cdot \frac{e^t}{dt} = (-1) \cdot e^t = -e^{-x}$ と合成関数の微分をした。

$y''' = (e^{-x})' = -e^{-x} \quad y^{(4)} = (-e^{-x})' = e^{-x}, \cdots\cdots$

$\therefore n = 1, 3, 5, \cdots\cdots$ の奇数のとき $\quad y^{(n)} = -e^{-x}$

$n = 2, 4, 6, \cdots\cdots$ の偶数のとき $\quad y^{(n)} = e^{-x}$ となる。

$(ex3)$ $y = \sin x$ の第 n 次導関数 $(n = 1, 2, 3, \cdots\cdots)$ を求めよう。

$y' = (\sin x)' = \cos x \qquad y'' = (\cos x)' = -\sin x$

$y''' = (-\sin x)' = -\cos x \qquad y^{(4)} = (-\cos x)' = \sin x$ ← 元に戻った！

$y^{(5)} = (\sin x)' = \cos x \qquad y^{(6)} = (\cos x)' = -\sin x, \cdots\cdots$

$\therefore n = 1, 5, 9, \cdots\cdots$ のとき $\quad y^{(n)} = \cos x$

$n = 2, 6, 10, \cdots\cdots$ のとき $\quad y^{(n)} = -\sin x$

$n = 3, 7, 11, \cdots\cdots$ のとき $\quad y^{(n)} = -\cos x$

$n = 4, 8, 12, \cdots\cdots$ のとき $\quad y^{(n)} = \sin x$ となる。

> $n = 1, 2, 3, 4$ で 1 つのサイクルができているので，後は，これが繰り返されるだけなんだね。

媒介変数表示された関数の導関数

アステロイド曲線 $\begin{cases} x = a\cos^3\theta \\ y = a\sin^3\theta \quad (a > 0) \end{cases}$ の導関数 y' を θ の関数

として表せ。また，$\theta = \dfrac{\pi}{4}$ のときの微分係数を求めよ。

ヒント! 媒介変数表示された関数の導関数 y' を求めたかったら，$\dfrac{dx}{d\theta}$ と $\dfrac{dy}{d\theta}$ を
それぞれ求めて，$\dfrac{dy}{d\theta}$ を $\dfrac{dx}{d\theta}$ で割ればいいんだね。大丈夫?

解答 & 解説

・まず，$x = a\cos^3\theta$ を θ で微分すると，

$$\frac{dx}{d\theta} = (a\cos^3\theta)' = a \cdot 3\cos^2\theta \cdot (\cos\theta)' = -3a\sin\theta \cdot \cos^2\theta \quad \cdots\cdots ①$$

$\cos\theta = t$ とおくと，$\dfrac{dx}{d\theta} = \dfrac{dx}{dt} \cdot \dfrac{dt}{d\theta} = a(t^3)' \cdot t' = a \cdot 3t^2 \cdot t'$ となる。

$\underbrace{\cos^2\theta}$　$\underbrace{(\cos\theta)'}$

合成関数の微分法だ!

・次に，$y = a\sin^3\theta$ を θ で微分すると，

$$\frac{dy}{d\theta} = (a\sin^3\theta)' = a \cdot 3\sin^2\theta \cdot (\sin\theta)' = 3a\sin^2\theta \cdot \cos\theta \quad \cdots\cdots ②$$

$\sin\theta = t$ とおくと，$\dfrac{dy}{d\theta} = \dfrac{dy}{dt} \cdot \dfrac{dt}{d\theta} = a(t^3)' \cdot t' = a \cdot 3t^2 \cdot t'$ となる。

$\underbrace{\sin^2\theta}$　$\underbrace{(\sin\theta)'}$

よって，求めるアステロイド曲線の導関数 y' は，①，②を用いて，

$$y' = \frac{dy}{dx} = \frac{\dfrac{dy}{d\theta}}{\dfrac{dx}{d\theta}} = \frac{3a\sin^2\theta\cos\theta}{-3a\cos^2\theta\sin\theta} = -\frac{\sin\theta}{\cos\theta} = -\tan\theta \quad \cdots\cdots\cdots（答）$$

$\therefore \theta = \dfrac{\pi}{4}$ のときの微分係数は，$y' = -\tan\dfrac{\pi}{4} = -1$ となる。 $\cdots\cdots$（答）

双曲線の導関数

双曲線 $\dfrac{x^2}{4} - \dfrac{y^2}{2} = 1$ ……① の導関数 y' を x と y で表せ。また、$x = \sqrt{6}, \ y = 1$ のときの微分係数を求めよ。

ヒント! $f(x, y) = k$ の形の関数の微分なので、①の両辺を x でそのままバッサリ微分すればいいんだね。頑張ろう!

解答&解説

双曲線 $\dfrac{x^2}{4} - \dfrac{y^2}{2} = 1$ ……① の両辺を x で微分すると、

$$\dfrac{1}{4}\underbrace{(x^2)'}_{(2x)} - \dfrac{1}{2}\underbrace{(y^2)'}_{\frac{d(y^2)}{dx} = \frac{dy}{dx} \cdot \frac{d(y^2)}{dy} = 2y \cdot \frac{dy}{dx}} = 0 \quad \text{より} \quad \dfrac{1}{4} \cdot 2x - \dfrac{1}{2} \cdot 2y \cdot \dfrac{dy}{dx} = 0$$

合成関数の微分の考え方だ。

$$y \cdot \dfrac{dy}{dx} = \dfrac{x}{2} \qquad \therefore \text{求める導関数 } y' \text{ は、}$$

$$y' = \dfrac{dy}{dx} = \dfrac{x}{2y} \ \text{……② となる。} \quad\text{…………………………………(答)}$$

$x = \sqrt{6}, \ y = 1$ のときの微分係数は、これらを②に代入して、

これらを、①に代入すると、$\dfrac{6}{4} - \dfrac{1}{2} = 1$ となって、みたすので、点 $(\sqrt{6}, \ 1)$ は双曲線①上の点なんだね。

$$y' = \dfrac{\sqrt{6}}{2 \cdot 1} = \dfrac{\sqrt{6}}{2} \ \text{となる。} \quad\text{…………………………………(答)}$$

関数 $y = -\dfrac{1}{x+1}$ の第1次から第4次までの導関数 $y', y'', y''', y^{(4)}$ を求めよ。また、$n = 1, 2, 3 \cdots$ のとき、第 n 次導関数 $y^{(n)}$ を求めよ。

解答は P220

§3. 微分法を, 接線と法線に利用しよう!

微分計算の練習も終わったので, いよいよ微分法を, "**接線**" や "**法線**", それに, "**2曲線の共接条件**" に応用することにするよ。さらに, "**平均値の定理**" による不等式の証明法についても解説するつもりだ。

● 接線と法線の公式をマスターしよう!

曲線 $y = f(x)$ 上の点 $(t, f(t))$ における**接線**の傾きは, $f'(t)$ だね。また, この点で, 接線と直交する直線を**法線**と呼び, これらの方程式は次の公式によって, 計算できるんだよ。

接線と法線の公式

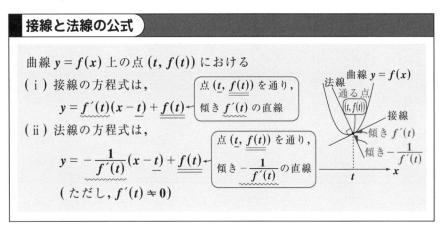

曲線 $y = f(x)$ 上の点 $(t, f(t))$ における

(i) 接線の方程式は,

$$y = f'(t)(x - t) + f(t)$$ ← 点 $(t, f(t))$ を通り, 傾き $f'(t)$ の直線

(ii) 法線の方程式は,

$$y = -\frac{1}{f'(t)}(x - t) + f(t)$$ ← 点 $(t, f(t))$ を通り, 傾き $-\frac{1}{f'(t)}$ の直線

(ただし, $f'(t) \neq 0$)

◆例題 12 ◆

曲線 $y = \log x$ 上の点 $(1, 0)$ における接線と法線の方程式を求めよ。

解答 曲線 $y = f(x) = \log x$ とおくと, $f'(x) = \frac{1}{x}$

曲線 $y = f(x)$ 上の点 $(1, 0)$ における

(i) 接線の方程式は, $y = f'(1)(x - 1) + f(1)$

$$y = \frac{1}{1} \cdot (x - 1) + 0 \quad \therefore y = x - 1 \cdots\cdots(答)$$

(ii) 法線の方程式は, $y = -\frac{1}{f'(1)}(x - 1) + f(1)$

$$y = -1 \cdot (x - 1) + 0 \quad \therefore y = -x + 1 \cdots(答)$$

● 2曲線の共接条件は，2つの式で決まる！

2つの曲線 $y = f(x)$ と $y = g(x)$ が，$x = t$ の点で接するための条件を下に示すよ。

> これを試験では，「2曲線 $y = f(x)$ と $y = g(x)$ が，$x = t$ で共有点をもち，かつその点において，共通の接線をもつ。」などのように表現することが多いよ。

2曲線の共接条件

2曲線 $y = f(x)$ と $y = g(x)$ が，

$x = t$ で接するための条件は，

$\begin{cases} (\text{i}) \ f(t) = g(t) & \leftarrow \boxed{x = t \text{ で共有点をもつ。}} \\ (\text{ii}) \ f'(t) = g'(t) & \end{cases}$

$\boxed{x = t \text{ で，共通接線をもつ。}}$

$y = f(x)$

共通接線

$\boxed{f(t) = g(t)}$ ── $y = g(x)$

傾き $\boxed{f'(t) = g'(t)}$

(ⅰ) $y = f(x)$ と $y = g(x)$ は，$x = t$ で共有点をもつので，

$\boxed{f(t) = g(t)}$ であり，(ⅱ) $x = t$ で共通接線をもつから，当然その傾きも等しいね。よって，$\boxed{f'(t) = g'(t)}$ となる。

◆例題 13 ◆

2曲線 $y = f(x) = a\sqrt{x}$ と $y = g(x) = e^x$ が接するように，定数 a の値を求めよ。

解答　$y = f(x) = ax^{\frac{1}{2}}$ より，$f'(x) = \dfrac{1}{2}ax^{-\frac{1}{2}} = \dfrac{a}{2\sqrt{x}}$

$y = g(x) = e^x$ より，$g'(x) = e^x$

よって，$y = f(x)$ と $y = g(x)$ が $x = t$ で接するとき，

$\begin{cases} a\sqrt{t} = e^t & \cdots\cdots\text{①} \leftarrow \boxed{f(t) = g(t) \text{ だ！}} \\ \dfrac{a}{2\sqrt{t}} = e^t & \cdots\cdots\text{②} \leftarrow \boxed{f'(t) = g'(t) \text{ だ！}} \end{cases}$

── 2曲線の共接条件

①÷②より，$2t = 1$ ∴ $t = \dfrac{1}{2}$

$\dfrac{a\sqrt{t}}{\dfrac{a}{2\sqrt{t}}} = \dfrac{e^t}{e^t}$

これを①に代入して，

$a = \dfrac{e^t}{\sqrt{t}} = \dfrac{e^{\frac{1}{2}}}{\sqrt{\dfrac{1}{2}}} = \sqrt{2} \cdot \sqrt{e} = \sqrt{2e}$ ‥‥‥(答)

$y = e^x$

$\sqrt{2e}$

$y = \boxed{a}\sqrt{x}$

t ⎴ $\dfrac{1}{2}$

129

● 媒介変数表示された曲線の接線も求めよう！

媒介変数表示された曲線 $\begin{cases} x = f(\theta) \\ y = g(\theta) \end{cases}$ $(\theta : 媒介変数)$ の, $\theta = \theta_1$ のときの

点 (x_1, y_1) における接線や法線の方程式は, この点における

$\underbrace{f(\theta_1)}\underbrace{g(\theta_1) のこと}$

微分係数 $\dfrac{dy}{dx} = \dfrac{g'(\theta_1)}{f'(\theta_1)}$

$\dfrac{dy}{d\theta} = g'(\theta)$ に θ_1 を代入したもの

$\dfrac{dx}{d\theta} = f'(\theta)$ に θ_1 を代入したもの

を用いて

$$\begin{cases} 接線の方程式 : y = \dfrac{g'(\theta_1)}{f'(\theta_1)}(x - x_1) + y_1 \\ 法線の方程式 : y = -\dfrac{f'(\theta_1)}{g'(\theta_1)}(x - x_1) + y_1 \end{cases}$$

となるんだね。

◆例題 14 ◆

サイクロイド曲線 $\begin{cases} x = a(\theta - \sin\theta) \\ y = a(1 - \cos\theta) \end{cases}$ $(a : 正の定数, \theta : 媒介変数)$

上の, $\theta = \dfrac{\pi}{2}$ のときの点における接線の方程式を求めよ。

解答 $\theta = \dfrac{\pi}{2}$ のときの点を点 $P(x_1, y_1)$ とおくと,

$x_1 = a\left(\dfrac{\pi}{2} - \sin\dfrac{\pi}{2}\right) = a\left(\dfrac{\pi}{2} - 1\right)$, $y_1 = a\left(1 - \cos\dfrac{\pi}{2}\right) = a$

また, $\dfrac{dx}{d\theta} = a(1 - \cos\theta)$, $\dfrac{dy}{d\theta} = a\sin\theta$ より, $\theta = \dfrac{\pi}{2}$ のときの点 P における

接線の傾き (微分係数) は,

$\dfrac{dy}{dx} = \dfrac{a\sin\theta}{a(1 - \cos\theta)} = \dfrac{\boxed{\sin\dfrac{\pi}{2}}^1}{1 - \boxed{\cos\dfrac{\pi}{2}}_0} = 1$ となる。

よって, 点 P における接線の方程式は,

$y = 1 \cdot \left\{x - a\left(\dfrac{\pi}{2} - 1\right)\right\} + a$ より, $y = x + a\left(2 - \dfrac{\pi}{2}\right)$ ·····················(答)

● $f(x, y) = k$ の形の関数の接線も求めよう！

この例として，図1に示すようなだ円

$\dfrac{x^2}{a^2} + \dfrac{y^2}{b^2} = 1$ ……① 上の点 $P(x_1, y_1)$

における接線の方程式が

$\dfrac{x_1 x}{a^2} + \dfrac{y_1 y}{b^2} = 1$ ……(*1)　となること

を示そう。

図1　だ円周上の点における接線

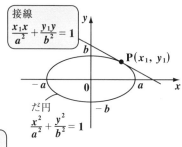

①の両辺を x で微分して，

$\dfrac{2x}{a^2} + \dfrac{2y}{b^2} \cdot \dfrac{dy}{dx} = 0$

$\dfrac{d(y^2)}{dx} = \dfrac{dy}{dx} \cdot \dfrac{d(y^2)}{\underset{\underbrace{}}{dy}}$
だからね $\underset{(2y)}{}$

よって，$\dfrac{dy}{dx} = -\dfrac{b^2}{a^2}\dfrac{x}{y}$ となる。この x, y にそれぞれ x_1, y_1 を代入したものが，

点 $P(x_1, y_1)$ における接線の傾きになる。よって，求める接線は点 $P(x_1, y_1)$

を通り，傾き $-\dfrac{b^2}{a^2}\dfrac{x_1}{y_1}$ の直線となるので，

$y = -\dfrac{b^2}{a^2} \cdot \dfrac{x_1}{y_1}(x - x_1) + y_1$ ……②

これをまとめると，

$\dfrac{x_1 x}{a^2} + \dfrac{y_1 y}{b^2} = 1$ ……(*) となるんだね。

②の両辺に $a^2 y_1$ をかけて，
$a^2 y_1 y = -b^2 x_1(x - x_1) + a^2 y_1^2$
$b^2 x_1 x + a^2 y_1 y = b^2 x_1^2 + a^2 y_1^2$
両辺を $a^2 b^2$ で割って，
$\dfrac{x_1 x}{a^2} + \dfrac{y_1 y}{b^2} = \dfrac{x_1^2}{a^2} + \dfrac{y_1^2}{b^2}$ ①

$P(x_1, y_1)$ は①
上の点より
$\dfrac{x_1^2}{a^2} + \dfrac{y_1^2}{b^2} = 1$ だ

よって，例題11(P124)のだ円 $\dfrac{x^2}{4} + \dfrac{y^2}{2} = 1$

上の点 $(\sqrt{2}, 1)$ における接線の式は

$\dfrac{\sqrt{2}}{4}x + \dfrac{1}{2}y = 1$ とスグに求まる !!

同様に，双曲線 $\dfrac{x^2}{a^2} - \dfrac{y^2}{b^2} = \pm 1$ 上の点 (x_1, y_1) における接線の方程式は

$\dfrac{x_1 x}{a^2} - \dfrac{y_1 y}{b^2} = \pm 1$ となること，また放物線 $y^2 = 4px$ 上の点における接線の方

程式は $y_1 y = 2p(x + x_1)$ となることも，覚えておこう。

● 平均値の定理を使って不等式を証明しよう！

まず，"平均値の定理"を下に示そう。

平均値の定理

関数 $f(x)$ が，区間 $[a, b]$ で連続で，区間 (a, b) で微分可能であるとき

$$\underbrace{a \leqq x \leqq b}$$ $$\underbrace{a < x < b}$$

$$\frac{f(b) - f(a)}{b - a} = f'(c) \cdots\cdots (a < c < b)$$

をみたす c が少なくとも 1 つ存在する。

図 2 のように，$a \leqq x \leqq b$ で定義された連続で，滑らかな（微分可能な）関数 $y = f(x)$ 上の両端点を
$A(a, f(a))$，$B(b, f(b))$ とおくと，
直線 AB の傾きは，

> これは，平均変化率のことだ。

$$\frac{f(b) - f(a)}{b - a}$$ となるね。

図2 平均値の定理

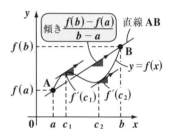

すると，$y = f(x)$ は，$a < x < b$ で
連続かつ滑らかな曲線なので，直線 AB の傾きと同じ傾きをもつ接線の接点が，この区間の曲線上に必ず 1 つは存在するはずだ。

したがって，この接点の x 座標を c とおくと，

$$\frac{f(b) - f(a)}{b - a} = f'(c)$$ をみたす c が，a と b の間に少なくとも 1 つは存在することになる。図 2 では，c_1 と c_2 の 2 つが存在する様子を示したんだね。図 2 をよく見て理解しよう。

この平均値の定理は，様々な不等式の証明に利用できる。証明したい不等式の中に $\dfrac{f(b) - f(a)}{b - a}$ の形が見つかったら，平均値の定理が使えると思っていいよ。これが，鍵なんだね。

◆例題 15 ◆

$b > 1$ のとき，不等式 $1 - \dfrac{1}{b} < \log b < b - 1$ ……($*$) が成り立つことを，平均値の定理を用いて示せ。

解答　$\dfrac{b-1}{b} < \log b < b - 1$ ……($*$) $(b > 1)$ について，

$b - 1 > 0$ より，($*$) の各辺を $b - 1$ で割ると，

$\dfrac{1}{b} < \dfrac{\log b}{b-1} < 1$ ……($*$)$'$ となるので，($*$)$'$ が成り立つことを示せばよい。

> $\log 1 = 0$ より，$\dfrac{\log b}{b-1} = \dfrac{\log b - \log 1}{b - 1}$ よって，$f(x) = \log x$ とおくと
>
> $\dfrac{f(b) - f(1)}{b - 1}$ となって，平均変化率の式が出てくる。さァ，平均値の定理を使おう！

ここで，$f(x) = \log x$ とおくと，$f'(x) = (\log x)' = \dfrac{1}{x}$ となる。

よって，平均値の定理を用いると，

$\dfrac{f(b) - f(1)}{b - 1} = \dfrac{\log b - \overbrace{\boxed{\log 1}}^{0}}{b - 1} = \dfrac{\log b}{b - 1} = \dfrac{1}{c}$　$(= f'(c))$ より

$\dfrac{\log b}{b - 1} = \dfrac{1}{c}$ ……①　$(1 < c < b)$ をみたす c が，必ず存在する。

ここで，$1 < c < b$ より，各辺の逆数をとると，

$\dfrac{1}{b} < \dfrac{1}{c} < 1$ ……②となる。

②に①を代入して，

$\dfrac{1}{b} < \dfrac{\log b}{b - 1} < 1$ ……($*$)$'$

すなわち，$\dfrac{b - 1}{b} < \log b < b - 1$ ……($*$) が成り立つことが示せた。……(終)

これで，平均値の定理の使い方もマスターできたね。大丈夫だった？

絶対暗記問題 43	難易度 ★	CHECK1	CHECK2	CHECK3

曲線 $y = \dfrac{e^x}{x}$ に，原点から引いた接線の方程式を求めよ。

ヒント！ 曲線 $y = f(x)$ に，曲線外の点 (a, b) から引いた接線の方程式は，次の手順で求める。

(ⅰ) $y = f(x)$ 上の点 $(t, f(t))$ における接線の方程式①を立てる。

(ⅱ) これが，曲線外の点 (a, b) を通ることから，この座標を①の x, y に代入して，t の値を求め，この t の値を①に代入して，接線の方程式を決定する。

解答＆解説

$y = f(x) = \dfrac{e^x}{x}$ とおくと，

公式 : $\left(\dfrac{分子}{分母} \right)' = \dfrac{(分子)' \cdot 分母 - 分子 \cdot (分母)'}{(分母)^2}$ を使った

$$f'(x) = \frac{\overbrace{(e^x)'}^{e^x} x - e^x \cdot \overbrace{(x')}^{1}}{x^2} = \frac{x \cdot e^x - e^x}{x^2} = \frac{e^x(x-1)}{x^2}$$

(ⅰ) $y = f(x)$ 上の点 $(t, f(t))$ における接線の方程式は，

$$y = \frac{e^t(t-1)}{t^2}(x - t) + \frac{e^t}{t}$$

接線の公式 :
$y = f'(t)(x - t) + f(t)$
を使った！

$$y = \frac{e^t(t-1)}{t^2}x - e^t + \frac{2e^t}{t} \quad \cdots\cdots①$$

(ⅱ) ①は，曲線 $y = f(x)$ 外の原点 $(0, 0)$ を通るので，この座標を①に代入して，

$$0 = \frac{e^t(t-1)}{t^2} \cdot 0 - e^t + \frac{2e^t}{t}, \quad e^t \left(\frac{2}{t} - 1 \right) = 0$$

$$\frac{2}{t} = 1 \quad \therefore t = 2 \quad \cdots\cdots②$$

②を①に代入して，求める接線の方程式は，

$$y = \frac{e^2(2-1)}{2^2}x - e^2 + \frac{2 \cdot e^2}{2}$$

$$\therefore y = \frac{e^2}{4}x \quad \cdots\cdots\cdots\cdots(答)$$

$y = f(x)$ 接線
$(t, f(t))$

(ⅰ) 点 $(t, f(t))$ における接線①を作る。

(ⅱ) ①が曲線外の点 $(0, 0)$ を通る。

ここで，
・$e ≒ 2.7$
・$e^2 ≒ 7$
・$e^3 ≒ 20$ であることを覚えておくといいよ。

媒介変数表示された曲線の接線の方程式

絶対暗記問題 44　　難易度 ★★　　CHECK1　CHECK2　CHECK3

媒介変数表示された曲線 $x = 2\cos\theta,\ y = \sin 2\theta\ (0 \leqq \theta \leqq \pi)$ 上の $\theta = \dfrac{\pi}{3}$

のときの点における接線の方程式を求めよ。

ヒント！　媒介変数表示された曲線上の点における接線も $y = f(x)$ 型のものと同様に，通る点 (x_1, y_1) と傾きを押さえればいいんだね。接線の傾きは，絶対暗記問題 **41** でやった要領で求めればいいよ。

解答＆解説

$u = 2\theta$ とおいて，$\dfrac{dy}{du} \cdot \dfrac{du}{d\theta}$

$x = 2\cos\theta,\ y = \sin 2\theta\ (0 \leqq \theta \leqq \pi)$

$\dfrac{dx}{d\theta} = 2 \cdot (-\sin\theta) = \boxed{-2\sin\theta},\ \dfrac{dy}{d\theta} = (\cos 2\theta) \times \underline{2} = \boxed{2\cos 2\theta}$

以上より，$\theta = \dfrac{\pi}{3}$ のとき，

$x = 2 \cdot \cos\dfrac{\pi}{3} = 2 \cdot \dfrac{1}{2} = 1,\quad y = \sin 2 \cdot \dfrac{\pi}{3} = \sin\dfrac{2\pi}{3} = \dfrac{\sqrt{3}}{2}$

これから，通る点 $\left(1, \dfrac{\sqrt{3}}{2}\right)$ だ！

$\dfrac{dy}{dx} = \dfrac{\boxed{\dfrac{dy}{d\theta}}}{\boxed{\dfrac{dx}{d\theta}}} = \dfrac{\boxed{2\cos 2\theta}}{\boxed{-2\sin\theta}} = -\dfrac{\cos\dfrac{2}{3}\pi}{\sin\dfrac{\pi}{3}} = -\dfrac{-\dfrac{1}{2}}{\dfrac{\sqrt{3}}{2}} = \dfrac{1}{\sqrt{3}} = \dfrac{\sqrt{3}}{3}$

これから傾き $\dfrac{\sqrt{3}}{3}$ がわかった！

これは公式

よって，この曲線上の $\theta = \dfrac{\pi}{3}$ のときの点 $\left(\underline{1}, \dfrac{\sqrt{3}}{2}\right)$ における接線の方程式は，

$y = \dfrac{\sqrt{3}}{3}(x - \underline{1}) + \dfrac{\sqrt{3}}{2} \qquad \therefore y = \dfrac{\sqrt{3}}{3}x + \dfrac{\sqrt{3}}{6}$ ....(答)

頻出問題にトライ・15　　難易度 ★★　　CHECK1　CHECK2　CHECK3

2 つの曲線 $y = e^x$ と $y = \sqrt{x + a}$ はともにある点 P を通り，しかも点 P において共通の接線をもつ。このとき，a の値と接線の方程式を求めよ。

（香川大）

解答は **P220**

§4. 複雑な関数のグラフの概形も直感的につかめる！

　それでは，"微分法"のさらに本格的な応用に入ろう。微分法は，導関数の符号から関数の増減を押さえることが出来るので，グラフの概形をとらえる良い手段になるんだよ。でも，ここでは，さらに関数の極限の知識を活かして，グラフの概形を直感的にとらえる練習も行うつもりだ。

● 関数の増減は，導関数の符号からわかる！

　関数 $y = f(x)$ の導関数 $f'(x)$ は，曲線 $y = f(x)$ の接線の傾きを表すわけだから，
(ⅰ) $f'(x) > 0$ のとき，$f(x)$ は増加し，
(ⅱ) $f'(x) < 0$ のとき，$f(x)$ は減少する。
図5に，この例を示しておいたので，よくわかるはずだ。また，$f'(x) = 0$ のとき，$y = f(x)$ は，**極大値**(山の値)や**極小値**(谷の値)をとる可能性があることもわかるね。

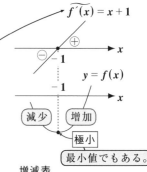

図5 $f'(x)$ の符号と $f(x)$ の増減

◆例題16◆

曲線 $y = x \cdot e^x$ の極値を求めよ。　　極大値と極小値の総称

解答　$y = f(x) = x \cdot e^x$ とおくと，

$$f'(x) = 1 \cdot e^x + x \cdot e^x = (\underline{(x+1)}) \cdot \underline{e^x}$$

$f'(x)$ は符号にしか興味がないので，常に⊕である e^x は無視して，⊕⊖に関係する本質的な部分 $x+1$ を，$\widetilde{f'(x)} = x + 1$ とでもおいて，この符号を調べる！

$f'(x) = 0$ のとき，$x + 1 = 0$ ∴ $x = -1$
よって，右の増減表より，$y = f(x)$ は
$x = -1$ で極小値をとり，

極小値 $f(-1) = -1 \cdot e^{-1} = -\dfrac{1}{e}$ ……(答)

$\widetilde{f'(x)} = x + 1$

$y = f(x)$

減少　増加

極小

最小値でもある。

増減表

x		-1	
$f'(x)$	$-$	0	$+$
$f(x)$	↘	極小	↗

答案には，上の $\widetilde{f'(x)}$ のグラフを利用して，この増減表を書くんだよ。

136

● 関数の極限の知識を押さえよう！

例題 **16** の関数 $y = f(x) = x \cdot e^x$ は，$x = -1$ で，極小値をとると同時に最小値をとることも大丈夫だね。

ここでは，次の関数の極限の知識を使うことによって，この $y = f(x)$ のグラフの概形をもっと正確につかむ方法を詳しく示そう。

関数の極限の知識

(1) $\lim\limits_{x \to \infty} \dfrac{x^\alpha}{e^x} = 0$， $\quad \lim\limits_{x \to \infty} \dfrac{e^x}{x^\alpha} = \infty$

中位の∞ / 強い∞ / 強い∞ / 中位の∞

(2) $\lim\limits_{x \to \infty} \dfrac{\log x}{x^\alpha} = 0$，$\quad \lim\limits_{x \to \infty} \dfrac{x^\alpha}{\log x} = \infty$

弱い∞ / 中位の∞ / 中位の∞ / 弱い∞

これらはみんな，$\frac{\infty}{\infty}$ の不定形だけれど，このように収束，発散が決まってしまう！

(α：正の定数)

$y = e^x$, $y = x^\alpha$, $y = \log x$ とおくと，$x \to \infty$ のとき，すべて ＋∞ に発散する。でも，図 **6** に示すように，$x \to \infty$ にすると，

(i) $\log x$ はなかなか大きくならず，いわば赤ちゃんのように弱い∞なんだね。

(ii) $x^\alpha\,(\alpha > 0)$ の方は，x が大きくなるにつれて着実に大きくなる中位の∞だ。

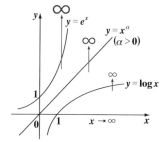

図 6　強い∞，弱い∞

(iii) これらに対して，e^x は，少しでも x が大きくなると，急激にその値を大きくしていく，肉食恐竜 (?) のように超々強力な∞なんだね。

以上 (i)(ii)(iii) から，上の関数の極限の公式が成り立つのがわかったはずだ。ここで，$x^\alpha\,(\alpha > 0)$ について，……，$x^{\frac{1}{3}}$, $x^{\frac{1}{2}}$, x^1, x^2, x^3, ……

弱い∞　　　　　　　　　　　強い∞

と，この α の値によって x^α の∞の強弱も変わるけれど，α がどんなに大きくなっても，e^x よりは弱く，また α がどんなに 0 に近い小さな数になっても，$\log x$ よりは強い∞なんだよ。このことも，頭に入れておくといい。

それでは，準備が整ったので，いよいよ $y = f(x) = x \cdot e^x$ のグラフの概形を，より正確に描いてみることにしよう。

まず, 関数 $y = f(x) = \underbrace{x}_{y} \cdot \underbrace{e^x}_{y}$ を分解して, 2 つの関数 $y = x$, $y = e^x$ とおくと, この 2 つの関数の y 座標同士の積が, $y = f(x)$ の y 座標になるんだね。

（Ⅰ）（ⅰ）$x = 0$ のとき, $y = f(0) = 0 \cdot e^0 = 0$

$\therefore$ $y = f(x)$ は原点を通る。

図 7　$y = f(x) = x \cdot e^x$ のグラフの描き方

（Ⅰ）

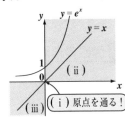

（ⅱ）$x > 0$ のとき,
$$y = f(x) = \overset{\oplus}{x} \cdot \overset{\oplus}{e^x} > 0$$

（ⅲ）$x < 0$ のとき,
$$y = f(x) = \overset{\ominus}{x} \cdot \overset{\oplus}{e^x} < 0$$

（Ⅱ）次, $x \to \infty$ のときの極限は,

$$\lim_{x \to \infty} f(x) = \lim_{x \to \infty} \underset{\text{中位の}\infty}{x} \cdot \underset{\text{強い}\infty}{e^x} = \infty$$

（Ⅱ）

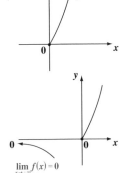

（Ⅲ）$x \to -\infty$ のときの極限は, 次の計算テクが
要るよ。

$$\lim_{x \to -\infty} f(x) = \lim_{x \to -\infty} \underset{-\infty}{x} \cdot e^x \quad について,$$

$$e^{-\infty} = \frac{1}{e^\infty} = 0$$

$-\infty \times 0$ の不定形！

$x = -t$ とおくと, $[t = -x]$

$x \to -\infty$ のとき, $t \to \infty$ より,

$$\lim_{x \to -\infty} f(x) = \lim_{t \to \infty} \overset{x}{(-t)} \cdot \overset{x}{e^{-t}}$$

$$= \lim_{t \to \infty} \left(-\frac{t}{e^t} \right) = 0$$

$\dfrac{\text{中位の}\infty}{\text{強い}\infty}$ だ

（Ⅲ）

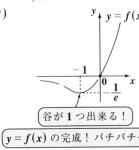

$$\lim_{x \to -\infty} f(x) = 0$$

（Ⅳ）

$y = f(x)$

谷が 1 つ出来る！

$y = f(x)$ の完成！パチパチ‥

（Ⅳ）あいている部分はニョロニョロする程複雑じゃないのは明らかだから, 谷が 1 つ出来るのがわかるね。←これって, 結構いい加減？

ここで, $y = f(x)$ を微分して, $x = -1$ で極小値 $-\dfrac{1}{e}$ をもつこともわかっているので, これをグラフに書き込めば, 完成ってことになるんだ！

138

● $y = \dfrac{\log x}{x^2}$ のグラフにも挑戦だ！

一般に複雑な関数は，2 つの関数の積か，または和の形になっているものが多いんだよ。今回扱う関数 $y = g(x) = \dfrac{\log x}{x^2}$ も，$y = g(x) = \dfrac{1}{x^2} \cdot \log x$ と見ると，2 つの関数 $y = \dfrac{1}{x^2}$ と $y = \log x$ の積になっているんだね。

(I) $y = g(x)$ は，$\underline{x > 0}$（真数条件）で定義される。

  (i) $x = 1$ のとき，$y = g(1) = \dfrac{\log 1}{1^2} = 0$

    ∴ $g(x)$ は，点 $(1, 0)$ を通る。

  (ii) $0 < x < 1$ のとき，

$$y = g(x) = \overset{\oplus}{\boxed{\dfrac{1}{x^2}}} \cdot \overset{\ominus}{\boxed{\log x}} < 0$$

  (iii) $1 < x$ のとき，

$$y = g(x) = \overset{\oplus}{\boxed{\dfrac{1}{x^2}}} \cdot \overset{\oplus}{\boxed{\log x}} > 0$$

(II) $x \to +0$ のときの極限は，

$$\lim_{x \to +0} g(x) = \lim_{x \to +0} \dfrac{\overset{-\infty}{\boxed{\log x}}}{\underset{+0}{\boxed{x^2}}} = -\infty$$

(III) $x \to \infty$ のときのは，

$$\lim_{x \to \infty} g(x) = \lim_{x \to \infty} \dfrac{\log x}{x^2} = 0$$

弱い∞
中位の∞

(IV) 今回は，あいているところに，一山できて，

$y = g(x)$ のグラフの概形が完成するはずだね。

図 8 $y = g(x) = \dfrac{\log x}{x^2}$ のグラフの描き方

(I)
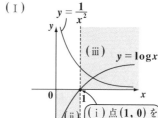
$y = \dfrac{1}{x^2}$
$y = \log x$
(iii)
(ii)
(i) 点 $(1, 0)$ を通る！

(II)
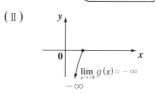
$\lim_{x \to +0} g(x) = -\infty$
$-\infty$

(III)
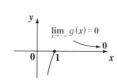
$\lim_{x \to +\infty} g(x) = 0$
0

(IV)
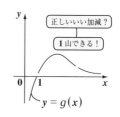
正しいいい加減？
1 山できる！
$y = g(x)$

どう？ 2 つの簡単な関数の積の形の関数のグラフの描き方にも慣れた？それでは，次，2 つの簡単な関数の和の形の関数のグラフの描き方についても教えよう。

● $y = x + \dfrac{1}{x}$ のグラフも，楽に描ける！

次，2つの関数の和の形の関数 $y = h(x) = x + \dfrac{1}{x} \ (x \neq 0)$ について，グラフの描き方を教えるよ。$y = h(x)$ は，2つの関数 $y = x$ と $y = \dfrac{1}{x}$ に分解できるね。そして，この2つの関数の y 座標同士の和が，$y = h(x)$ の y 座標になるんだね。

図9に示すように，$y = x$ と $y = \dfrac{1}{x} \ (x \neq 0)$ のグラフを描き，$x = 1$ など，x の値に対応するそれぞれの y 座標の和をとると，$y = h(x)$ のグラフの概形が出来上がっていくのがわかるはずだ。

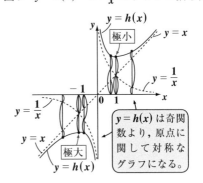

図9 $y = h(x) = x + \dfrac{1}{x}$ のグラフの描き方

このように，微分して，増減などを調べる前に，既にグラフの概形がわかってしまうんだよ。面白かっただろう？

ここで，この $y = h(x)$ は，さらに面白い性質を持っている。$h(x)$ の x に $-x$ を代入すると，

$$\underwave{h(-x)} = -x + \dfrac{1}{-x} = -x - \dfrac{1}{x} = -\left(x + \dfrac{1}{x}\right) = \underwave{-h(x)}$$ となるね。

このように，$h(-x) = -h(x)$ となる関数は，**奇関数**と呼ばれ，原点に関して対称なグラフになるんだよ。

〔原点のまわりに，180°回転しても，同じ形のグラフになる！〕

同様に，$y = f(x)$ が $f(-x) = f(x)$ となるときは，これを**偶関数**と呼び，y 軸に関して対称なグラフになる。以上を公式としてまとめておくよ。

〔y 軸に関して左右対称なグラフになる！〕

偶関数と奇関数

（Ⅰ）偶関数：$y = f(x)$

　　定義：$f(-x) = f(x)$, このとき $y = f(x)$ は, y 軸に関して対称なグラフ

　　(例) $y = x^2 + 1$, $y = \cos x$, $\underline{y = x \cdot \sin x}$ など,

$$\boxed{(\because) -x \cdot \sin(-x) = -x \cdot (-\sin x) = x \cdot \sin x}$$

（Ⅱ）奇関数：$y = f(x)$

　　定義：$f(-x) = -f(x)$, このとき $y = f(x)$ は, 原点に関して対称なグラフ

　　(例) $y = x^3 + 2x$, $y = \sin x$, $\underline{y = x \cdot e^{-x^2}}$

$$\boxed{(\because) -x \cdot e^{-(-x)^2} = -x \cdot e^{-x^2}}$$

　このように, $y = f(x)$ が偶関数か奇関数のとき, $x \geq 0$ についてのみ調べれば, $x < 0$ のときは, その対称性から自動的にわかる。

● $f''(x)$ の符号で, 凹凸がわかる!

　$y = f(x)$ を, x で 1 回微分した導関数 $f'(x)$ の符号によって, 曲線 $y = f(x)$ の増加・減少がわかったんだね。これをさらに微分した第 2 次導関数 $f''(x)$ の符号により, 次のように $y = f(x)$ の凹凸までわかるんだよ。

$f''(x)$ の符号と凹凸

（ⅰ）$f''(x) > 0$ のとき,

　　$y = f(x)$ は下に凸になる。

（ⅱ）$f''(x) < 0$ のとき,

　　$y = f(x)$ は上に凸になる。

（ⅲ）$f''(x) = 0$ のとき,

　　$y = f(x)$ は**変曲点**をもつ可能性がある。

上にボコから, 下にペコのように, 曲がり方の変わる点

変曲点 $y = f(x)$

（ⅱ）$f''(x) < 0$　（ⅰ）$f''(x) > 0$
上に凸　　　下に凸

　問題で, "$y = f(x)$ の凹凸を調べよ" とか, "変曲点を求めよ" ときたら, 第 2 次導関数 $f''(x)$ まで求めて, その $\oplus \ominus$ を調べる必要があるんだよ。

$y = \dfrac{\log x}{x^2}$ $(x > 0)$ の増減・極値を調べて，そのグラフの概形を描け。

ただし，$\displaystyle\lim_{x \to \infty} \dfrac{\log x}{x^2} = 0$ を用いてもよい。

ヒント！ この曲線のグラフの概形については，講義の解説 (P139) で直感的に わかっているから，後は，$f'(x)$ を求めて，増減・極値を求めればいいね。

解答＆解説

$y = g(x) = \dfrac{\log x}{x^2}$ $(x > 0)$ とおくと，

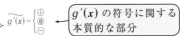

$g'(x)$ の符号に関する 本質的な部分

$g'(x) = \dfrac{\dfrac{1}{x} \cdot x^2 - (\log x) \cdot 2x}{x^4} = \dfrac{\boxed{1 - 2\log x}}{\boxed{x^3}_{\oplus}}$

$\widetilde{g'(x)} = \begin{cases} \oplus \\ \textcircled{0} \\ \ominus \end{cases}$

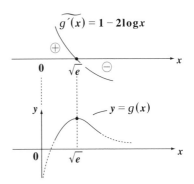

$\widetilde{g'(x)} = 1 - 2\log x$

$g'(x) = 0$ のとき，$1 - 2\log x = 0$

$\log x = \dfrac{1}{2}$ 　∴ $x = e^{\frac{1}{2}} = \sqrt{e}$

$x = \sqrt{e}$ で，　　$\log e^{\frac{1}{2}} = \dfrac{1}{2}$

極大値 $g(\sqrt{e}) = \dfrac{\boxed{\log\sqrt{e}}}{(\sqrt{e})^2} = \dfrac{1}{2e}$

また，

$\dfrac{1}{+0} = \infty$ 　　$- \infty$

$\displaystyle\lim_{x \to +0} g(x) = \lim_{x \to +0} \boxed{\dfrac{1}{x^2}} \cdot \boxed{\log x} = -\infty$

$\displaystyle\lim_{x \to \infty} g(x) = \lim_{x \to \infty} \dfrac{\log x}{x^2} = 0$

弱い ∞ 中位の ∞ → 0

増減表 $(0 < x)$

x	0		$\sqrt{e}$	
$g'(x)$		$+$	0	$-$
$g(x)$		↗	極大	↘

以上より，求める $y = g(x)$ の グラフの概形を右に示す。…(答)

P139 で予想した通 りの結果だね！

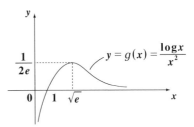

$\dfrac{1}{2e}$ 　　$y = g(x) = \dfrac{\log x}{x^2}$

グラフの概形 (Ⅱ)

絶対暗記問題 46	難易度 ★☆	CHECK1	CHECK2	CHECK3

$y = x + \dfrac{1}{x}$ $(x \neq 0)$ の増減・極値を調べ，そのグラフの概形を描け。

ヒント！ この曲線のグラフの概形も，既に解説 **(P140)** しているから，後は，$f'(x)$ を求めて，増減を調べ，曲線を描くんだね。

解答＆解説

$y = h(x) = x + \dfrac{1}{x} = x + x^{-1}$ $(x \neq 0)$ とおくと，

$h(-x) = -x + \dfrac{1}{-x} = -\left(x + \dfrac{1}{x}\right) = -h(x)$ ← 奇関数の定義だ！

∴ $y = h(x)$ は奇関数より，原点に関して対称なグラフになる。

よって，まず，$x > 0$ についてのみ調べる。

$h'(x) = 1 - x^{-2} = 1 - \dfrac{1}{x^2} = \dfrac{x^2 - 1}{x^2} = \dfrac{(x+1) \cdot (x-1)}{x^2}$

これが $h'(x)$ の符号に関する本質的な部分だ！

$\widetilde{h'(x)} = \begin{cases} \oplus \\ \textcircled{0} \\ \ominus \end{cases}$

$\oplus$ ($\because x > 0$)

$h'(x) = 0$ のとき，

$x - 1 = 0$

$\therefore x = 1$

増減表 $(0 < x)$

x	0		1	
$h'(x)$		$-$	0	$+$
$h(x)$		↘	極小	↗

$\widetilde{h'(x)} = x - 1$

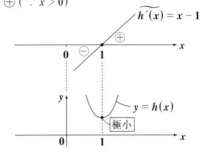

$x = 1$ で，極小値 $h(1) = 1 + \dfrac{1}{1} = 2$

$\lim_{x \to \infty} h(x) = \lim_{x \to \infty}\left(x + \dfrac{1}{x}\right) = \infty$

$x > 0$ のとき，相加・相乗平均の式より，$x + \dfrac{1}{x} \geq 2\sqrt{x \cdot \dfrac{1}{x}} = 2$ の $\boxed{2}$ がここで出てきているんだよ。

$\lim_{x \to +0} h(x) = \lim_{x \to +0}\left(x + \dfrac{1}{x}\right) = \infty$

以上より，$y = h(x)$ の奇関数の性質も考えて，そのグラフを右に示す。……(答)

$x > 0$ のときの最小値

グラフの増減・凹凸と概形

絶対暗記問題 47　　難易度 ★☆☆　　　CHECK1　　CHECK2　　CHECK3

関数 $y = \log(x^2 + 1)$ について, 次の問いに答えよ。

(1) 増減, 凹凸を調べ, そのグラフの概形を描け。

(2) 最小値と, そのときの x の値を求めよ。

ヒント!　与えられた関数を $y = f(x) = \log(x^2 + 1)$ とおくと, $f(-x) = \log\{(-x)^2 + 1\} = \log(x^2 + 1) = f(x)$ となって, $y = f(x)$ は偶関数だね。よって, y 軸に関して対称なグラフになる。

また, $f(0) = \log 1 = 0$ より, 原点を通り, x が正の値をとって増加するとき, $x^2 + 1$ は増加するから, $y = f(x)$ は, $x > 0$ のとき単調に増加する。以上より, $y = f(x)$ のグラフの大体のイメージは右のようになる。

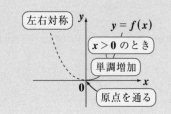

左右対称　$y = f(x)$　$x > 0$ のとき　単調増加　原点を通る

解答 & 解説

(1) $y = f(x) = \log(x^2 + 1)$ とおくと,

$\underline{f(-x) = \log\{(-x)^2 + 1\} = \log(x^2 + 1) = f(x)}$ ← 偶関数の定義: $f(-x) = f(x)$ だ

∴ $y = f(x)$ は, 偶関数より, y 軸に関して対称なグラフになる。

よって, まず, $x \geqq 0$ についてのみ調べる。

$$f'(x) = \frac{2\boxed{x}}{x^2 + 1}$$

公式 $(\log f)' = \dfrac{f'}{f}$ を使った!

さらに微分して,

$\left(\dfrac{分子}{分母}\right)' = \dfrac{(分子)' \cdot 分母 - 分子 \cdot (分母)'}{(分母)^2}$ を使った

$$f''(x) = 2 \cdot \frac{1(x^2 + 1) - x \cdot 2x}{(x^2 + 1)^2}$$

$$= \frac{2(1 - x^2)}{(x^2 + 1)^2} = \frac{2(1 + x)(1 - x)}{(x^2 + 1)^2} \qquad (x \geqq 0)$$

$x \geqq 0$ において，

$f'(x) = 0$ のとき，$x = 0$

$x > 0$ のとき，$f'(x) > 0$ となって，

$f(x)$ は単調に増加する。

また，$f''(x) = 0$ のとき，$1 - x = 0$

より，$x = 1$ ← 変曲点の x 座標

$f(0) = \log(0^2 + 1) = \log 1 = 0$

$f(1) = \log(1^2 + 1) = \log 2$ 極小値

よって，変曲点 $(1, \log 2)$

$y = f(x)$ が，偶関数 (y 軸に関して対称なグラフ) であることも考慮に入れて，$y = f(x)$ のグラフを右下に示す。……………………(答)

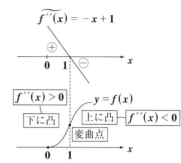

増減・凹凸表 $(0 \leqq x)$

x	0		1	
$f'(x)$	0	$+$	$+$	$+$
$f''(x)$		$+$	0	$-$
$f(x)$	0	↗	$\log 2$	↗

(2) 以上より，$y = f(x) = \log(x^2 + 1)$ は，$x = 0$ のとき，

最小値 $f(0) = 0$ をとる。……(答)

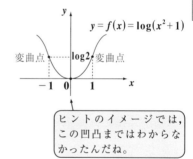

ヒントのイメージでは，この凹凸まではわからなかったんだね。

頻出問題にトライ・16   難易度   CHECK1   CHECK2   CHECK3

3 点 A, B, C は半径 1 の円周上にあり，$AB = AC$ とする。

(1) 三角形 ABC の面積を $\angle BAC = \theta$ の関数として表せ。

(2) (1) で得られた関数の最大値を求めよ。

(東京都市大)

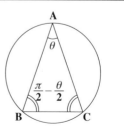

解答は P221

§5. 微分法は方程式・不等式にも応用できる！

前回，微分法により，曲線のグラフの概形をかなり正確に押さえることが出来た。今回は，この発展として，方程式や不等式の応用についても解説しよう。微分法の応用力に磨きがかかるはずだ。

● 極大・極小と最大・最小を区別しよう！

区間 $a \leqq x \leqq b$ における関数 $y = f(x)$ の最大値・最小値とは，この区間内における最大の y 座標と，最小の y 座標のことなんだね。だから，極大値 (山の値)，極小値 (谷の値) と一致するとは限らない。

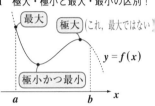
図1 極大・極小と最大・最小の区別！

その様子を図1に示しておいた。ここでは，極小値と最小値は一致しているけれど，極大値と最大値は別になっている。大丈夫だね。

● 不等式の証明は，差関数で考えよう！

$a \leqq x \leqq b$ の範囲において，不等式 $f(x) \geqq g(x)$ が成り立つことを示したかったら，その差関数 $y = h(x) = f(x) - g(x)$ をとって，グラフで考えればいいんだよ。

不等式の証明パターン

$a \leqq x \leqq b$ のとき，$f(x) \geqq g(x) \cdots (*)$ が成り立つことを示すには，差関数 $y = h(x) = f(x) - g(x)$ をとって，$a \leqq x \leqq b$ の範囲で，この最小値でさえ 0 以上であることを示せばいい。

差関数
$y = h(x)$

最小値 $\geqq 0$

これから，$a \leqq x \leqq b$ において，$h(x) = \boxed{f(x) - g(x) \geqq 0}$ ∴ $f(x) \geqq g(x)$ と言えるんだ！

$h(x)$ が単調増加で，かつ $h(a) = 0$ など，様々なパターンがあるけれど，要は，$a \leqq x \leqq b$ で，$h(x) \geqq 0$ を示せばいいんだよ。

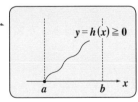
$y = h(x) \geqq 0$

● 方程式では，文字定数を分離しよう！

一般に，方程式 $f(x) = 0$ が与えられたとき，これを分解して，$y = f(x)$，$y = 0$ [x 軸] とおくと，この方程式の実数解は，図 2 のように，$y = f(x)$ のグラフと x 軸との共有点の x 座標になるんだね。だから，実数解の個数は，$y = f(x)$ のグラフの概形から，ヴィジュアルに求めることができる。

図 2　実数解の個数はグラフでわかる

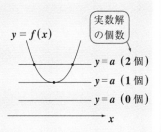

$y = f(x)$

α　β　x

$f(x) = 0$ の実数解

さらに，文字定数（a や k など）を含んだ方程式の実数解の個数を問う問題は，受験では最頻出のテーマなんだよ。これは，文字定数 a の値の範囲によって，実数解の個数が変わるんだけれど，これも次のように，グラフを使って解ける。

文字定数を含む方程式の解法

(ⅰ) 文字定数 a を含む方程式では，文字定数 a を分離して，

　　$f(x) = a$ ……㋐　の形にする。

(ⅱ) ㋐をさらに 2 つの関数に分解する。

$$\begin{cases} y = f(x) \cdots\cdots ① \\ y = a \quad\quad \cdots\cdots ② \ [x \text{ 軸に平行な直線}] \end{cases}$$

ここで，右のグラフのように，①と②の異なる共有点の個数が，求める実数解の個数になる。

実数解の個数

$y = f(x)$

$y = a$（2 個）

$y = a$（1 個）

$y = a$（0 個）

x

この種の問題は，方程式の実数解の値ではなく，実数解の個数なので，このように，グラフを使った解法が有効となる。

微分法と不等式の証明

すべての正の実数 x に対して，次の不等式が成り立つことを示せ。

$$x \cdot \log x \geqq x - 1 \quad \cdots\cdots(*)$$

ヒント！ 不等式の証明なので，左辺(大)－右辺(小)をとった差関数を $y = f(x)$ とでもおいて，$x > 0$ の範囲で，$f(x)$ の最小値が 0 以上となることを示せばいいんだね。頑張れ！

解答 & 解説

$x > 0$ のとき，$x \cdot \log x \geqq x - 1 \cdots\cdots(*)$ が成り立つことを示す。

問題文で，"すべての" とか "任意の" という言葉がきたら，その文字 (x) は，変数のことだと思ってくれ！

ここで，$y = f(x) = x \cdot \log x - (x - 1) \quad (x > 0)$ とおく。

差関数 $y = f(x)$ をとって，$x > 0$ のとき，$f(x) \geqq 0$ と言えればいいんだね。

$$f'(x) = 1 \cdot \log x + x \cdot \frac{1}{x} - 1 = \log x$$

$f'(x) = 0$ のとき，$\log x = 0$ ∴ $x = 1$

増減表 $(0 < x)$

x	0		1	
$f'(x)$		−	0	+
$f(x)$		↘	極小	↗

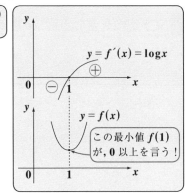

この最小値 $f(1)$ が，0 以上を言う！

∴ $x = 1$ のとき，$f(x)$ は最小になる。

最小値 $f(1) = 1 \cdot \underset{0}{\underline{\log 1}} - (1 - 1) = 0$

最小値が 0 より，$x = 1$ 以外では，$f(x) > 0$ ∴ $f(x) \geqq 0$ が言えた！

以上より，$x > 0$ のとき

$$f(x) = x \cdot \log x - (x - 1) \geqq 0$$

∴ $x \cdot \log x \geqq x - 1 \cdots\cdots(*)$ は成り立つ。…(終)

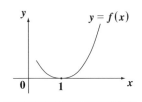

これが，$y = f(x)$ のグラフの本当の概形

方程式の解の個数と文字定数の分離

| 絶対暗記問題 49 | 難易度 ★★ | CHECK1 | CHECK2 | CHECK3 |

方程式 $ax^2 = \log x\ (x > 0)$ の相異なる実数解の個数を求めよ。

ヒント！ 方程式の文字定数 a を分離して，$g(x) = a$ の形にし，これをさらに $y = g(x)$ と $y = a$ に分解して，この 2 つのグラフの異なる共有点の個数を求めればいいんだね。

解答＆解説

方程式 $ax^2 = \log x$ ……① $(x > 0)$ の文字定数 a を分離して，

$\dfrac{\log x}{x^2} = \boxed{a}$ 分離 ── これは，1 つの定石として覚えよう！

これをさらに，2 つの関数に分解して，

$\begin{cases} y = g(x) = \dfrac{\log x}{x^2}\ (x > 0) \\ \\ \underline{y = a} \qquad\qquad \text{とおく。} \end{cases}$

この $y = g(x)$ については，絶対暗記問題 45(P142) で既に解説している。実際の答案では，このときの要領で，$y = g(x)$ のグラフを求めてみせないといけないけれど，ここでは省略する。

x 軸に平行な直線

$y = g(x)\ (x > 0)$ と $y = a$ の
グラフの共有点の個数から，
求める相異なる実数解の個数
は，右図より，

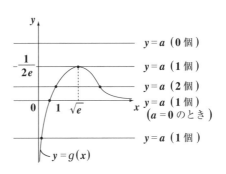

$y = a$ (0 個)
$-\dfrac{1}{2e}$　$y = a$ (1 個)
$y = a$ (2 個)
$y = a$ (1 個) ($a = 0$ のとき)
$y = a$ (1 個)
$y = g(x)$

$\begin{cases} (\text{i})\ \dfrac{1}{2e} < a\ \text{のとき,} \\ \qquad\qquad \mathbf{0}\ \text{個} \\ \\ (\text{ii})\ a = \dfrac{1}{2e},\ a \leqq 0\ \text{のとき,} \\ \qquad\qquad \mathbf{1}\ \text{個} \\ \\ (\text{iii})\ 0 < a < \dfrac{1}{2e}\ \text{のとき,}\ \mathbf{2}\ \text{個} \end{cases}$ ……………………………(答)

曲線外の点から曲線に2本の接線が引ける条件

原点 O から曲線 $y = x^2 + \dfrac{1}{x} + a \ (x \neq 0)$ にちょうど2本の接線が引ける

ような定数 a の値を求めよ。　　　　　　　　　　　　　　（京都工繊大）

ヒント！　曲線 $y = f(x)$ 上の点 $(t, f(t))$ における接線が，曲線外の点 $(0, 0)$ を通ることから，t の方程式が導ける。この t の方程式が異なる2実数解をもつとき，原点から $y = f(x)$ に2本の接線が引けるんだ。

解答&解説

$y = f(x) = x^2 + \overset{x^{-1}}{\boxed{\dfrac{1}{x}}} + a \ (x \neq 0) \ (a：文字定数)$ とおく。

$f'(x) = 2x - x^{-2} = 2x - \dfrac{1}{x^2}$

（ i ）$y = f(x)$ 上の点 $(\underline{t, \ f(t)})$ における
　　　接線の方程式は，

$$y = \left(2t - \dfrac{1}{t^2}\right)(x - \underline{t}) + \underline{\underline{t^2 + \dfrac{1}{t} + a}}$$

$$[y = \ \underset{\sim\sim}{f'(t)} \ \cdot (x - \underline{t}) + \ \underline{\underline{f(t)}} \ ]$$

$$\underset{\approx}{y} = \left(2t - \dfrac{1}{t^2}\right)\underset{=}{x} - t^2 + \dfrac{2}{t} + a \ \cdots\cdots①$$

> （ i ）$(t, \ f(t))$ における接線①を作る。

> （ ii ）①が曲線外の原点 $O(0, 0)$ を通る。

（ ii ）①は，原点 $O(\underset{=}{0}, \underset{=}{0})$ を通るので，これを代入して，

$$0 = -t^2 + \dfrac{2}{t} + a \qquad \therefore t^2 - \dfrac{2}{t} = a \ \cdots\cdots②$$

---

②を t の方程式とみて，文字定数 a を分離した。ここで，この②の方程式が相異なる2実数解 t_1，t_2 をもつとき，右のように，2つの接点が存在するので，原点 O から，曲線 $y = f(x)$ にちょうど2本の接線を引くことができるんだね。

　そのような a の値を求めるために，②を分解して，

$y = g(t) = t^2 - \dfrac{2}{t}$，$y = a$ とおく。

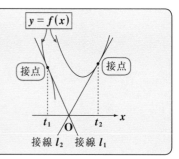

---

②を分解して，

$$\begin{cases} y = g(t) = t^2 - \dfrac{2}{t} = t^2 - 2 \cdot t^{-1} \ (t \neq 0) \\ y = a \ [t \text{ 軸に平行な直線}] \end{cases}$$

とおく。

$$g'(t) = 2t + 2t^{-2} = \frac{2(t^3 + 1)}{t^2}$$

$$= \frac{2(\boxed{t^2 - t + 1})(\boxed{t+1})}{t^2}$$

$\boxed{\left(t - \dfrac{1}{2}\right)^2 + \dfrac{3}{4}}$ ⊕ $\widetilde{g'(t)} = \begin{cases} \oplus \\ \ominus \\ \oplus \end{cases}$

⊕

$g'(t) = 0$ のとき，$t + 1 = 0$ ∴ $t = -1$

極小値 $g(-1) = (-1)^2 - \dfrac{2}{-1} = 3$

$\displaystyle\lim_{t \to +0} g(t) = -\infty$

$\displaystyle\lim_{t \to -\infty} g(t) = \lim_{t \to -0} g(t) = \lim_{t \to \infty} g(t) = +\infty$

②の t の方程式が，異なる 2 実数解 t_1, t_2 をもつとき，すなわち，$y = g(t)$ と $y = a$ が異なる 2 個の共有点をもつとき，原点 O から曲線 $y = f(x)$ に，ちょうど 2 本の接線が引ける。
以上より，右のグラフから求める a の値は，3 である。……………(答)

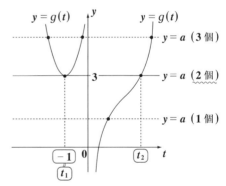

$y = g(t) = t^2 + \left(-\dfrac{2}{t}\right)$ $(t \neq 0)$ を $y = t^2$, $y = -\dfrac{2}{t}$ の和とみるといいんだね。

$y = g(t)$ は 2 つの関数の和の形だ！

増減表 $(t \neq 0)$

t		-1		0		
$g'(t)$	$-$	0	$+$		$+$	
$g(t)$	↘	極小	↗		↗	

解答は P222

頻出問題にトライ・17　難易度 ★★☆　CHECK1　CHECK2　CHECK3

x の方程式 $tx^4 - x + 3t = 0$ が，異なる 2 つの実数解をもつような実数 t の値の範囲を求めよ。　　　　　　　　　　　　　　　　（日本医大＊）

§6. 速度・加速度，近似式もマスターしよう！

　微分法の応用として，物理の範囲に入るけれど x 軸上や xy 座標平面上を運動する動点 P の "**速度**" や "**加速度**" などについて教えよう。さらに，関数の "**近似式**" も，極限の応用として解説しよう。結構面白いと思うよ。

● x 軸上を運動する動点を考えよう！

　図 1 のように，x 軸上を運動する点を P(x) とおくと，動点 P の x 座標は，時々刻々変化するので，その位置 x は，時刻 t の関数として，$\underline{x(t)}$ と表されるね。

図 1　x 軸上を動く動点 P(x)

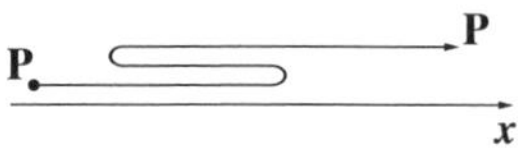

たとえば，$x = t^2 - t$ や，$x = \sin t$ など……

　そして，時刻 t から $t + \Delta t$ の間に変化する位置の変化量を Δx で表すと，Δt 秒間における平均の速度は，$\dfrac{\Delta x}{\Delta t} = \dfrac{x(t + \Delta t) - x(t)}{\Delta t}$ となる。

　ここで，$\Delta t \to 0$ の極限をとると，時刻 t の瞬間における動点 P の**速度** v が，

$$v = \lim_{\Delta t \to 0} \frac{x(t + \Delta t) - x(t)}{\Delta t} = \frac{dx}{dt}$$

で定義される。(図 2 参照)

図 2　速度 v

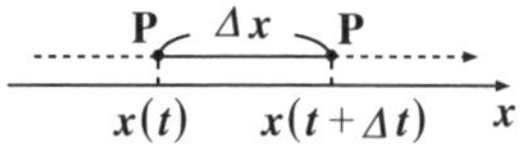

このように，位置 x を t で微分したものが，動点 P(x) の速度 v になり，さらにその速度 v を時刻 t で微分したものが速度の変化の様子を表す**加速度** a になる。

　また，v の絶対値 $|v|$ を速さ，a の絶対値 $|a|$ を加速度の大きさという。

■ 位置・速度・加速度

点 P(x) が，x 軸上を移動するとき，　　(ただし，t：時刻)

(i) 位置 x　　　(ii) $\begin{cases} \text{速度}\ v = \dfrac{dx}{dt} \\[2mm] \text{速さ}\ |v| = \left| \dfrac{dx}{dt} \right| \end{cases}$　　(iii) $\begin{cases} \text{加速度}\ a = \dfrac{dv}{dt} = \dfrac{d^2 x}{dt^2} \\[2mm] \text{加速度の大きさ}\ |a| = \left| \dfrac{dv}{dt} \right| = \left| \dfrac{d^2 x}{dt^2} \right| \end{cases}$

(ex) $x = t^2 - t$ のとき，速度 v，加速度 a と，それぞれの大きさ (速さと加速度の大きさ) を求めよう。

速度 $v = \dfrac{dx}{dt} = (t^2 - t)' = 2t - 1$ ， 加速度 $a = \dfrac{d^2x}{dt^2} = (2t - 1)' = 2$

速さ $|v| = |2t - 1|$ ， 加速度の大きさ $|a| = |2| = 2$ となる。

● 平面上を運動する点の速度，加速度も求めよう！

図 **3** のように，xy 平面上を運動する点を $\mathrm{P}(x, y)$ とおくと，2 つの座標 x, y は共に時刻 t の関数となるので $x(t)$, $y(t)$ と表されるんだね。

図 3 xy 平面上を動く点 $\mathrm{P}(x, y)$

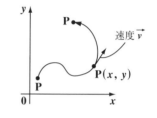

したがって，この動点 **P** の

(i) $\begin{cases} x \text{ 軸方向の速度成分は } \dfrac{dx}{dt} , \\ y \text{ 軸方向の速度成分は } \dfrac{dy}{dt} \text{ より,} \end{cases}$

P の速度は 速度ベクトル $\vec{v} = \left(\dfrac{dx}{dt}, \dfrac{dy}{dt} \right)$ で表されることになるし，

(ii) $\begin{cases} x \text{ 軸方向の加速度成分は } \dfrac{d^2x}{dt^2} , \\ y \text{ 軸方向の加速度成分は } \dfrac{d^2y}{dt^2} \text{ より,} \end{cases}$

P の加速度も 加速度ベクトル $\vec{a} = \left(\dfrac{d^2x}{dt^2}, \dfrac{d^2y}{dt^2} \right)$ で表される。

また，$\vec{v}$ の大きさ $|\vec{v}|$ を速さといい，$\vec{a}$ の大きさ $|\vec{a}|$ を加速度の大きさという。よって，

(i)′ 速さ $|\vec{v}| = \sqrt{\left(\dfrac{dx}{dt} \right)^2 + \left(\dfrac{dy}{dt} \right)^2}$ となるし，

> $\overrightarrow{\mathrm{OA}} = (x_1, y_1)$ のとき $|\overrightarrow{\mathrm{OA}}| = \sqrt{{x_1}^2 + {y_1}^2}$ だからね。

(ii)′ 加速度の大きさ $|\vec{a}| = \sqrt{\left(\dfrac{d^2x}{dt^2} \right)^2 + \left(\dfrac{d^2y}{dt^2} \right)^2}$ となるんだね。

● 極限の公式から近似式はできる！

関数の極限の公式 $\displaystyle\lim_{x \to 0} \frac{\sin x}{x} = 1$ は，x を限りなく 0 に近づけるときの公式だけれど，この条件を少しゆるめて，$x \fallingdotseq 0$ とすると，

$\dfrac{\sin x}{x} \fallingdotseq 1$ となり，これから

$x \fallingdotseq 0$ のとき，近似式 $\sin x \fallingdotseq x$ が得られる

んだね。同様に，

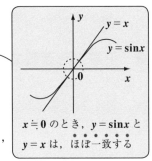

$x \fallingdotseq 0$ のとき，$y = \sin x$ と $y = x$ は，ほぼ一致する

・ $\displaystyle\lim_{x \to 0} \frac{e^x - 1}{x} = 1$ から，$x \fallingdotseq 0$ のとき

　$\dfrac{e^x - 1}{x} \fallingdotseq 1$ より，近似式 $e^x \fallingdotseq x + 1$ が得られるし，

・ $\displaystyle\lim_{x \to 0} \frac{\log(x + 1)}{x} = 1$ から，$x \fallingdotseq 0$ のとき

　$\dfrac{\log(x + 1)}{x} \fallingdotseq 1$ より，近似式 $\log(x + 1) \fallingdotseq x$ が得られるんだね。

したがって，微分係数の定義式：$\displaystyle\lim_{h \to 0} \frac{f(a + h) - f(a)}{h} = f'(a)$ からも，

$h \fallingdotseq 0$ のとき，$\dfrac{f(a + h) - f(a)}{h} \fallingdotseq f'(a)$ より，近似式：

$f(a + h) \fallingdotseq f(a) + h \cdot f'(a)$ ……$(*1)$ が得られるし，

$(*1)$ の a を 0 に，h を x に置き換えると，

$x \fallingdotseq 0$ のとき，近似式：$f(x) \fallingdotseq f(0) + x \cdot f'(0)$ ……$(*2)$ も

得られるんだね。まとめて，もう 1 度下に示そう。

■ 近似式

（ⅰ）$h \fallingdotseq 0$ のとき，$f(a + h) \fallingdotseq f(a) + h \cdot f'(a)$ ……$(*1)$

（ⅱ）$x \fallingdotseq 0$ のとき，$f(x) \fallingdotseq f(0) + x \cdot f'(0)$ …………$(*2)$

$(*2)$ を用いると $f(x) = \sin x$ のとき，$f'(x) = (\sin x)' = \cos x$ より

$\sin x \fallingdotseq \underset{0}{\underline{\sin 0}} + x \cdot \underset{1}{\underline{\cos 0}}$ $[f(x) \fallingdotseq f(0) + x \cdot f'(0)]$ となって，

154

$x \doteqdot 0$ のとき，近似式：$\sin x \doteqdot x$ が導ける。大丈夫？

$f(x) = e^x$ や $f(x) = \log(x+1)$ とおいて，$(*2)$ を用いると $x \doteqdot 0$ のときの近似式：$e^x \doteqdot x+1$ や $\log(x+1) \doteqdot x$ も導ける。自分でやってごらん。

$(ex1)$ $x \doteqdot 0$ のとき，近似式 $(1+x)^n \doteqdot 1+nx$ ……① が成り立つことを示し，この①を使って，$\sqrt{102}$ の近似値を求めよう。

$$f(x) = (1+x)^n \text{ とおくと } f'(x) = \underline{n(1+x)^{n-1} \cdot (1+x)'} = n(1+x)^{n-1}$$

合成関数の微分

よって，$x \doteqdot 0$ のとき，近似式：$(1+x)^n \doteqdot (1+0)^n + x \cdot n(1+0)^{n-1}$

$$[\quad f(x) \quad \doteqdot \quad f(0) \quad + \quad x \cdot f'(0) \quad]$$

つまり，$(1+x)^n \doteqdot 1+nx$ ……① が成り立つ。

この①を使って，$\sqrt{102}$ の近似値を求めよう。

$$\sqrt{102} = \sqrt{100 \cdot \left(1 + \frac{2}{100}\right)} = 10 \cdot \sqrt{1 + \frac{2}{100}} = 10\left(1 + \frac{2}{100}\right)^{\frac{1}{2}}$$

x とおく ← $\because x \doteqdot 0$; $1 + \frac{1}{2} \cdot \frac{2}{100}$（①より）

$$\doteqdot 10 \cdot \left(1 + \frac{1}{2} \cdot \frac{2}{100}\right) = 10\left(1 + \frac{1}{100}\right) = 10.1 \text{ となる。}$$

$(ex2)$ $h \doteqdot 0$ のとき，近似公式 $f(a+h) \doteqdot f(a) + h \cdot f'(a)$ ……$(*1)$ を用いて，$\cos 61°$ の近似値を求めよう。

角度の単位を"度"から"ラジアン"に変更した。

$$61° = \frac{61}{180}\pi = \left(\frac{60}{180} + \frac{1}{180}\right)\pi = \frac{\pi}{3} + \frac{\pi}{180}$$

これは"なぜなら"の意味。

a ; h とおく ← $\because h \doteqdot 0$

ここで，$f(x) = \cos x$ とおくと，$f'(x) = (\cos x)' = -\sin x$ より，

$(*1)$ の近似公式を用いると

$$\cos 61° = \cos\left(\frac{\pi}{3} + \frac{\pi}{180}\right) \doteqdot \cos\frac{\pi}{3} + \frac{\pi}{180}\left(-\sin\frac{\pi}{3}\right)$$

$\frac{1}{2}$; $\frac{\sqrt{3}}{2}$

$$[\quad f(a+h) \quad \doteqdot f(a) \quad + \quad h \cdot f'(a) \quad]$$

$$= \frac{1}{2} - \frac{\sqrt{3}\pi}{360} \text{ となるんだね。大丈夫？}$$

x 軸上の運動

絶対暗記問題 51　　難易度 ★★　　　CHECK*1*　　CHECK*2*　　CHECK*3*

x 軸上を移動する動点 P の位置 x が，

$x = t + 2\sin t$（t：時刻，$0 \leqq t \leqq 2\pi$）で表されるとき，P の速度 v と加速度 a を求めよ。また，$v = 0$ となるときの t の値を求めよ。

ヒント！　速度 $v = \dfrac{dx}{dt}$，加速度 $a = \dfrac{d^2x}{dt^2}$ の公式を使って求めよう。

解答 & 解説

位置 $x = t + 2\sin t$（$0 \leqq t \leqq 2\pi$）

このとき，

$$\begin{cases} 速度\ v = \dfrac{dx}{dt} = (t + 2\sin t)' \\[2mm] \qquad\qquad = 1 + 2\cos t \\[3mm] 加速度\ a = \dfrac{dv}{dt} = (1 + 2\cos t)' \\[2mm] \qquad\qquad = -2\sin t \end{cases}$$

となる。 ……………………(答)

ここで，$v = 1 + 2\cos t = 0$ のとき，

$$\cos t = -\dfrac{1}{2} \qquad 0 \leqq t \leqq 2\pi\ より，$$

$v = 0$ のときの t の値は，

$$t = \dfrac{2}{3}\pi,\ \dfrac{4}{3}\pi\ \text{…………(答)}$$

$$\begin{cases} \cdot\ t = \dfrac{2}{3}\pi\ のとき，x = \dfrac{2}{3}\pi + 2\cdot\boxed{\sin\dfrac{2}{3}\pi} \\[2mm] \qquad\qquad\qquad = \dfrac{2}{3}\pi + \sqrt{3} \\[4mm] \cdot\ t = \dfrac{4}{3}\pi\ のとき，x = \dfrac{4}{3}\pi + 2\cdot\boxed{\sin\dfrac{4}{3}\pi} \\[2mm] \qquad\qquad\qquad = \dfrac{4}{3}\pi - \sqrt{3} \end{cases}$$

$\boxed{\dfrac{\sqrt{3}}{2}}$

$\boxed{-\dfrac{\sqrt{3}}{2}}$

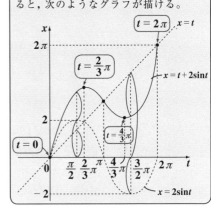

$x = t + 2\sin t$（$0 \leqq t \leqq 2\pi$）
これを，$x = t$ と $x = 2\sin t$ の和と考えると，次のようなグラフが描ける。

これを x 軸上における動点 $P(x)$ の移動の形で表すと，

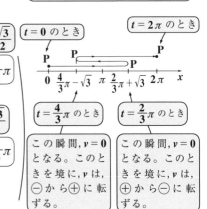

$t = \dfrac{4}{3}\pi$ のとき	$t = \dfrac{2}{3}\pi$ のとき
この瞬間，$v = 0$ となる。このときを境に，v は，$\ominus$ から $\oplus$ に転ずる。	この瞬間，$v = 0$ となる。このときを境に，v は，$\oplus$ から $\ominus$ に転ずる。

156

xy 座標平面上の円運動

xy 座標平面上の原点 0 を中心とする半径 r の円周上を運動する動点
$P(r\cos\omega t,\ r\sin\omega t)$ (ω：正の定数) の速さ$|\vec{v}|$と加速度の大きさ$|\vec{a}|$を求めよ。

ヒント！　$\theta = \omega t$ とおくと，時刻 $t = 1, 2, 3, \cdots\cdots$ のとき，$\theta = \omega, 2\omega, 3\omega, \cdots\cdots$
となるので，ω は角度の速度を表すんだね。よって ω を "角速度" というんだよ。

解答 & 解説

動点 $P(x, y) = (r\cos\omega t,\ r\sin\omega t)$ の速度 $\vec{v}$ と加速度 $\vec{a}$ は，

$$\begin{cases} \dfrac{dx}{dt} = r \cdot (\omega t)' \cdot (-\sin\omega t) = -r\omega\ \sin\omega t \\[2mm] \dfrac{dy}{dt} = r \cdot (\omega t)' \cdot \cos\omega t = r\omega\ \cos\omega t \end{cases}$$

$$\begin{cases} \dfrac{d^2 x}{dt^2} = -r\omega \cdot (\omega t)' \cdot \cos\omega t = -r\omega^2\ \cos\omega t \\[2mm] \dfrac{d^2 y}{dt^2} = r\omega \cdot (\omega t)'(-\sin\omega t) = -r\omega^2\ \sin\omega t \end{cases}$$ より

> $\omega t = \theta$ とおくと，
> $\dfrac{dx}{dt} = \dfrac{d\theta}{dt} \cdot \dfrac{dx}{d\theta}$
> $\quad = (\omega t)' \cdot (-r\sin\theta)$
> となる。
> 他も同様に，合成関数の微分だね。

$$\vec{v} = (-r\omega\ \sin\omega t,\ r\omega\ \cos\omega t),\quad \vec{a} = (-r\omega^2\ \cos\omega t,\ -r\omega^2\ \sin\omega t)$$

よって，$r > 0, \omega > 0$ であることに気を付けて，
$|\vec{v}|$と$|\vec{a}|$を求めると，

$$|\vec{v}| = \sqrt{(-r\omega\ \sin\omega t)^2 + (r\omega\ \cos\omega t)^2}$$
$$= \sqrt{r^2\omega^2\underbrace{(\sin^2\omega t + \cos^2\omega t)}_{1}} \quad = r\omega \quad\cdots\cdots(\text{答})$$

$$|\vec{a}| = \sqrt{(-r\omega^2\ \cos\omega t)^2 + (-r\omega^2\ \sin\omega t)^2}$$
$$= \sqrt{r^2\omega^4\underbrace{(\cos^2\omega t + \sin^2\omega t)}_{1}} \quad = r\omega^2 \quad\cdots\cdots\cdots\cdots\cdots\cdots\cdots(\text{答})$$

$h \fallingdotseq 0$ のときの近似公式：$f(a+h) \fallingdotseq f(a) + h \cdot f'(a)$ を用いて，
(i) $e^{1.001}$, (ii) $\log(1.001)$, (iii) $\sin 46°$ の近似値を求めよ。

解答は P223

講義 5 ● 微分法とその応用　公式エッセンス

1. 微分係数の定義式

$$f'(a) = \lim_{h \to 0} \frac{f(a+h) - f(a)}{h} = \lim_{h \to 0} \frac{f(a) - f(a-h)}{h} = \lim_{b \to a} \frac{f(b) - f(a)}{b - a}$$

2. 導関数の定義式

$$f'(x) = \lim_{h \to 0} \frac{f(x+h) - f(x)}{h} = \lim_{h \to 0} \frac{f(x) - f(x-h)}{h}$$

3. 微分計算 (8 つの知識) ($a > 0$ かつ $a \neq 1$)

(1) $(x^\alpha)' = \alpha x^{\alpha - 1}$ (α：実数)　(2) $(\sin x)' = \cos x$　　など

4. 微分計算 (3 つの公式)

(1) $(f \cdot g)' = f' \cdot g + f \cdot g'$　　(2) $\left(\dfrac{g}{f} \right)' = \dfrac{g' \cdot f - g \cdot f'}{f^2}$

(3) 合成関数の微分：$\dfrac{dy}{dx} = \dfrac{dy}{dt} \cdot \dfrac{dt}{dx}$

5. 関数の極限の知識 ($\alpha > 0$)

(1) $\displaystyle\lim_{x \to \infty} \frac{x^\alpha}{e^x} = 0$　　　　　(2) $\displaystyle\lim_{x \to \infty} \frac{e^x}{x^\alpha} = \infty$　　など

6. $f'(x)$ の符号と関数 $f(x)$ の増減

(i) $f'(x) > 0$ のとき，増加　(ii) $f'(x) < 0$ のとき，減少

7. $f''(x)$ の符号と $y = f(x)$ のグラフの凹凸

(i) $f''(x) > 0$ のとき，下に凸　(ii) $f''(x) < 0$ のとき，上に凸

8. 方程式 $f(x) = a$ (定数) の実数解の個数

$y = f(x)$ と $y = a$ に分離して，この 2 つのグラフの共有点から求める。

9. 速度 v, 加速度 a　(x：位置， t：時刻) (x 軸上の運動)

(1) 速度 $v = \dfrac{dx}{dt}$　　　　(2) 加速度 $a = \dfrac{dv}{dt} = \dfrac{d^2 x}{dt^2}$

10. 近似式

(i) $h \fallingdotseq 0$ のとき，$f(a + h) \fallingdotseq f(a) + h \cdot f'(a)$

(ii) $x \fallingdotseq 0$ のとき，$f(x) \fallingdotseq f(0) + x \cdot f'(0)$

158

積分法と
その応用

テーマ

▶ 積分の計算

▶ 関数の決定と区分求積法

▶ 面積・体積・曲線の長さの計算

講義⑥ 積分法とその応用

§1. 積分計算のテクニックをマスターしよう！

いよいよ，数学Ⅲの最終テーマ "**積分法とその応用**" の講義を始めよう。積分は，微分とは逆の操作だけれど，微分以上に様々な計算テクニックを身につけないといけないよ。でも，この積分計算が出来るようになると，面積や体積や曲線の長さ (道のり) など，微分以上にいろいろな応用が効くようになるんだ。

ここでは，まず，この "**積分計算 (不定積分と定積分)**" について，その基本から，ていねいに教えていくから，シッカリ練習してマスターしてくれ！

● 積分公式は，微分公式を逆に見たものだ！

$\sin x$ を x で微分すると，$(\sin x)' = \cos x$ となるのはいいね。ここで，微分と積分とは，逆の操作なので，この式は，$\cos x$ を x で積分すると $\sin x$ になる，と見ることもできる。これを式で表すと，

$$\int \underbrace{\cos x}_{\boxed{\text{被積分関数}}} dx = \underbrace{\sin x + \boxed{C}}_{\substack{\boxed{\text{不定積分，または}}\\ \text{原始関数}}} \overset{\boxed{\text{積分定数}}}{}$$

（ "$\cos x$ を x で積分すると $\sin x$ になる" を，式で表したもの。）となるんだね。

一般に，$F'(x) = f(x)$ のとき，これを書き換えて，$\boxed{F(x) = \int f(x)\,dx}$ と表すことができ，$F(x)$ を $f(x)$ の**不定積分** (または，**原始関数**) と呼び，$f(x)$ を**被積分関数** (積分される関数という意味) と呼ぶんだよ。

ここで，$\displaystyle\int \overset{f(x)}{\boxed{\cos x}}\,dx = \overset{F(x)}{\boxed{\sin x + C}}$ のように，不定積分では**積分定数 C** がつく。これは $(\sin x + C)' = (\sin x)' + \overset{0}{\boxed{C'}} = \cos x$ となるからなんだ。

それでは，積分計算の **8** つの基本公式を下に示す。これは逆に見れば，微分計算の **8** つの知識 (基本公式) に対応しているんだね。

積分計算の 8 つの基本公式

$(1) \displaystyle\int x^p \, dx = \frac{1}{p+1} x^{p+1} + C$ $\qquad (2) \displaystyle\int \cos x \, dx = \sin x + C$

$(3) \displaystyle\int \sin x \, dx = -\cos x + C$ $\qquad (4) \displaystyle\int \frac{1}{\cos^2 x} \, dx = \tan x + C$

$(5) \displaystyle\int e^x \, dx = e^x + C$ $\qquad (6) \displaystyle\int a^x \, dx = \frac{a^x}{\log a} + C$

$(7) \displaystyle\int \frac{1}{x} \, dx = \log|x| + C$ $\qquad (8) \displaystyle\int \frac{f'(x)}{f(x)} \, dx = \log|f(x)| + C$

(ただし， $p \neq -1$ ， $a > 0$ かつ $a \neq 1$ ，対数は自然対数)

これらは，みんな，右辺を x で微分すると，左辺の被積分関数になるのは大丈夫だよね。エッ？ **(7)** と **(8)** の絶対値の意味がよくわからないって？いいよ，**(7)** で説明しておこう。

(i) $x > 0$ のとき

$(\log x)' = \dfrac{1}{x}$ だから， $\displaystyle\int \frac{1}{x} \, dx = \log \overbrace{x}^{|x| \ (\because x > 0)} + C$ だね。

(ii) $x < 0$ のとき， $-x > 0$ より

$\left\{\log\left(\underbrace{\overset{f}{-x}}_{\oplus}\right)\right\}' = \underbrace{\frac{-1}{-x}}_{\frac{f'}{f}} = \frac{1}{x}$ だから， $\displaystyle\int \frac{1}{x} \, dx = \log\left(\overbrace{-x}^{|x| \ (\because x < 0)}\right) + C$ となる。

ここで，・$x > 0$ のとき $|x| = x$， ・$x < 0$ のとき $|x| = -x$ だから，

(i)(ii) より， x の正・負に関わらず， $\displaystyle\int \frac{1}{x} \, dx = \log|x| + C$ となるんだね。納得いった？

$(8) \displaystyle\int \frac{f'}{f} \, dx = \log|f| + C$ も同様だよ。

$f(x)$ を f， $f'(x)$ を f' と略記した。

次の不定積分を求めよ。

(1) $\displaystyle\int 2\sin x\,dx$ 　　　　　　(2) $\displaystyle\int (e^{x+1} - 2^{x+2})\,dx$

(3) $\displaystyle\int \frac{x}{x^2+1}\,dx$

解答

定数係数は積分記号の外に出せる

公式:
$\displaystyle\int \sin x\,dx = -\cos x$
を使った!

(1) $\displaystyle\int 2\sin x\,dx = 2\int \sin x\,dx = 2(-\cos x) + C$

　　　　　　$= -2\cos x + C$ ⋯⋯⋯⋯⋯(答)

以降,公式では,積分定数 C は省略するよ!

(2) $\displaystyle\int (e^{x+1} - 2^{x+2})\,dx = \int (e \cdot e^x - \overset{4}{(2^2)} \cdot 2^x)\,dx$

たし算や引き算は項別に積分できる!
係数は別にして,積分の後でかける!

　　　　　　$\displaystyle = e\int e^x\,dx - 4\int 2^x\,dx$

公式:
$\displaystyle\int e^x\,dx = e^x,\quad \int a^x\,dx = \frac{a^x}{\log a}$
を使った!

　　　　　　$\displaystyle = e \cdot e^x - 4 \cdot \frac{2^x}{\log 2} + C$

積分定数は,まとめて最後に 1 つ付ければいい。

　　　　　　$\displaystyle = e^{x+1} - \frac{2^{x+2}}{\log 2} + C$ ⋯⋯(答)

(3) これは,分母を $f(x) = x^2 + 1$ とおくと,$f'(x) = 2x$ だから,

公式 $\displaystyle\int \frac{f'}{f}\,dx = \log|f|$ が使える。

定数係数 2 をかけた分,$\dfrac{1}{2}$ を積分記号の外に出す!

$\displaystyle\int \frac{x}{x^2+1}\,dx = \frac{1}{2}\int \frac{\overset{f'}{(2x)}}{\underset{f}{(x^2+1)}}\,dx$

これは正だから
$|x^2+1| = x^2+1$ だ

公式:$\displaystyle\int \frac{f'}{f}\,dx = \log|f|$
を使った!

　　　　　　$\displaystyle = \frac{1}{2}\log(x^2+1) + C$ ⋯⋯⋯⋯⋯⋯⋯⋯⋯⋯⋯⋯(答)

どう？ 不定積分にもだんだん慣れてきた？ それでは，次，積分区間が $a \leqq x \leqq b$ の**定積分**の計算法を下に示すよ。

定積分の計算

定積分の計算では，どうせ引き算で消去されるので，積分定数 C は不要だ！

$$\int_a^b f(x)\,dx = \Big[F(x)\Big]_a^b = F(b) - F(a)$$

定積分の結果は定数になる！

これは，数学 II の定積分の定義と同じだから，みんな大丈夫だね。

それでは，例題 17 の (1) を，次の定積分の問題に書き換えて，実際に計算してみるよ。

$$(1)\int_0^{\frac{\pi}{2}} 2\sin x\,dx = 2\int_0^{\frac{\pi}{2}} \sin x\,dx = 2\Big[-\cos x\Big]_0^{\frac{\pi}{2}}$$

定数になった！

$$= -2\Big[\cos x\Big]_0^{\frac{\pi}{2}} = -2\Big(\underset{0}{\cos\frac{\pi}{2}} - \underset{1}{\cos 0}\Big) = 2 \quad\cdots\cdots\cdots(答)$$

これで，定積分の計算の要領もつかめた？ それでは，段々本格的な問題に入っていこう。

● 積分では，合成関数の微分を逆に使える！

$\sin 3x$ を x で微分すると，$3x = t$ とおいて合成関数の微分より，

$(\sin\underset{t}{(3x)})' = \underset{(3x)'}{(3)}\cdot\cos\underset{t}{(3x)}$ となるのはいいね。この両辺を 3 で割って，積分の形に書き換えると，$\displaystyle\int \cos 3x\,dx = \frac{1}{3}\sin 3x + C$ となる。このように，合成関数の微分を逆に考えると，次の三角関数の積分公式が，導けるんだよ。覚えてくれ。

以後，積分公式では積分定数 C は略すよ。

$\cos mx$, $\sin mx$ の積分公式

$$(1)\int \cos mx\,dx = \frac{1}{m}\sin mx \qquad (2)\int \sin mx\,dx = -\frac{1}{m}\cos mx$$

163

次に，$(\log x)^3$ を x で微分すると，

$$\{\underbrace{(\boxed{(\log x)^3}}_{f})\}' = \underbrace{\boxed{3(\log x)^2)}}_{3f^2} \cdot \underbrace{\boxed{\frac{1}{x}}}_{f'}$$ となるね。ここで，$\log x$ を f と略記する

と，$(f^3)' = 3f^2 \cdot f'$ となるので，これを 3 で割って，積分の形で表すと，

$\displaystyle\int f^2 \cdot f' \, dx = \frac{1}{3}f^3 + C$ となるんだね。これをさらに一般化すると，次の

公式になる。これも，是非覚えよう。

$f^n \cdot f'$ の積分公式

$f(x) = f,\ f'(x) = f'$ と略記して，

$$\int f^n \cdot f' \, dx = \frac{1}{n+1}f^{n+1} \quad (\text{ただし，}\ n \neq -1)$$

◆例題 18 ◆

次の定積分を求めよ。

(1) $\displaystyle\int_0^{\frac{\pi}{2}} \cos^2 x \, dx$ 　　　　　　　(2) $\displaystyle\int_0^{\frac{\pi}{4}} \frac{\tan^3 x}{\cos^2 x}\, dx$

解答

(1) $\displaystyle\int_0^{\frac{\pi}{2}} \underbrace{\boxed{\cos^2 x}}_{\frac{1+\cos 2x}{2}} dx = \frac{1}{2}\int_0^{\frac{\pi}{2}}(1 + \underline{\cos 2x})\, dx$

> $\sin^2 x,\ \cos^2 x$ の積分では，半角の公式：
> (1) $\sin^2 x = \dfrac{1-\cos 2x}{2}$
> (2) $\cos^2 x = \dfrac{1+\cos 2x}{2}$ を使う！

$$= \frac{1}{2}\left[x + \frac{1}{2}\sin 2x \right]_0^{\frac{\pi}{2}}$$

> 公式：
> $\displaystyle\int \cos mx\, dx = \frac{1}{m}\sin mx$

$$= \frac{1}{2}\left\{ \frac{\pi}{2} + \frac{1}{2}\underset{0}{\underline{\sin \pi}} - \left(0 + \frac{1}{2}\underset{0}{\underline{\sin 0}} \right) \right\} = \frac{\pi}{4} \quad \cdots\cdots\cdots\cdots\cdots\cdots(\text{答})$$

(2) $f(x) = \tan x$ とおくと，$f'(x) = \dfrac{1}{\cos^2 x}$ より，$f^3 \cdot f'$ の積分だね。

$$\int_0^{\frac{\pi}{4}} \underbrace{\boxed{\tan^3 x}}_{f^3} \cdot \underbrace{\boxed{\frac{1}{\cos^2 x}}}_{f'}\, dx = \left[\underbrace{\boxed{\frac{1}{4}\tan^4 x}}_{\frac{1}{4}f^4} \right]_0^{\frac{\pi}{4}}$$

> 公式：
> $\displaystyle\int f^n \cdot f'\, dx = \frac{1}{n+1}f^{n+1}$

$$= \frac{1}{4}\left(\overset{1^4}{\boxed{\tan^4 \frac{\pi}{4}}} - \underset{0}{\tan^4 0} \right) = \frac{1}{4} \quad \cdots\cdots\cdots\cdots(\text{答})$$

● 部分積分では，右辺の積分を簡単化しよう！

$f(x) = f$，$g(x) = g$ とおくと，$f \cdot g$ の微分は，積の微分の公式より，

$(f \cdot g)' = f' \cdot g + f \cdot g'$ となるのはいいね。ここで，この両辺を積分すると，

$f \cdot g = \displaystyle\int (f' \cdot g + f \cdot g') \, dx$

$f \cdot g = \displaystyle\int f' \cdot g \, dx + \int f \cdot g' \, dx$

> たし算は，項別に積分できる！

となる。

これから，次の重要な**部分積分**の公式が導ける。

部分積分の公式

$f(x) = f$，$g(x) = g$ と略記すると，

(1) $\displaystyle\int f' \cdot g \, dx = f \cdot g - \int f \cdot g' \, dx$ 〔簡単化！〕

(2) $\displaystyle\int f \cdot g' \, dx = f \cdot g - \int f' \cdot g \, dx$ 〔簡単化！〕

2つの関数の和や差の積分は，項別に積分できるから問題ないね。また，

2つの関数の商の積分では，公式 $\displaystyle\int \frac{f'}{f} \, dx = \log |f|$ にもち込むんだ。そし

て，2つの関数の積の積分では，この部分積分が威力を発揮するんだよ。

1例として，x と $\cos x$ の積の積分 $\displaystyle\int x \cdot \cos x \, dx$ を求めよう。

（ⅰ）$\displaystyle\int f \cdot g' \, dx$ の形にするために，$\cos x = (\sin x)'$ とおくと，

> $\cos x$ を積分して，微分したものが g' だ！

$\displaystyle\int x \cdot \underset{\sim}{\cos x} \, dx = \int \underset{f}{x} \cdot \underset{g'}{(\sin x)'} \, dx$

> 公式：$\displaystyle\int f \cdot g' \, dx$
> $= f \cdot g - \displaystyle\int f' \cdot g \, dx$

$\qquad\qquad = x \cdot \sin x - \displaystyle\int \underset{f'}{\boxed{1}} \sin x \, dx$

> 簡単になった！

$\qquad\qquad = x \cdot \sin x - (-\cos x) + C$

$\qquad\qquad = x \cdot \sin x + \cos x + C$ とうまく求まったね。

165

これを，x の方を積分して，´ を付けて，部分積分にもち込むと，

(ⅱ)$\displaystyle\int \underset{\underset{\sim}{}}{x} \cdot \cos x\, dx = \int \underbrace{\left(\frac{1}{2}x^2\right)'}_{} \cdot \cos x\, dx$

$(\cos x)'$

公式：$\displaystyle\int f' \cdot g\, dx$
$\displaystyle= f \cdot g - \int f \cdot g'\, dx$

$\displaystyle= \frac{1}{2}x^2 \cdot \cos x - \underline{\underline{\int \frac{1}{2}x^2 \cdot \left(\boxed{-\sin x}\right) dx}}$

これが複雑な積分となって，失敗！

変形後の積分が元の積分よりさらに複雑になって，逆に計算が難しくなってしまうんだね。

このように，部分積分では，右辺 (変形後) の積分が簡単になるようにもっていくところが，ポイントなんだ。

● 置換積分は，3 つのステップで解ける！

ここで，定積分 $\displaystyle\int_0^1 x \cdot e^{-x^2}\, dx$ を考えてみよう。これは，合成関数に習熟している人なら，この不定積分が，e^{-x^2} に関係することがわかるはずだ。すなわち，$\left(e^{\overset{t}{\overbrace{-x^2}}}\right)' = \overset{(e^t)'}{\overbrace{\left(e^{-x^2}\right)}} \cdot (-x^2)' = -2x \cdot e^{-x^2}$ となるので，この両辺を -2 で割って積分の形に書きかえると

$$\int x e^{-x^2}\, dx = -\frac{1}{2}e^{-x^2} + C \text{ より，}$$

$$\int_0^1 x \cdot e^{-x^2}\, dx = -\frac{1}{2}\left[e^{-x^2}\right]_0^1 = -\frac{1}{2}\left(e^{-1} - e^0\right) = \frac{1}{2}\left(1 - \frac{1}{e}\right)$$

と，アッサリ解けるんだね。この合成関数を逆手にとる解き方は非常に大事だから，是非マスターしよう。

ここでは，さらに，同じ定積分を，変数を置き換えることによって解く**置換積分**についても詳しく話す。これは，次のように 3 つのステップで解くんだよ。

t とおく

定積分 $\displaystyle\int_0^1 x \cdot e^{\overset{t}{\overbrace{-x^2}}}\, dx$ について，

(ⅰ) $-x^2 = t$ ……① とおく。 ← 1st ステップ：x の式を t で置換する！

(ⅱ) $x : 0 \rightarrow 1$ のとき，$t = -x^2$ より

$$t : \boxed{0}^{-0^2} \to \boxed{-1}^{-1^2}$$ ← 2nd ステップ：t の積分区間を決める！

(iii) ① より $\underline{(-x^2)'\, dx} = \underline{t'\, dt}$　よって，$-2x\, dx = 1\, dt$

x の式は，x で微分して，dx をかける　　t の式は t で微分して，dt をかける

$$\therefore x\, dx = -\frac{1}{2}\, dt$$ ← 3rd ステップ：dx と dt の関係式を求める！

以上より，与定積分は，

$$\int_0^1 x \cdot e^{-x^2}\, dx = \int_{\boxed{0}}^{\boxed{1}} e^{\boxed{-x^2}\, t} \cdot \underbrace{(x\, dx)}_{-\frac{1}{2}dt} = \int_0^{-1} e^t \cdot \left(-\frac{1}{2}\right) dt$$

$t = -1$　$t = 0$

この -1 で，積分区間を切り替える！

$$= \frac{1}{2} \cdot (-1)\int_0^{-1} e^t\, dt = \frac{1}{2}\int_{-1}^0 e^t\, dt$$

x での積分が，すべて，t での積分に置き換えられている。

$$= \frac{1}{2}\left[e^t\right]_{-1}^0 = \frac{1}{2}(e^0 - e^{-1}) = \frac{1}{2}\left(1 - \frac{1}{e}\right)$$　となって，同じ結果だ！

　今回は，直感的に，$-x^2 = t$ とおくことによって，t での置換積分でうまくいったんだね。このように，複雑な関数の積分が出てきたときは，変数を置換してうまくいく場合が多いので，自分なりに是非チャレンジしてみよう。

　でも，いくつかの置換積分に関しては，うまくいく変数の置き換え方が決まっているので，それを下にまとめておく。覚えてくれ！

パターンの決まった置換積分

(1) $\displaystyle\int \sqrt{a^2 - x^2}\, dx$ や $\displaystyle\int \frac{1}{\sqrt{a^2 - x^2}}\, dx$　（a：正の定数）などの場合，

$x = a\sin\theta$ とおく。（または，$x = a\cos\theta$ とおく。）

(2) $\displaystyle\int \frac{1}{a^2 + x^2}\, dx$　（a：正の定数）の場合，$x = a\tan\theta$ とおく。

(3) $\displaystyle\int f(\sin x) \cdot \cos x\, dx$ の場合，$\sin x = t$ とおく。

(4) $\displaystyle\int f(\cos x) \cdot \sin x\, dx$ の場合，$\cos x = t$ とおく。

三角関数の積の積分計算

次の定積分を求めよ。

(1) $\displaystyle\int_0^\pi \sin^2 2x\, dx$

(2) $\displaystyle\int_0^{\frac{\pi}{4}} \sin 3x \cdot \cos x\, dx$

(3) $\displaystyle\int_0^{\frac{\pi}{2}} \cos 2x \cdot \cos x\, dx$

ヒント! (1) は半角の公式を使い，(2)(3) では，積→和の公式を使えば，$\sin mx$ や $\cos mx$ の積分に帰着するんだね。

解答&解説

(1) $\displaystyle\int_0^\pi \boxed{\sin^2 2x}\, dx = \frac{1}{2}\int_0^\pi (1 - \cos 4x)\, dx$

$\boxed{\dfrac{1}{2}(1 - \cos 4x)}$ ─ 半角の公式　　$\boxed{\displaystyle\int \cos mx\, dx = \frac{1}{m}\sin mx}$ だ！

$$= \frac{1}{2}\left[x - \frac{1}{4}\sin 4x\right]_0^\pi = \frac{\pi}{2} \quad\cdots\cdots\cdots\cdots\text{(答)}$$

(2) $\displaystyle\int_0^{\frac{\pi}{4}} \sin\underset{\alpha}{\boxed{3x}} \cdot \cos\underset{\beta}{\boxed{x}}\, dx = \frac{1}{2}\int_0^{\frac{\pi}{4}} (\sin 4x + \sin 2x)\, dx$

$\boxed{\dfrac{1}{2}\{\sin(\alpha+\beta) + \sin(\alpha-\beta)\}}$ ─ 積→和の公式　　$\boxed{\displaystyle\int \sin mx\, dx = -\frac{1}{m}\cos mx}$ だ

積→和の公式が苦手な人は，「元気が出る数学Ⅱ」(マセマ) で練習するといいよ。

$$= \frac{1}{2}\left[-\frac{1}{4}\cos 4x - \frac{1}{2}\cos 2x\right]_0^{\frac{\pi}{4}}$$

$$= \frac{1}{2}\left\{-\frac{1}{4}\underset{-1}{\boxed{\cos\pi}} - \frac{1}{2}\underset{0}{\cancel{\cos\frac{\pi}{2}}} - \left(-\frac{1}{4}\underset{1}{\boxed{\cos 0}} - \frac{1}{2}\underset{1}{\boxed{\cos 0}}\right)\right\}$$

$$= \frac{1}{2}\left(\frac{1}{4} + \frac{1}{4} + \frac{1}{2}\right) = \frac{1}{2} \quad\cdots\cdots\cdots\cdots\text{(答)}$$

(3) $\displaystyle\int_0^{\frac{\pi}{2}} \cos\underset{\alpha}{\boxed{2x}}\cos\underset{\beta}{\boxed{x}}\, dx = \frac{1}{2}\int_0^{\frac{\pi}{2}} (\cos 3x + \cos x)\, dx$

$\boxed{\dfrac{1}{2}\{\cos(\alpha+\beta) + \cos(\alpha-\beta)\}}$ ─ 積→和の公式

$$= \frac{1}{2}\left[\frac{1}{3}\sin 3x + \sin x\right]_0^{\frac{\pi}{2}} = \frac{1}{2}\left(-\frac{1}{3} + 1\right) = \frac{1}{3} \cdots\text{(答)}$$

合成関数の微分を逆手にとる積分計算

絶対暗記問題 54	難易度 ☆	CHECK1	CHECK2	CHECK3

次の定積分を求めよ。

$(1)\displaystyle\int_0^{\frac{\pi}{2}}\sin^2 x\cdot\cos x\,dx$

$(2)\displaystyle\int_1^e\frac{(\log x)^4}{x}\,dx$

$(3)\displaystyle\int_0^1 x(x^2+1)^5\,dx$

$(4)\displaystyle\int_0^1 x\sqrt{1-x^2}\,dx$　　　　（北見工大）

ヒント！ (1)(2) は，$f^n\cdot f'$ の形の積分だね。(3)(4) も，合成関数の微分を逆手にとると，不定積分の形が見えてくるはずだ。

解答＆解説

(1) $f(x)=\sin x$ とおくと，$f'(x)=\cos x$ より

$$\int_0^{\frac{\pi}{2}}\overset{f^2}{(\sin^2 x)}\cdot\overset{f'}{(\cos x)}dx=\left[\overset{\frac{1}{3}f^3}{\frac{1}{3}\sin^3 x}\right]_0^{\frac{\pi}{2}}=\frac{1}{3}\cdot 1^3=\frac{1}{3}\ \cdots\cdots\cdots\cdots\cdots（答）$$

(2) $f(x)=\log x$ とおくと，$f'(x)=\dfrac{1}{x}$ より

$$\int_1^e\overset{f^4}{(\log x)^4}\overset{f'}{\left(\frac{1}{x}\right)}dx=\left[\overset{\frac{1}{5}f^5}{\frac{1}{5}(\log x)^5}\right]_1^e=\frac{1}{5}\cdot 1^5=\frac{1}{5}\ \cdots\cdots\cdots\cdots\cdots（答）$$

(3) $\displaystyle\int_0^1 x(x^2+1)^5\,dx$

$$=\left[\frac{1}{12}(x^2+1)^6\right]_0^1=\frac{1}{12}(2^6-1^6)$$

$$=\frac{63}{12}=\frac{21}{4}\ \cdots\cdots\cdots\cdots\cdots（答）$$

> 被積分関数の形から，この積分は $(x^2+1)^6$ のようになると類推できるね。これを，実際に微分すると，
> $$\{(x^2+1)^6\}'=6\cdot(x^2+1)^5\cdot 2x$$
> $$=12\cdot x(x^2+1)^5$$
> となるからね。

(4) $\displaystyle\int_0^1 x\cdot\sqrt{1-x^2}\,dx$

$$=\left[-\frac{1}{3}(1-x^2)^{\frac{3}{2}}\right]_0^1$$

$$=-\frac{1}{3}(0-1)=\frac{1}{3}\ \cdots\cdots\cdots\cdots（答）$$

> この積分も，$(1-x^2)^{\frac{3}{2}}$ のようになるとわかるね。実際に，これを微分すると，
> $$\{(1-x^2)^{\frac{3}{2}}\}'=\frac{3}{2}(1-x^2)^{\frac{1}{2}}\cdot(-2x)$$
> $$=-3x\sqrt{1-x^2}$$
> となる。

部分積分の計算

次の定積分を求めよ。

$$(1)\int_0^1 x \cdot e^x\,dx \qquad (2)\int_1^e x^2 \cdot \log x\,dx \qquad (3)\int_0^{\frac{\pi}{4}} x \cdot \sin 2x\,dx$$

ヒント！　すべて，部分積分の問題だ。部分積分では，変形後の積分が簡単となるように工夫すればいいんだね。頑張れ。

解答＆解説

$$(1)\int_0^1 x \cdot e^x\,dx = \int_0^1 x \cdot (e^x)'\,dx$$

部分積分の公式：
$$\int_0^1 f \cdot g'\,dx = [f \cdot g]_0^1 - \int_0^1 f' \cdot g\,dx$$
を使った！

$$= [x \cdot e^x]_0^1 - \int_0^1 \overset{x'}{\underset{1}{\boxed{1}}} \cdot e^x\,dx$$

簡単になった！

$$= 1 \cdot e^1 - 0 \cdot e^0 - [e^x]_0^1 = e - (e-1) = 1 \quad\cdots\cdots\cdots\cdots(答)$$

$$(2)\int_1^e x^2 \cdot \log x\,dx = \int_1^e \left(\frac{1}{3}x^3\right)' \cdot \log x\,dx$$

$\log x$ の場合，$\log x$ でないものを積分して，´するとうまくいくよ。

$$\int_1^e f' \cdot g\,dx = [f \cdot g]_1^e - \int_1^e f \cdot g'\,dx$$

$$= \left[\frac{1}{3}x^3 \log x\right]_1^e - \int_1^e \frac{1}{3}x^3 \cdot \overset{(\log x)'}{\underset{}{\left(\frac{1}{x}\right)}}\,dx$$

簡単！

$$= \frac{1}{3}e^3 \cdot \overset{1}{\underbrace{(\log e)}} - \frac{1}{3}\left[\frac{1}{3}x^3\right]_1^e$$

$$= \frac{1}{3}e^3 - \frac{1}{9}(e^3 - 1) = \frac{2e^3 + 1}{9} \quad\cdots\cdots\cdots\cdots\cdots\cdots(答)$$

$$(3)\int_0^{\frac{\pi}{4}} x \cdot \sin 2x\,dx = \int_0^{\frac{\pi}{4}} x \cdot \left(-\frac{1}{2}\cos 2x\right)'\,dx$$

$$\int_0^{\frac{\pi}{4}} f \cdot g'\,dx = [f \cdot g]_0^{\frac{\pi}{4}} - \int_0^{\frac{\pi}{4}} f' \cdot g\,dx$$

$$= \left[-\frac{1}{2}x \cdot \cos 2x\right]_0^{\frac{\pi}{4}} - \int_0^{\frac{\pi}{4}} \overset{x'}{\underset{1}{\boxed{1}}} \cdot \left(-\frac{1}{2}\cos 2x\right)\,dx$$

簡単！

$$= \frac{1}{2}\left[\frac{1}{2}\sin 2x\right]_0^{\frac{\pi}{4}} = \frac{1}{4} \cdot \left(\sin\frac{\pi}{2} - \sin 0\right) = \frac{1}{4} \quad\cdots\cdots\cdots\cdots(答)$$

$$\boxed{\text{置換積分の計算}}$$

| 絶対暗記問題 56 | 難易度 ★ | CHECK1 | CHECK2 | CHECK3 |

定積分 $\displaystyle\int_0^1 \frac{1}{\sqrt{4-x^2}}\,dx$ の値を求めよ。

ヒント！ これは，置換積分の問題で，$\displaystyle\int \frac{1}{\sqrt{a^2-x^2}}\,dx$ の形の積分だから，$a=2$ より，$x=2\sin\theta$ と置換して，積分すればいいんだね。3つのステップで解ける！

解答＆解説

$\displaystyle\int_0^1 \frac{1}{\sqrt{4-x^2}}\,dx$ について，

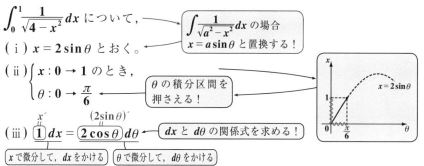

$\displaystyle\int \frac{1}{\sqrt{a^2-x^2}}\,dx$ の場合 $x=a\sin\theta$ と置換する！

(ⅰ) $x=2\sin\theta$ とおく。

(ⅱ) $\begin{cases} x:0\to 1 \text{ のとき，} \\ \theta:0\to \dfrac{\pi}{6} \end{cases}$ ← θ の積分区間を押さえる！

(ⅲ) $\underset{x'}{\underline{(1)}}\,dx=\underset{(2\sin\theta)'}{\underline{(2\cos\theta)}}\,d\theta$ ← dx と $d\theta$ の関係式を求める！

x で微分して，dx をかける　　θ で微分して，$d\theta$ をかける

以上より，

$$\int_0^1 \frac{1}{\sqrt{4-x^2}}\,dx = \int_0^{\frac{\pi}{6}} \frac{1}{\sqrt{4-4\sin^2\theta}}\cdot 2\cos\theta\,d\theta \qquad (\because 0\leqq\theta\leqq\frac{\pi}{6})$$

$\sqrt{4(1-\sin^2\theta)}=\sqrt{4\cos^2\theta}=2|\cos\theta|=2\cos\theta$ （⊕）

$$=\int_0^{\frac{\pi}{6}} \frac{2\cos\theta}{2\cos\theta}\,d\theta = \int_0^{\frac{\pi}{6}} 1\,d\theta = \Big[\theta\Big]_0^{\frac{\pi}{6}} = \frac{\pi}{6} \quad\cdots\cdots\cdots\cdots\cdots\text{(答)}$$

| 頻出問題にトライ・19 | 難易度 ★★ | CHECK1 | CHECK2 | CHECK3 |

次の定積分を求めよ。

$(1)\displaystyle\int_1^2 \frac{x+1}{x^2+2x}\,dx$　　$(2)\displaystyle\int_2^3 \frac{1}{x^2-1}\,dx$　　$(3)\displaystyle\int_0^1 \frac{1}{1+x^2}\,dx$

解答は **P223**

171

§2. 定積分を，区分求積法や関数の決定に利用しよう！

　これまで，定積分の計算練習をシッカリやったから，いよいよこれらを応用することにしよう。定積分は，"**定積分で表された関数**"，や"**区分求積法**"，それに"**絶対値の入った2変数関数の積分**"などに応用できるんだよ。また，分かりやすく解説するから，安心してついてらっしゃい。

● 2種類の定積分で表された関数をマスターしよう！

　定積分で表された関数には，次の2通りがあるんだね。

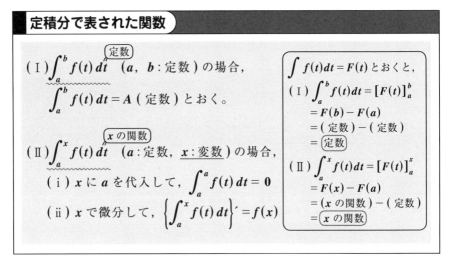

定積分で表された関数

$(\text{I})\ \underline{\int_a^b f(t)dt}$ $(a,\ b:\text{定数})$ の場合，

$\displaystyle\int_a^b f(t)\,dt = A\ (\text{定数})$ とおく。

$(\text{II})\ \underline{\int_a^x f(t)dt}$ $(a:\text{定数},\ \underline{x:\text{変数}})$ の場合，

　(i) x に a を代入して，$\displaystyle\int_a^a f(t)\,dt = 0$

　(ii) x で微分して，$\displaystyle\left\{\int_a^x f(t)\,dt\right\}' = f(x)$

$\displaystyle\int f(t)dt = F(t)$ とおくと，

$(\text{I})\ \displaystyle\int_a^b f(t)dt = \left[F(t)\right]_a^b$
$= F(b) - F(a)$
$= (\text{定数}) - (\text{定数})$
$= \boxed{\text{定数}}$

$(\text{II})\ \displaystyle\int_a^x f(t)dt = \left[F(t)\right]_a^x$
$= F(x) - F(a)$
$= (x\text{の関数}) - (\text{定数})$
$= \boxed{x\text{の関数}}$

(I) の定積分は定数 A とおけることは大丈夫だね。これに対して，

(II) の定積分は，x の関数になる。ここで，$\displaystyle\int f(t)\,dt = F(t)$ とおくと，

$F'(t) = f(t)$ となる。この文字変数は t でも x でも何でも構わないので，

$F'(x) = f(x)$ も成り立つことに注意しよう。すると，

$(\text{II})-(\text{i})$ $\displaystyle\int_a^a f(t)dt = \left[F(t)\right]_a^a = F(a) - F(a) = 0$ となるし，

$(\text{II})-(\text{ii})$ $\displaystyle\left\{\int_a^x f(t)\,dt\right\}' = \left\{\left[F(t)\right]_a^x\right\}' = \left\{F(x) - \underline{F(a)}\right\}' = F'(x) = f(x)$

　　　　　　　　　　　　　　　　　　　　　　　　$\boxed{\text{定数}}$

となることも理解できるだろう？

◆例題 19 ◆

関数 $f(x) = 3\sqrt{x} + 2\displaystyle\int_0^1 f(t)\,dt$ ……① を求めよ。

解答

この定積分 $\displaystyle\int_0^{\boxed{①}} f(t)dt$ は，定数 A とおけるので（定数）（定数）

$A = \displaystyle\int_0^1 f(t)\,dt$ ……② とおくと，①は，

$f(x) = 3\sqrt{x} + 2A$ ……①′ 　　後は，A の値さえ求まれば，関数 $f(x)$ は決まる。

よって，$f(t) = 3t^{\frac{1}{2}} + 2A$ ……①″ 　　①″を②に代入して，積分すれば A の方程式が出来る！

①″を②に代入して，

$A = \displaystyle\int_0^1 \left(3t^{\frac{1}{2}} + 2A\right)dt = \left[3 \cdot \dfrac{2}{3}t^{\frac{3}{2}} + 2At\right]_0^1 = 2 + 2A$

$\therefore A = 2 + 2A$ より，$A = \underline{-2}$ ……③

③を①′に代入して，$f(x) = 3\sqrt{x} + 2 \cdot (\underline{-2}) = 3\sqrt{x} - 4$ …………………(答)

$f(x)$ が決定できた！

◆例題 20 ◆

関数 $f(x)$ は，$\displaystyle\int_a^x f(t)\,dt = 2x\sin x - x$ ……④をみたす。このとき，定数 a の値と関数 $f(x)$ を求めよ。（ただし，$0 < a < 2\pi$ とする。）

解答

この定積分 $\displaystyle\int_a^x f(t)dt$ は，x の関数となるので，やるべきことは（定数）

(i)④の両辺の x に a を代入して，a の値を求めることと，(ii)④の両辺を x で微分することなんだね。

(i) $\int_a^x f(t)dt = 2x\sin x - x$ ……④ の両辺の x に a を代入して，

$\underbrace{\int_a^a f(t)dt}_{0} = 2a\sin a - a$ より $a(2\sin a - 1) = 0$

ここで，$a > 0$ より，両辺を a で割って，

$2\sin a - 1 = 0$ $\qquad$ $\sin a = \dfrac{1}{2}$

$0 < a < 2\pi$ より，$\therefore a = \dfrac{\pi}{6},\ \dfrac{5}{6}\pi$ ………(答)

(ii) ④の両辺を x で微分すると，

$\underbrace{\left\{\int_a^x f(t)dt\right\}'}_{f(x)} = (2x\sin x - x)'$ より

$f(x) = 2x' \cdot \sin x + 2x(\sin x)' - x' = 2\sin x + 2x\cos x - 1$ ……(答)

● **区分求積法は，そば打ち名人だ！**

次，**区分求積法**を解説しよう。これも，$\lim$ や $\sum$ や $\int$ といった記号が全部出てくるから，また，「大変だ!!」になるかも知れないね。でも，大丈夫！ 図形的に考えれば，すぐわかるはずだ。

区分求積法の公式

$$\lim_{n\to\infty}\frac{1}{n}\sum_{k=1}^{n}f\left(\frac{k}{n}\right) = \int_0^1 f(x)\,dx$$

意味がわかれば，この公式も当たり前に見えてくるよ！

図 1 に示すように，区間 $0 \leqq x \leqq 1$ の範囲で，$y = f(x)$ と x 軸とではさまれる部分を，そば打ち職人が，トントン…とそばを切るように，n 等分に分けたとするよ。そして，その右肩の y 座標が $y = f(x)$ の y 座標と一致するように，n 個の長方形を作るんだ。

このうち，k 番目の長方形の面積を S_k と

図 1 n 個の区間に分けた長方形

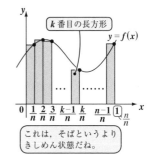

これは，そばというよりきしめん状態だね。

174

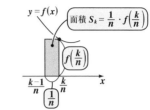

おくと，図 2 に示すように，横が $\dfrac{1}{n}$，た

てが $f\left(\dfrac{k}{n}\right)$ の長方形より，この面積 S_k は，

図 2 k 番目の長方形の面積 S_k

$S_k = \dfrac{1}{n} \times f\left(\dfrac{k}{n}\right)$ $(k = 1, 2, \cdots, n)$ となる。

　ここで，この長方形群の面積 S_1, S_2, $\cdots$,

S_n の総和をとると，

$$\sum_{k=1}^{n} S_k = \sum_{k=1}^{n} \dfrac{1}{n} \cdot f\left(\dfrac{k}{n}\right) = \dfrac{1}{n} \sum_{k=1}^{n} f\left(\dfrac{k}{n}\right) \quad \left[\begin{array}{c} \text{きしめん状態} \end{array}\right]$$

$k = 1, 2, \cdots, n$ と動くので，この時点で n は定数扱い！

ここで，そば打ち職人が名人になって，$n \to \infty$ と細いそばを打つと，長方

形の頭のギザギザが気にならなくなって，$0 \leqq x \leqq 1$ の区間で $y = f(x)$ と

x 軸とではさまれる図形の面積になってしまうんだね。

$$\therefore \lim_{n \to \infty} \dfrac{1}{n} \sum_{k=1}^{n} f\left(\dfrac{k}{n}\right) = \int_0^1 f(x)\,dx \quad \text{の区分求積法の公式が導けるんだ。}$$

$$\left[\ \bigg|\!\bigg|\!\bigg|\!\bigg|\!\bigg| \quad = \quad \frown \ \right] \quad \boxed{\text{細〜いそば状態になった！}}$$

◆**例題 21**◆

極限 $\displaystyle \lim_{n \to \infty} \dfrac{1}{n}\left(\cos \dfrac{1}{n} + \cos \dfrac{2}{n} + \cdots + \cos \dfrac{n}{n}\right)$ を求めよ。

解答

求める極限は，

$$\lim_{n \to \infty} \dfrac{1}{n}\left(\cos \dfrac{1}{n} + \cos \dfrac{2}{n} + \cdots + \cos \dfrac{n}{n}\right)$$

$$= \lim_{n \to \infty} \dfrac{1}{n} \sum_{k=1}^{n} \underbrace{\cos \dfrac{k}{n}}_{f\left(\frac{k}{n}\right)} \quad \boxed{\text{区分求積法：} \lim_{n \to \infty} \dfrac{1}{n} \sum_{k=1}^{n} f\left(\dfrac{k}{n}\right) = \int_0^1 f(x)\,dx \text{ を使った！}}$$

$$= \int_0^1 \underbrace{\cos x}_{f(x)}\,dx = \left[\sin x\right]_0^1 = \sin \boxed{1}^{57^\circ} \quad \cdots\cdots\cdots\cdots\cdots\cdots\text{（答）}$$

$\boxed{60^\circ = \dfrac{\pi}{3} \fallingdotseq \dfrac{3.14}{3} \fallingdotseq 1.05 \text{ より，1 ラジアン} \fallingdotseq 57^\circ \text{ だね。}}$

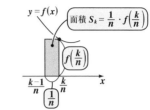

● 定積分と不等式の関係も押さえよう！

区間 $[a, b]$ で定義された 2 つの関数

$a \leqq x \leqq b$ のこと

$f(x)$ と $g(x)$ について，図 3 のように

$f(x) \geqq g(x)$ ならば

$$\int_a^b f(x)dx > \int_a^b g(x)dx \quad となる。$$

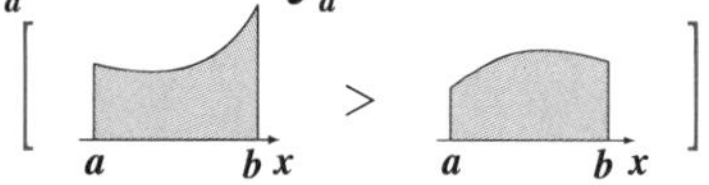

$$\left[\begin{array}{ccc} & & \\ a & b\,x & > & a & b\,x \end{array}\right]$$

これは，それぞれの面積で考えれば
一目瞭然だね。

図 3　定積分と不等式

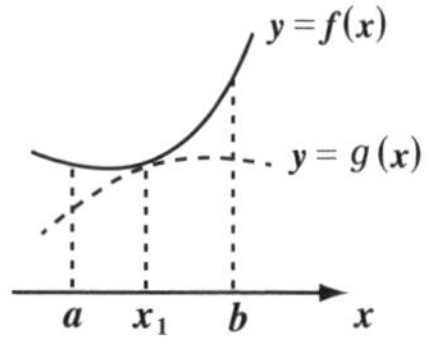

図のように，$f(x_1) = g(x_1)$ となる
点があっても，$f(x)$ と $g(x)$ がまっ
たく同じ関数でない限り，
$\int_a^b f(x)dx$ と $\int_a^b g(x)dx$ に等号は
成り立たない。

(ex)　$0 \leqq x \leqq 1$ において，$\dfrac{1}{1+x^2} \leqq \dfrac{1}{1+x^3}$ より　$\dfrac{\pi}{4} < \displaystyle\int_0^1 \dfrac{1}{1+x^3}\,dx$ が成り立

つことを示そう。

$$0 \leqq x \leqq 1 \text{ のとき } \underline{x^2 \geqq x^3} \text{ より } 1+x^2 \geqq 1+x^3 \quad \therefore \dfrac{1}{1+x^2} \leqq \dfrac{1}{1+x^3}$$

各辺に，$x^2 \geqq 0$ をかけ
て $0 \leqq x^3 \leqq x^2$ だからね。

$x = 0$ のとき，等号が成り立つ。

よって，$\displaystyle\int_0^1 \dfrac{1}{1+x^2}\,dx < \int_0^1 \dfrac{1}{1+x^3}\,dx$

$x = \tan\theta$ とおいて積分すると，$\dfrac{\pi}{4}$ となる。

$$\therefore \dfrac{\pi}{4} < \int_0^1 \dfrac{1}{1+x^3}\,dx \text{ は成り立つ。}$$

.............................(終)

左辺の積分は，$x = \tan\theta$ とおくと，
$x : 0 \to 1$ のとき，$\theta : 0 \to \dfrac{\pi}{4}$
$dx = \dfrac{1}{\cos^2\theta}\,d\theta$ より，

$$\int_0^1 \dfrac{1}{1+x^2}\,dx = \int_0^{\frac{\pi}{4}} \dfrac{1}{1+\tan^2\theta} \cdot \dfrac{1}{\cos^2\theta}\,d\theta$$
（$1+\tan^2\theta = \dfrac{1}{\cos^2\theta}$）
$$= \int_0^{\frac{\pi}{4}} 1 \cdot d\theta = \left[\theta\right]_0^{\frac{\pi}{4}} = \dfrac{\pi}{4}$$

● 絶対値の入った 2 変数関数の積分にも慣れよう！

　まず，絶対値の入った関数の積分を練習してみるよ。例として，

$\displaystyle\int_0^{2\pi} |\sin x|\,dx$ を求めてみよう。積分区間 $0 \leqq x \leqq 2\pi$ より，

$$\begin{cases} (\text{i})\ 0 \leqq x \leqq \pi \text{ のとき，} \sin x \geqq 0 \\ (\text{ii})\ \pi \leqq x \leqq 2\pi \text{ のとき，} \sin x \leqq 0 \end{cases}$$

176

よって，$\displaystyle\int_0^{2\pi}|\sin x|\,dx = \int_0^{\pi}\underset{\boxed{0\text{以上}}}{\underline{\sin x}}\,dx + \int_{\pi}^{2\pi}(-\underset{\boxed{0\text{以下}}}{\underline{\sin x}})\,dx$

$= -\bigl[\cos x\bigr]_0^{\pi} + \bigl[\cos x\bigr]_{\pi}^{2\pi} = -(\underset{-1}{\boxed{\cos\pi}} - \underset{1}{\boxed{\cos 0}}) + (\underset{1}{\boxed{\cos 2\pi}} - \underset{-1}{\boxed{\cos\pi}})$

$= -(-1-1) + (1+1) = 4$　となって，答えだ。

　それでは，次，**2 変数関数の積分**に入ろう。次の 2 つの積分

(i)$\displaystyle\int (\sqrt{t}-x)\underset{=}{dt}$ と (ii)$\displaystyle\int (\sqrt{t}-x)\underset{=}{dx}$ の区別はつく？　エッ，同じだって？

これって，全然違うんだよ。(i) の積分の最後は $\underset{\sim}{dt}$ で終わってるけれど，(ii) の最後は $\underset{\sim}{dx}$ で終わってるでしょう。

つまり，(i) は「t で積分しろ」，(ii) は「x で積分しろ」って，言っているんだね。

それでは，(i)，(ii) を具体的に積分して見せるよ。

(i)$\displaystyle\int \Bigl(\underset{\substack{\boxed{\text{変数}}\\\boxed{1\text{なら}1\text{と思いなさい}}}}{t^{\frac{1}{2}}} - \underset{\boxed{\text{定数扱い}}}{x}\Bigr)\underset{\boxed{t\text{で積分}}}{dt} = \dfrac{2}{3}t^{\frac{3}{2}} - x\cdot t + C_1$

(ii)$\displaystyle\int \Bigl(\underset{\substack{\boxed{\text{定数扱い}}\\\boxed{\sqrt{2}\text{なら}\sqrt{2}\text{と思いなさい}}}}{\sqrt{t}} - \underset{\boxed{\text{変数}}}{x}\Bigr)\underset{\boxed{x\text{で積分}}}{dx} = \sqrt{t}\cdot x - \dfrac{1}{2}x^2 + C_2$

　どう？　この違い，納得できた？　積分では，ある変数で積分するとき，それ以外の変数は，すべて定数とみなして，積分するんだよ。

　それでは，$\displaystyle\int_0^4 \underset{\substack{\boxed{\text{変数}}\boxed{\text{定数扱い}}\boxed{t\text{で積分}}}}{|\sqrt{t}-x|\,dt}$ が与えられたとすると，t で積分するから，まず，

t が変数で，x は定数扱いになるんだね。さらに，絶対値が入っているから，絶対値記号内の符号にも注意しないといけないね。

　これはかなりレベルの高い問題だけれど，受験では最頻出問題だから，絶対暗記問題 **62** で詳しく解説するつもりだ。

定積分で表された関数の決定

絶対暗記問題 57	難易度 ★★	CHECK1	CHECK2	CHECK3

次の関数 $f(x)$ を求めよ。

$$f(x) = \sin^2 x + 2\int_0^{\frac{\pi}{2}} f(t) \cdot \cos t \, dt$$

ヒント！ 与えられた定積分 $\int_0^{\frac{\pi}{2}} f(t) \cos t \, dt = A$ (定数) とおくと, $f(x) = \sin^2 x$ $+ 2A$ となる。後は, この A の値を求めればいいんだね。置換積分もポイントになるよ。頑張って解いてくれ。

解答&解説

$f(x) = \sin^2 x + 2\int_0^{\frac{\pi}{2}} f(t) \cos t \, dt$ ……① ここで,

$A = \int_0^{\frac{\pi}{2}} f(t) \cos t \, dt$ ……② とおくと, ①は

$f(x) = \sin^2 x + 2A$ ……③

③より, $f(t) = \sin^2 t + 2A$ ……③′ ③′を②に代入して,

$$A = \int_0^{\frac{\pi}{2}} (\overbrace{\underbrace{\sin^2 t + 2A}_{}}^{g(\sin t)}) \cos t \, dt ……④$$

> この定積分は,
> $\int g(\sin t) \cdot \cos t \, dt$ の形を
> しているから, $\sin t = u$ と置換
> すると, うまくいく！

ここで, (ⅰ) $\sin t = u$ とおく。

(ⅱ) $t : 0 \to \frac{\pi}{2}$ のとき, $u : 0 \to 1$

(ⅲ) $\underbrace{\cos t}_{(\sin t)'} dt = \underbrace{1}_{u'} du$

> 置換積分の 3 つのステップだ！

以上より, ④は

$$A = \int_0^1 (u^2 + 2A) \, du = \left[\frac{1}{3} u^3 + 2Au \right]_0^1 = \frac{1}{3} + 2A$$

$\therefore A = \frac{1}{3} + 2A$ より, $A = -\frac{1}{3}$ ……⑤

⑤を③に代入して, 求める関数 $f(x)$ は

$$f(x) = \sin^2 x + 2 \cdot \left(-\frac{1}{3} \right) \quad \therefore f(x) = \sin^2 x - \frac{2}{3} \quad \text{……(答)}$$

定積分で表された関数

絶対暗記問題 58　　難易度 ★★　　CHECK1　CHECK2　CHECK3

関数 $f(x) = \displaystyle\int_0^x (\cos t + \cos 2t)\, dt\ (0 \le x \le 2\pi)$ について，この極大値と，

そのときの x の値を求めよ。　　　　　　　　　　　　（金沢工大＊）

ヒント！ この定積分は，x の関数なので，そのまま微分すれば $f'(x)$ が求まる。

解答＆解説

$f(x) = \displaystyle\int_0^x (\cos t + \cos 2t)\, dt$ ……①

$(0 \le x \le 2\pi)$ の両辺を x で微分して

$$f'(x) = \left\{\int_0^x (\cos t + \cos 2t)\, dt\right\}'$$

$\left\{\displaystyle\int_a^x g(t)dt\right\}' = g(x)$ だからね。

$\underbrace{\cos x + \cos 2x}$

$= \cos x + \underbrace{\cos 2x}_{2\cos^2 x - 1\,(2倍角の公式)} = 2\cos^2 x + \cos x - 1 = (2\cos x - 1)\underbrace{(\cos x + 1)}_{x=\pi\ 以外は，常に\oplus}$

$f'(x) = 0$ のとき，$\cos x = \dfrac{1}{2},\ -1$ より，$x = \dfrac{\pi}{3},\ \pi,\ \dfrac{5}{3}\pi$

$f(x)$ の増減表は右のようになる。よって，$x = \dfrac{\pi}{3}$ のとき $f(x)$ は極大値をとる。

増減表 $(0 \le x \le 2\pi)$

x	0		$\dfrac{\pi}{3}$		π		$\dfrac{5}{3}\pi$		2π
$f'(x)$		$+$	0	$-$	0	$-$	0	$+$	
$f(x)$		↗	極大	↘		↘	極小	↗	

$f\left(\dfrac{\pi}{3}\right) = \displaystyle\int_0^{\frac{\pi}{3}} (\cos t + \cos 2t)\, dt$

$= \left[\sin t + \dfrac{1}{2}\sin 2t\right]_0^{\frac{\pi}{3}}$

$= \underbrace{\sin \dfrac{\pi}{3}}_{\frac{\sqrt3}{2}} + \dfrac{1}{2}\underbrace{\sin \dfrac{2}{3}\pi}_{\frac{\sqrt3}{2}}$

$= \dfrac{\sqrt3}{2} + \dfrac{\sqrt3}{4} = \dfrac{3\sqrt3}{4}$

たとえば，$0 < x < \dfrac{\pi}{3}$ のとき，$x = \dfrac{\pi}{6}$ を $f'(x)$ に代入して，$f'\left(\dfrac{\pi}{6}\right) = \left(2\cdot\dfrac{\sqrt3}{2}-1\right)\left(\dfrac{\sqrt3}{2}+1\right) > 0$ が分かる。

$\therefore x = \dfrac{\pi}{3}$ のとき，$f(x)$ は極大値 $f\left(\dfrac{\pi}{3}\right) = \dfrac{3\sqrt3}{4}$ をとる。………（答）

区分求積法による極限

次の極限を定積分で表し，その値を求めよ。

(1) $I = \lim_{n \to \infty} \dfrac{1}{n^2} \sum_{k=1}^{n} k \cdot \cos \dfrac{k}{n}$

(2) $J = \lim_{n \to \infty} \dfrac{1}{n} \left(\sqrt{1 - \dfrac{1^2}{n^2}} + \sqrt{1 - \dfrac{2^2}{n^2}} + \cdots + \sqrt{1 - \dfrac{n^2}{n^2}} \right)$ 　　　　（福岡大）

ヒント！ (1)(2) 共に，区分求積法の問題だ。区分求積法の公式：

$\lim_{n \to \infty} \dfrac{1}{n} \sum_{k=1}^{n} f\left(\dfrac{k}{n}\right) = \displaystyle\int_0^1 f(x)\,dx$ が使える！

解答 & 解説

$f\left(\dfrac{k}{n}\right)$

(1) $I = \lim_{n \to \infty} \dfrac{1}{n} \sum_{k=1}^{n} \boxed{\dfrac{k}{n} \cos \dfrac{k}{n}} = \displaystyle\int_0^1 \boxed{x \cdot \cos x}\,dx$ 　　区分求積法の公式通りだ！

$\overset{f(x)}{}$

$\displaystyle = \int_0^1 x \cdot (\sin x)'\,dx$ 　　部分積分法の公式：

$\displaystyle \int_0^1 f \cdot g'\,dx = \left[f \cdot g\right]_0^1 - \int_0^1 f' \cdot g\,dx$ を使った！

$\displaystyle = \left[x \cdot \sin x\right]_0^1 - \int_0^1 \underset{\substack{\|\\ x'}}{(1)} \cdot \sin x\,dx$

簡単になった！

$= 1 \cdot \sin \overset{57^\circ}{(1)} - 0 \cdot \sin 0 + \left[\cos x\right]_0^1$

$= \sin 1 + \cos 1 - 1$ ……………………………………………………（答）

(2) $J = \lim_{n \to \infty} \dfrac{1}{n} \left\{ \sqrt{1 - \left(\dfrac{1}{n}\right)^2} + \sqrt{1 - \left(\dfrac{2}{n}\right)^2} + \cdots + \sqrt{1 - \left(\dfrac{n}{n}\right)^2} \right\}$

$= \lim_{n \to \infty} \dfrac{1}{n} \sum_{k=1}^{n} \boxed{\sqrt{1 - \left(\dfrac{k}{n}\right)^2}} \overset{= f\left(\frac{k}{n}\right)}{}$

半円の公式
円：$x^2 + y^2 = r^2$ より
$y^2 = r^2 - x^2$
$y = \pm\sqrt{r^2 - x^2}$

$= \displaystyle\int_0^1 \boxed{\sqrt{1 - x^2}}\,dx$

$\overset{f(x)}{}$

半径 1 の上半円の式

上半円 $y = \sqrt{r^2 - x^2}$

下半円 $y = -\sqrt{r^2 - x^2}$

$\left[\begin{array}{c} y = \sqrt{1 - x^2} \\ \frac{1}{4} \text{円の面積} \end{array}\right]$

$= \dfrac{1}{4} \cdot \pi \cdot 1^2 = \dfrac{\pi}{4}$ ……………………………………………（答）

区分求積法の応用

絶対暗記問題 60　　難易度 ★☆　　CHECK1　　CHECK2　　CHECK3

$P_n = \left\{ \dfrac{(n+1) \cdot (n+2) \cdot (n+3) \cdots\cdots (n+n)}{n^n} \right\}^{\frac{1}{n}}$ 　$(n = 1, 2, 3, \cdots)$ の極限

$\lim\limits_{n \to \infty} P_n$ を，次の問いに答えることにより求めよ。

(1) $\log P_n$ を $\dfrac{1}{n} \sum\limits_{k=1}^{n} f\left(\dfrac{k}{n} \right)$ の形に変形せよ。(ただし，$\log P_n$ は P_n の自然対数を表す。)

(2) $\lim\limits_{n \to \infty} \log P_n$ を求めて，$\lim\limits_{n \to \infty} P_n$ を求めよ。

ヒント！　$\lim\limits_{n \to \infty} P_n$ を直接求めるのは難しいので，(1)で P_n の自然対数をとって，これを変形すると，$\log P_n = \dfrac{1}{n} \sum\limits_{k=1}^{n} f\left(\dfrac{k}{n} \right)$ の形に持ち込める。よって (2) で，区分求積法の公式を使って，$\lim\limits_{n \to \infty} \log P_n = \displaystyle\int_0^1 f(x)\,dx$ として，まず $\lim\limits_{n \to \infty} \log P_n$ を求め，これから $\lim\limits_{n \to \infty} P_n$ を求めよう。

解答 & 解説

(1) $P_n = \left\{ \dfrac{(n+1) \cdot (n+2) \cdot (n+3) \cdots\cdots (n+n)}{n^n} \right\}^{\frac{1}{n}}$ 　$(n = 1, 2, 3, \cdots)$ の両辺の

自然対数をとって，変形すると，

> 対数の公式
> ・$\log x^{\boxed{n}} = n \cdot \log x$
> ・$\log xy = \log x + \log y$

$\log P_n = \log \left\{ \dfrac{(n+1) \cdot (n+2) \cdot (n+3) \cdots\cdots (n+n)}{n^n} \right\}^{\frac{1}{n}}$

$= \dfrac{1}{n} \log \left\{ \left(1 + \dfrac{1}{n} \right) \cdot \left(1 + \dfrac{2}{n} \right) \cdot \left(1 + \dfrac{3}{n} \right) \cdots\cdots \cdot \left(1 + \dfrac{n}{n} \right) \right\}$

$= \dfrac{1}{n} \left\{ \log\left(1 + \dfrac{1}{n} \right) + \log\left(1 + \dfrac{2}{n} \right) + \log\left(1 + \dfrac{3}{n} \right) + \cdots\cdots + \log\left(1 + \dfrac{n}{n} \right) \right\}$

$\therefore \log P_n = \dfrac{1}{n} \sum\limits_{k=1}^{n} \log\left(1 + \dfrac{k}{n} \right)$ ……① となる。 ……………………(答)

> $f\left(\dfrac{k}{n} \right)$ の形になっている。

> 従って，$\log P_n$ の $n \to \infty$ の極限は，$\lim\limits_{n \to \infty} \log P_n = \lim\limits_{n \to \infty} \dfrac{1}{n} \sum\limits_{k=1}^{n} f\left(\dfrac{k}{n} \right)$ となって，区分求積法の形が出来ているんだね。

(2) ①より，$\log P_n$ の $n \to \infty$ の極限を求めると，

$$\boxed{\log P_n = \frac{1}{n}\sum_{k=1}^{n}\log\left(1+\frac{k}{n}\right) \cdots ①}$$

$$\lim_{n\to\infty}\log P_n = \lim_{n\to\infty}\frac{1}{n}\sum_{k=1}^{n}\underbrace{\log\left(1+\frac{k}{n}\right)}_{f\left(\frac{k}{n}\right)}$$

> **区分求積法**
> $$\lim_{n\to\infty}\frac{1}{n}\sum_{k=1}^{n}f\left(\frac{k}{n}\right)=\int_0^1 f(x)\,dx$$

$$=\int_0^1 \underbrace{\log(1+x)}_{f(x)}dx$$

$$=\int_0^1 \underbrace{(1+x)'}_{①}\cdot\log(1+x)\,dx$$

> **部分積分**
> $$\int_0^1 f'\cdot g\,dx=\big[f\cdot g\big]_0^1-\int_0^1 f\cdot g'\,dx$$

$$=\Big[(1+x)\cdot\log(1+x)\Big]_0^1-\int_0^1 (1+x)\cdot\underbrace{\{\log(1+x)\}'}_{\frac{1}{1+x}}dx$$

$$=2\cdot\log 2 - \underbrace{1\cdot\log 1}_{⓪} - \underbrace{[x]_0^1}_{(1-0)=1}$$

> **対数の公式**
> $$\log\frac{y}{x}=\log y-\log x$$

$$=\underbrace{2\log 2}_{\log 2^2=\log 4}-1=\log 4-\underbrace{\log e}_{\log_e e=1}=\log\frac{4}{e}\quad\cdots\cdots\cdots\cdots\cdots(答)$$

$\therefore\ \underline{\underline{\lim_{n\to\infty}\log P_n}}=\log\dfrac{4}{e}$ より，求める極限 $\lim_{n\to\infty}P_n$ の値は，

$$\underline{\underline{\lim_{n\to\infty}P_n=\frac{4}{e}}}\ \text{である。}\quad\cdots\cdots\cdots\cdots\cdots\cdots\cdots\cdots\cdots\cdots\cdots\cdots(答)$$

> **参考**
>
> $(x+a)\cdot\log(x+a)-x\quad(a：定数)$ を x で微分すると，
>
> $\{(x+a)\cdot\log(x+a)-x\}'=1\cdot\log(x+a)+(x+a)\cdot\dfrac{1}{x+a}-1=\log(x+a)$ となる。
>
> よって，$\log(x+a)$ の不定積分の公式として，
>
> $$\int\log(x+a)\,dx=(x+a)\cdot\log(x+a)-x+C\ \text{は覚えておくと便利だ。}$$
>
> これから，$\displaystyle\int_0^1\log(x+1)\,dx=\Big[(x+1)\log(x+1)-x\Big]_0^1$ と求めてもいいし，また，
>
> $a=0$ のとき，$\displaystyle\int\log x\,dx=x\cdot\log x-x+C$ となる。これも覚えておこう！

定積分と不等式

絶対暗記問題 61　　難易度　　　CHECK*1*　　CHECK*2*　　CHECK*3*

3 以上の自然数 n に対して, $0 \le x \le \dfrac{1}{2}$ のとき $1 \le \dfrac{1}{\sqrt{1-x^n}} \le \dfrac{1}{\sqrt{1-x^2}}$ が

成り立つことを示し, $\dfrac{1}{2} < \displaystyle\int_0^{\frac{1}{2}} \dfrac{1}{\sqrt{1-x^n}}\, dx < \dfrac{\pi}{6}$ が成り立つことを示せ。

ヒント! $[a, b]$ で, $1 \le f(x) \le g(x)$ ならば, $\displaystyle\int_a^b 1 \cdot dx < \int_a^b f(x)dx < \int_a^b g(x)dx$
となるんだね。頑張ろう!

解答 & 解説

$n = 3, 4, 5, 6, \cdots\cdots$, そして, $0 \le x \le \dfrac{1}{2}$ のとき

$\underline{x^n \le x^2}$ より, $-x^n \ge -x^2$, $\quad 1-x^n \ge 1-x^2$, $\quad \sqrt{1-x^n} \ge \sqrt{1-x^2}$ より

たとえば, $n = 3, x = \dfrac{1}{4}$ と考えると, $\left(\dfrac{1}{4}\right)^3 \le \left(\dfrac{1}{4}\right)^2$ となるのが分かるはずだ。

$\dfrac{1}{\sqrt{1-x^n}} \le \dfrac{1}{\sqrt{1-x^2}}$ また, $1 \le \underline{\dfrac{1}{\sqrt{1-x^n}}}$ より, $1 \le \dfrac{1}{\sqrt{1-x^n}} \le \dfrac{1}{\sqrt{1-x^2}}$ ……①

が成り立つ。　　　　　　　　　　1 以下の数　　　　　　　　　　　　　……………………(終)

①の各辺を, $x : 0 \to \dfrac{1}{2}$ の区間で積分すると,

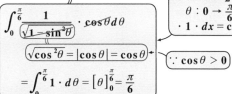

$$\underline{\int_0^{\frac{1}{2}} 1 \cdot dx} < \underline{\int_0^{\frac{1}{2}} \dfrac{1}{\sqrt{1-x^n}}\, dx} < \underline{\int_0^{\frac{1}{2}} \dfrac{1}{\sqrt{1-x^2}}\, dx}$$

$\left[x\right]_0^{\frac{1}{2}} = \dfrac{1}{2}$

右辺の積分は,
・$x = \sin\theta$ とおくと
・$x : 0 \to \dfrac{1}{2}$ のとき
　$\theta : 0 \to \dfrac{\pi}{6}$
・$1 \cdot dx = \cos\theta\, d\theta$

$\displaystyle\int_0^{\frac{\pi}{6}} \dfrac{1}{\sqrt{1-\sin^2\theta}} \cdot \cos\theta\, d\theta$

$\left(\sqrt{\cos^2\theta} = |\cos\theta| = \cos\theta\right)$　$(\because \cos\theta > 0)$

$= \displaystyle\int_0^{\frac{\pi}{6}} 1 \cdot d\theta = \left[\theta\right]_0^{\frac{\pi}{6}} = \dfrac{\pi}{6}$

$\dfrac{1}{2} < \displaystyle\int_0^{\frac{1}{2}} \dfrac{1}{\sqrt{1-x^n}}\, dx < \dfrac{\pi}{6}$　$(n = 3, 4, 5, \cdots\cdots)$ が成り立つ。………………(終)

絶対値の入った 2 変数関数の定積分

絶対暗記問題 62	難易度		CHECK*1*	CHECK*2*	CHECK*3*

関数 $f(x) = \displaystyle\int_0^4 |\sqrt{t} - x|\, dt \ \ (x \geqq 0)$ を求めよ。

ヒント！ この定積分 $f(x) = \displaystyle\int_0^4 |\sqrt{t} - x|\, dt$ は t での積分なので, t をまず変数,

まず, 変数 ｜ まず, 定数扱い ｜ t で積分

積分後, 変数

x は定数 (**1** なら **1** と思いなさい。) とみるんだ。でも, t での積分が終わると, t には, **4** と **0** が入って t はなくなってしまうので, 最終的には, x だけが残って, x の関数 $f(x)$ になるんだ。納得いった？

定数とみる

ここで, $y = g(t) = \sqrt{t} - x$ とおくと, $g(t) = 0$ のとき, $\sqrt{t} = x$ ∴ $t = \boxed{x^2}$

$y = g(t)$ は, $y = \sqrt{t}$ を y 軸方向に $-x$ だけ平行移動したものだ！

よって, $y = |g(t)|$ のグラフは右図となる。t の積分区間が $0 \leqq t \leqq 4$ より, **4** と x^2 との大小関係がポイントになるよ。

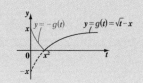

解答 & 解説

$f(x) = \displaystyle\int_0^4 |\sqrt{t} - x|\, dt$ ……① $(x \geqq 0)$ について

$g(t) = \sqrt{t} - x = t^{\frac{1}{2}} - x$ とおき, さらに

まだ, 定数扱い

$G(t) = \displaystyle\int g(t)\, dt = \int \left(t^{\frac{1}{2}} - x\right) dt = \frac{2}{3} t^{\frac{3}{2}} - \boxed{x} \cdot t + C$ とおく。

注意 この問題では, 似たような積分が何回も出てくるので, こうして **1** 回だけ $g(t)$ の不定積分を求めておくと, 計算が楽になる。実際の計算は, 定積分だから, 積分定数 C は考えなくていいよ。

(i) $x^2 \leqq 4$, すなわち $0 \leqq x \leqq 2$ のとき,

$$f(x) = \int_0^{x^2} \{-g(t)\}\, dt + \int_{x^2}^4 g(t)\, dt$$

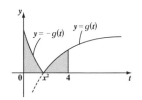

$$= -\bigl[G(t)\bigr]_0^{x^2} + \bigl[G(t)\bigr]_{x^2}^4$$

$$= -G(x^2) + G(0) + G(4) - G(x^2)$$

$$= \underset{\sim}{G(0)} + \underline{G(4)} - 2\underline{G(x^2)}$$

$$= \underset{\sim}{0} + \underline{\frac{2}{3} \cdot \overset{(2^2)^{\frac{3}{2}} = 2^3 = 8}{\left(4^{\frac{3}{2}}\right)} - x \cdot 4} - 2\left\{\underline{\frac{2}{3}\overset{x^3}{\left((x^2)^{\frac{3}{2}}\right)} - x \cdot x^2}\right\}$$

$$= \frac{2}{3}x^3 - 4x + \frac{16}{3}$$

(ii) $4 \leqq x^2$, すなわち $2 \leqq x$ のとき,

$$f(x) = \int_0^4 \{-g(t)\}\,dt$$

$$= -\bigl[G(t)\bigr]_0^4$$

$$= -\underline{G(4)} + \underset{\sim}{G(0)}$$

$$= -\underline{\left(\frac{16}{3} - 4x\right)} + \underset{\sim}{0}$$

$$= 4x - \frac{16}{3}$$

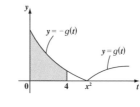

以上 (i)(ii) より, 求める関数 $f(x)$ は次のようになる。

$$f(x) = \begin{cases} \dfrac{2}{3}x^3 - 4x + \dfrac{16}{3} & (0 \leqq x \leqq 2 \text{ のとき}) \\[2mm] 4x - \dfrac{16}{3} & (2 \leqq x \text{ のとき}) \end{cases} \quad \cdots\cdots\cdots\cdots\cdots\cdots(\text{答})$$

頻出問題にトライ・20　難易度 ★ ★ ★　CHECK1　CHECK2　CHECK3

　AB を直径とする半径 a の半円の弧 **AB** を n 等分した分点を $P_k (k = 1, 2, 3, \cdots, n - 1)$ とする。$\triangle AP_kB$ の面積を S_k とするとき, 次の極限値を求めよ。

$$\lim_{n \to \infty} \frac{1}{n}\sum_{k=1}^{n-1} S_k \qquad (\text{法政大})$$

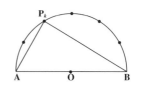

解答は **P224**

§3. 積分で面積・体積・曲線の長さが計算できる！

それでは，積分の最終講義に入ろう。テーマは，"**面積**"，"**体積**"，"**曲線の長さ**"の積分計算だ。ここでは，媒介変数表示された曲線で囲まれた図形の面積についても，詳しく話すつもりだ。このように，さまざまな応用問題をこなすことによって，積分計算の技も，さらに磨きをかけることが出来るんだよ。難しいけれど，面白いはずだ。頑張ろう！

● 面積計算では，曲線の上下関係を押さえよう！

ある図形の面積を S とおくよ。ここで，積分定数 C を無視すると，面積の基本公式 $S = \int dS$ ……① が導けるね。右辺の積分を $\int 1\,dS$ と見ると，なるほど，1 を S で積分したら，S になるからだ。

ここで，この dS を "**微少面積**" と呼ぶ。図1のように，$a \leqq x \leqq b$ の範囲で，2曲線 $y = f(x)$ と $y = g(x)$ $[f(x) \geqq g(x)]$ とではさまれる図形の面積 S の微小面積 dS は，横幅 dx，高さ $f(x) - g(x)$ の微小な長方形の面積となるので，

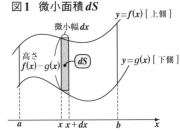

図1 微小面積 dS

$$dS = \{f(x) - g(x)\}\,dx \quad \cdots\cdots ②$$ となるね。

②を①に代入して，積分区間 $a \leqq x \leqq b$ で積分すると，次の面積を求める重要公式が導ける。

■ 面積の積分公式

$a \leqq x \leqq b$ の範囲で，2曲線 $y = f(x)$ と $y = g(x)$ $[f(x) \geqq g(x)]$ とではさまれる図形の面積 S は，

$$\text{面積}\ S = \int_a^b \{\underbrace{f(x)}_{\text{上側}} - \underbrace{g(x)}_{\text{下側}}\}\,dx$$

> 面積計算では，この上下関係に特に気をつけよう！

特に，$y=f(x)$ と $y=0$［x 軸］とではさまれる図形の面積計算について，公式としてまとめておこう。

$y=f(x)$ と x 軸ではさまれる図形の面積

(i)$f(x) \geqq 0$ のとき

　$y=f(x)$ は x 軸の上側にあるので，

　面積 $S_1 = \int_a^b f(x)\,dx$ 　$\underbrace{f(x)}_{\text{上側}} - \underbrace{0}_{\text{下側}}$

(ii)$f(x) \leqq 0$ のとき

　$y=f(x)$ は x 軸の下側にあるので，

　面積 $S_2 = -\int_a^b f(x)\,dx$ 　$\underbrace{0}_{\text{上側}} - \underbrace{f(x)}_{\text{下側}}$

(i)$f(x) \geqq 0$ のとき

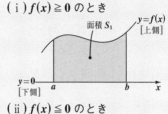

(ii)$f(x) \leqq 0$ のとき

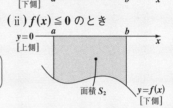

◆例題 22 ◆

曲線 $y=e^x-1$，x 軸，および 2 直線 $x=-1$，$x=1$ とで囲まれる図形の面積 S を求めよ。

解答

$y=f(x)=e^x-1$ とおくと，

(i) $-1 \leqq x \leqq 0$ では，　$f(x) \leqq 0$

(ii) $0 \leqq x \leqq 1$ では，$f(x) \geqq 0$ より，

求める図形の面積 S は，

$$S = -\int_{-1}^0 f(x)\,dx + \int_0^1 f(x)\,dx$$

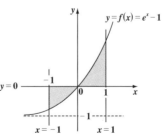

$$= -\big[e^x-x\big]_{-1}^0 + \big[e^x-x\big]_0^1$$

$$= -(1-\cancel{0}) + (e^{-1}+\cancel{1}) + (e-\cancel{1}) - (1-\cancel{0})$$

$$= e + e^{-1} - 2 \quad\cdots\cdots\cdots\cdots\cdots\cdots\cdots\cdots\text{(答)}$$

187

● 偶関数・奇関数の積分公式も要注意だ！

（ⅰ）$f(-x)=f(x)$ のとき，$y=f(x)$ は偶関数で，y 軸に関して対称なグラフになること，また，（ⅱ）$f(-x)=-f(x)$ のとき，$y=f(x)$ は奇関数で，原点に関して対称になることも話したね。この性質は，次のように積分計算にも活かせる。

偶関数・奇関数の積分公式

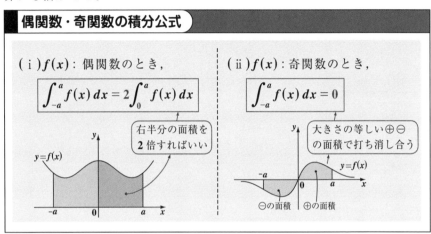

（ⅰ）$f(x)$：偶関数のとき，

$$\int_{-a}^{a} f(x)\,dx = 2\int_{0}^{a} f(x)\,dx$$

右半分の面積を
2 倍すればいい

$y=f(x)$

（ⅱ）$f(x)$：奇関数のとき，

$$\int_{-a}^{a} f(x)\,dx = 0$$

大きさの等しい ⊕ ⊖
の面積で打ち消し合う

$y=f(x)$

⊖の面積　⊕の面積

● x 軸，y 軸のまわりの回転体の体積を押さえよう！

面積のときと同様に，立体の体積 V を求める基本公式は，

$$V=\int dV \quad \cdots\cdots ③ \quad だ。$$

右辺を $\int 1\,dV$ と見ると，なるほど 1 を V で積分したら，V になるからね。（積分定数は無視した！）

ここで，dV を"微小体積"と呼ぶんだけれど，この dV のとり方を次に示すよ。図 2 のように，ある立体が $a \leqq x \leqq b$ の範囲にあるものとする。この立体を，x 軸に垂直な平面で切ってできる切り口の断面積が $S(x)$ のとき，これに，微小

図 2　微小体積 $dV=S(x)\,dx$
（薄切りハムモデル）

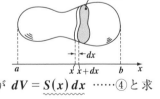

断面積 $S(x)$

な厚さ dx をかけることにより，微少体積 dV が $dV=S(x)\,dx$ $\cdots\cdots ④$ と求まる。④を③に代入して，$a \leqq x \leqq b$ で積分すると，次の公式が導ける。

体積の積分公式

体積 $V=\int_{a}^{b} S(x)\,dx$ （$S(x)$：断面積）

(ex) $0 \leqq x \leqq 2$ の範囲に存在する立体の x における断面積 $S(x)$ が

$S(x) = 3\sqrt{x} + 1$ であるとき, この立体の体積 V を求めよう。

$$V = \int_0^2 S(x)dx = \int_0^2 (3x^{\frac{1}{2}} + 1)dx$$
$$= \left[3 \cdot \frac{2}{3}x^{\frac{3}{2}} + x\right]_0^2 = 2 \cdot 2^{\frac{3}{2}} + 2 = 4\sqrt{2} + 2 \quad \cdots(答)$$

断面積 $S(x)$

次に, x 軸, および y 軸のまわりの回転体の体積を求める公式も書いておく。これは最頻出の公式だから, シッカリ覚えよう。

回転体の体積の積分公式

(i) $y = f(x)$ $(a \leqq x \leqq b)$ を x 軸のまわりに

回転してできる回転体の体積 V_1

$$V_1 = \pi \int_a^b \underbrace{y^2}_{S(x)} dx = \pi \int_a^b \underbrace{\{f(x)\}^2}_{S(x)} dx$$

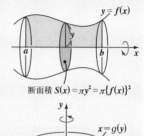
断面積 $S(x) = \pi y^2 = \pi\{f(x)\}^2$

(ii) $x = g(y)$ $(c \leqq y \leqq d)$ を y 軸のまわりに

回転してできる回転体の体積 V_2

$$V_2 = \pi \int_c^d \underbrace{x^2}_{S(y)} dy = \pi \int_c^d \underbrace{\{g(y)\}^2}_{S(y)} dy$$

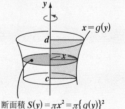
断面積 $S(y) = \pi x^2 = \pi\{g(y)\}^2$

◆例題 23 ◆

曲線 $y = \log(x^2 + 1)$ と, 直線 $y = 1$ とで囲まれる図形を y 軸のまわりに回転してできる回転体の体積を求めよ。

解答

曲線 $y = \log(x^2 + 1)$ のグラフの概形については, 絶対暗記問題 47 ですでに示した。y 軸のまわりの回転体なので, この式を変形して,

$y = \log(x^2 + 1),$ $x^2 + 1 = e^y$

$\therefore x^2 = e^y - 1$

よって, 求める回転体の体積 V は,

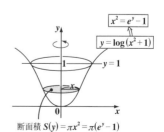
$x^2 = e^y - 1$
$y = \log(x^2 + 1)$
$y = 1$
断面積 $S(y) = \pi x^2 = \pi(e^y - 1)$

$$V = \pi \int_0^1 \underbrace{x^2}_{(e^y-1)} dy = \pi \int_0^1 (e^y - 1)\,dy$$

$$= \pi \left[e^y - y \right]_0^1 = \pi \{ e - 1 - (e^0 - 0) \}$$

$$= \pi(e - 2) \quad \cdots\cdots\cdots\cdots\cdots\cdots\cdots\cdots\cdots\cdots\cdots\cdots\cdots\cdots\text{(答)}$$

● 曲線の長さ (道のり) を求めよう！

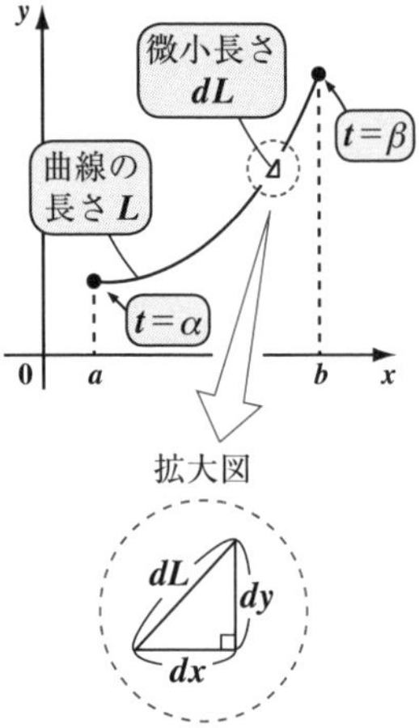

図 **3** に示すように，xy 座標平面上の区間 $[a, b]$ における曲線 $y = f(x)$ の長さ L を求めよう。これも，積分公式 $L = \displaystyle\int \underbrace{dL}_{微小長さ}$ ……① を利用する。図 **3**

図3 曲線の長さ L

の拡大図より，この微小長さ dL は，三平方の定理を用いて，

$$dL = \sqrt{(dx)^2 + (dy)^2} \quad \cdots\cdots ②$$

となるので，②の $\sqrt{}$ 内を変形しよう。すると，

$$dL = \sqrt{\left\{ 1 + \left(\underbrace{\frac{dy}{dx}}_{y'=f'(x)\ のこと} \right)^2 \right\} (dx)^2} \quad \overset{\boxed{(dx)^2\ を\ くくり出す。}}{}$$

$$= \sqrt{1 + (y')^2}\,dx = \sqrt{1 + \{f'(x)\}^2}\,dx \quad \cdots\cdots ③ \ となるので，$$

③を①に代入して，積分区間 $x : a \to b$ で定積分すれば，求める曲線の長さ L が，次のように計算できるんだね。

$$L = \int_a^b \sqrt{1 + (y')^2}\,dx = \int_a^b \sqrt{1 + \{f'(x)\}^2}\,dx \quad \cdots\cdots (*1)$$

もし，この曲線が，次のような媒介変数 t で表された曲線：

$$\begin{cases} x = f(t) \\ y = g(t) \quad (\alpha \leq t \leq \beta) \end{cases} \quad である場合，$$

もちろん，媒介変数は t でも θ でも何でも構わない！

②の微小長さ dL を，次のように変形すればいい。

$$dL = \sqrt{\left\{\left(\frac{dx}{dt}\right)^2 + \left(\frac{dy}{dt}\right)^2\right\}(dt)^2} \quad = \sqrt{\left(\frac{dx}{dt}\right)^2 + \left(\frac{dy}{dt}\right)^2}\, dt \quad \cdots\cdots ④$$ として

④を①に代入し，積分区間 $t:\alpha \to \beta$ で，t により定積分すればいいんだね。

$$L = \int_{\alpha}^{\beta} \sqrt{\left(\frac{dx}{dt}\right)^2 + \left(\frac{dy}{dt}\right)^2}\, dt \quad \cdots\cdots(*2)$$

　ここで，この t を，時刻と考えると，$(*2)$ の公式は，動点 $\mathrm{P}(x, y) = \mathrm{P}(f(t), g(t))$ が時刻 $t = \alpha$ から $t = \beta$ までの間に動いた道のり L を求める公式と見ることもできる。

つまり，速度 $\vec{v} = \left(\frac{dx}{dt}, \frac{dy}{dt}\right)$，速さ $|\vec{v}| = \sqrt{\left(\frac{dx}{dt}\right)^2 + \left(\frac{dy}{dt}\right)^2}$ より $(*2)$ は，

$$L = \int_{\alpha}^{\beta} |\vec{v}|\, dt \quad \cdots\cdots(*2)'$$ と表すこともできるんだね。大丈夫？

● 1次元運動で，位置と道のりを区別しよう！

　図4のように，x 軸上を運動する動点 $\mathrm{P}(x)$ の速度 $v = \dfrac{dx}{dt}$ と速さ $|v| = \left|\dfrac{dx}{dt}\right|$ を使って，位置と道のりの区別の仕方を解説しよう。動点 P は，$t = \alpha$ のとき $x = x_1$ にあり，移動して，$t = \beta$ のときに，$x = x_2$ にあるものとする。

図4 位置と道のり

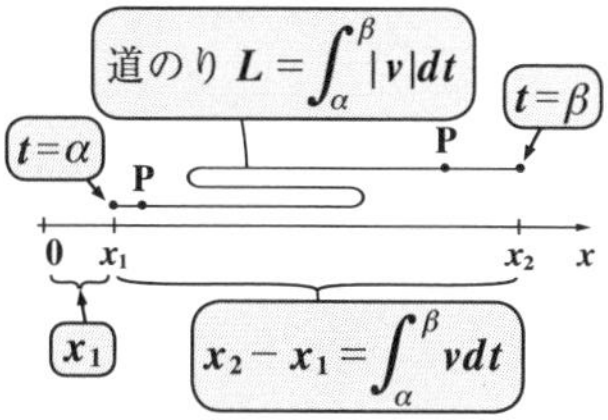

道のり $L = \int_{\alpha}^{\beta} |v|\, dt$　$t = \beta$

$t = \alpha$　P　P

0　x_1　　　　x_2　x

x_1　　$x_2 - x_1 = \int_{\alpha}^{\beta} v\, dt$

・このとき，$t : \alpha \to \beta$ の間に，実際に点 P が移動した道のり L は，

$$L = \int_{\alpha}^{\beta} |v|\, dt = \int_{\alpha}^{\beta} \left|\frac{dx}{dt}\right|\, dt \quad \cdots\cdots(*3)$$ となる。これに対して，

・v を $t : \alpha \to \beta$ で積分したものは，$x_2 - x_1$ の距離を表すので，$t = \beta$ のときの終点の位置 x_2 は，

$$x_2 = x_1 + \underbrace{\int_{\alpha}^{\beta} v\, dt}_{(x_2 - x_1)} = x_1 + \underbrace{\int_{\alpha}^{\beta} \frac{dx}{dt}\, dt}_{(x_2 - x_1 \text{のこと})} \quad \cdots\cdots(*4)$$ となるんだね。

x 軸上を運動する動点 $P(x)$ の速度は $v = \sin t + \cos t$ $(t$：時刻, $t \geqq 0)$ である。また, $t = 0$ のとき $x = 1$ である。(i) $t = \pi$ のときの P の位置 x と, (ii) t が 0 から π までの間に P が移動した道のり L を求めよ。

解答

(i) $t = 0$ のとき $x = 1$ であり, $v = \sin t + \cos t$ $(t \geqq 0)$ より,

$t = \pi$ のときの動点 P の位置 x は

$$x = \underbrace{1}_{x_1} + \underbrace{\int_0^\pi v\,dt}_{x_2 - x_1 \text{のこと}} = 1 + \underbrace{\int_0^\pi (\sin t + \cos t)\,dt}_{[-\cos t + \sin t]_0^\pi = -\underset{(-1)}{\cos \pi} + \underset{1}{\cos 0} = 2} = 1 + 2 = 3 \quad \cdots\cdots\cdots\text{(答)}$$

(ii) $0 \leqq t \leqq \pi$ の間に, 動点 P が動いた道のり L は,

$$L = \int_0^\pi |v|\,dt = \int_0^\pi |\sin t + \cos t|\,dt$$

$$\sqrt{2}\left(\frac{1}{\sqrt{2}}\sin t + \frac{1}{\sqrt{2}}\cos t\right)$$
$$= \sqrt{2}\left(\sin t \cos\frac{\pi}{4} + \cos t \sin\frac{\pi}{4}\right)$$
$$= \sqrt{2}\sin\left(t + \frac{\pi}{4}\right) \qquad \left(\begin{array}{c}\text{三角関数}\\\text{の合成だ}\end{array}\right)$$

$$= \sqrt{2}\int_0^\pi \left|\sin\left(t + \frac{\pi}{4}\right)\right|\,dt$$

$$= \sqrt{2}\left\{\underbrace{\int_0^{\frac{3}{4}\pi}\sin\left(t + \frac{\pi}{4}\right)dt}_{\oplus} - \underbrace{\int_{\frac{3}{4}\pi}^\pi \sin\left(t + \frac{\pi}{4}\right)dt}_{\ominus}\right\}$$

$$= \sqrt{2}\left\{-\left[\cos\left(t + \frac{\pi}{4}\right)\right]_0^{\frac{3}{4}\pi} + \left[\cos\left(t + \frac{\pi}{4}\right)\right]_{\frac{3}{4}\pi}^\pi\right\}$$

$$= \sqrt{2}\left(-\underset{(-1)}{\cos \pi} + \underset{\frac{1}{\sqrt{2}}}{\cos\frac{\pi}{4}} + \underset{-\frac{1}{\sqrt{2}}}{\cos\frac{5}{4}\pi} - \underset{(-1)}{\cos \pi}\right)$$

$$= \sqrt{2}\,(1 + 1) = 2\sqrt{2} \quad \cdots\cdots\cdots\cdots\cdots\cdots\cdots\cdots\cdots\text{(答)}$$

● 簡単な微分方程式にもチャレンジしよう！

たとえば，2 次方程式 $(x-2)(x+1)=0$ の場合，この方程式をみたす x の値はな～に？と聞いているので，その解は $x=2, -1$ と答えればいい。これに対して，"**微分方程式**" とは，x や y や y' などが入った方程式のことで，たとえば，$y'=xy$ ……① をみたす関数 $y=f(x)$ はな～に？と聞いてくるんだね。この微分方程式の解法には，様々なものがあるんだけれど，大学受験では，"**変数分離形**" と呼ばれるものだけの解法を覚えておけば十分だと思う。変数分離形の微分方程式は，必ず

$g(y)dy = h(x)dx$ ……② の形にもち込める。

$(y$ の式$)dy=(x$ の式$)dx$ のように，左右に y だけ，x だけの変数がそれぞれ分離されていることが分かるはずだ。

よって，②の両辺を積分して，

$\displaystyle\int g(y)dy = \int h(x)dx$ ……③ とし，これを基に $y=f(x)$ の形にまとめればいいんだね。

これが微分方程式の解だ！

◆例題 25 ◆

微分方程式 $y'=xy$ ……① を解け。(ただし，$y \neq 0$ とする。)

解答

①より，$\dfrac{dy}{dx}=xy$　　$\dfrac{1}{y}dy = x\,dx$　←──変数分離形だ！　　$(\because y \neq 0)$

よって，$\displaystyle\int \dfrac{1}{y}dy = \int xdx$ より，　$\log|y| = \dfrac{1}{2}x^2 + c'$

積分定数は右辺の 1 つにまとめて示す

$|y| = e^{\frac{1}{2}x^2 + c'} = e^{c'} \cdot e^{\frac{1}{2}x^2}$　　　　　$y = \pm e^{c'} \cdot e^{\frac{1}{2}x^2}$

これをまとめて，定数 c とおく

∴ 求める①の微分方程式の解は，$y = c\,e^{\frac{1}{2}x^2}$ である。………………(答)

これが，①の微分方程式をみたす関数 $y=f(x)$ で，解だ！

面積と回転体の体積

曲線 $y = \log x$ と，点 $(1, 0)$，点 $(e, 1)$ を結ぶ直線 l とで囲まれる図形を A とおく。

(1) A の面積 S を求めよ。

(2) A を x 軸のまわりに回転してできる立体の体積 V_1 を求めよ。

(3) A を x 軸方向に -1 だけ平行移動したものを，y 軸のまわりに回転してできる立体の体積 V_2 を求めよ。

> **ヒント!**　(1) では，曲線と x 軸ではさまれる図形の面積から直角三角形の面積を引けばいいね。(2)(3) では，いずれも回転体に空洞ができるので，この体積を全体の体積から引くことを忘れないでくれ!

解答&解説

(1) $y = f(x) = \log x \ (x > 0)$ とおくと，

$1 \leqq x \leqq e$ のとき $f(x) \geqq 0$ より，

求める図形の面積 S は，

$$S = \int_1^e f(x)\,dx - \frac{1}{2}(e-1) \cdot 1 \quad \cdots\cdots ①$$

図1　図形 A の面積 S

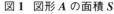

ここで，$\underline{\int_1^e f(x)\,dx} = \int_1^e \log x\,dx$

$$= \Big[x \cdot \log x - x \Big]_1^e \quad\longleftarrow$$

$$= e \cdot \underset{\underset{1}{\|}}{\log e} - e - (1 \cdot \underset{\underset{0}{\|}}{\log 1} - 1)$$

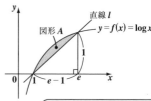

$$= \cancel{e} - \cancel{e} + 1 = \underline{1} \quad \cdots\cdots ②$$

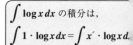

②を①に代入して，

$$S = 1 - \frac{1}{2}(e-1) = \frac{3-e}{2} \quad \cdots\cdots\cdots\cdots\cdots\cdots\cdots\cdots\cdots\cdots\text{(答)}$$

(2) 求める回転体の体積 V_1 は，

$$V_1 = \pi \underbrace{\int_1^e \{f(x)\}^2 \, dx}_{\textcircled{\scriptsize ア}} - \frac{1}{3} \cdot \underbrace{\pi \cdot 1^2}_{\boxed{\text{底面積}}} \cdot \underbrace{(e-1)}_{\boxed{\text{高さ}}} \quad \cdots\cdots\textcircled{3}$$

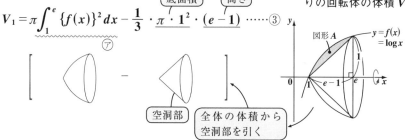

図2 図形 A の x 軸のまわりの回転体の体積 V_1

空洞部

全体の体積から空洞部を引く

ここで，$\textcircled{\scriptsize ア}: \displaystyle\int_1^e \{f(x)\}^2 \, dx = \int_1^e 1 \cdot (\log x)^2 \, dx = \underline{\int_1^e x' \cdot (\log x)^2 \, dx}$

$$= \left[x \cdot (\log x)^2 \right]_1^e - \int_1^e x \cdot \boxed{2(\log x) \cdot \frac{1}{x}} \, dx$$

$\{(\log x)^2\}'$

簡単！

$$= e \cdot \underbrace{(\log e)^2}_{1} - 1 \cdot \underbrace{(\log 1)^2}_{0} - 2\int_1^e \log x \, dx$$

$$= e - 2 \left[x \cdot \log x - x \right]_1^e$$

$$= e - 2\{ \cancel{e} - \cancel{e} - (-1) \} = \underline{e - 2} \quad \cdots\cdots\textcircled{4}$$

$\textcircled{4}$ を $\textcircled{3}$ に代入して，$V_1 = \pi \underline{(e-2)} - \dfrac{\pi}{3}(e-1) = \dfrac{\pi}{3}(2e-5)$ ………（答）

(3) 求める回転体の体積 V_2 は，

$$V_2 = \frac{1}{3} \cdot \pi(e-1)^2 \cdot 1 - \pi \underbrace{\int_0^1 x^2 \, dy}_{\textcircled{\scriptsize イ}} \quad \cdots\cdots\textcircled{5}$$

$(e^y - 1)^2$

図3 平行移動した図形 A の y 軸のまわりの回転体の体積 V_2

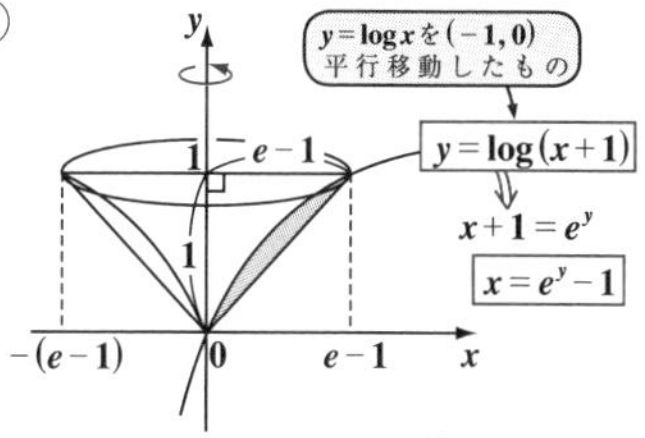

$y = \log x$ を $(-1, 0)$ 平行移動したもの

$y = \log(x+1)$

$x+1 = e^y$

$\boxed{x = e^y - 1}$

$\textcircled{\scriptsize イ}: \displaystyle\int_0^1 (e^y - 1)^2 \, dy = \int_0^1 (e^{2y} - 2e^y + 1) \, dy = \left[\frac{1}{2}e^{2y} - 2e^y + y \right]_0^1$

$$= \frac{1}{2}e^2 - 2e + 1 - \left(\frac{1}{2} - 2 \right) = \frac{1}{2}e^2 - 2e + \frac{5}{2} \quad \cdots\cdots\textcircled{6}$$

$\textcircled{6}$ を $\textcircled{5}$ に代入して

$$V_2 = \frac{\pi}{3}(e^2 - 2e + 1) - \pi\left(\frac{1}{2}e^2 - 2e + \frac{5}{2} \right)$$

$$= \pi\left(-\frac{1}{6}e^2 + \frac{4}{3}e - \frac{13}{6} \right) = \frac{\pi}{6}(-e^2 + 8e - 13) \quad \cdots\cdots\cdots\cdots（答）$$

面積と回転体の体積

曲線 $y = x \cdot e^x$ と，x 軸と直線 $x = -2$ とで囲まれる図形を A とおく。

(1) A の面積 S を求めよ。

(2) A を x 軸のまわりに回転してできる立体の体積 V を求めよ。

> **ヒント！**　曲線 $y = f(x) = x \cdot e^x$ とおくと，
> このグラフの概形については，**P138**で既に
> 解説したように右図のようになり，図形 A は
> 右図の網目部で示した部分になるんだね。

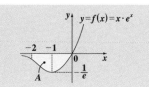

解答&解説

曲線 $y = f(x) = x \cdot e^x$ とおくと，
この曲線のグラフの概形は，
右図のようになる。$y = f(x)$ と
x 軸と $x = -2$ とで囲まれた
図形 A を網目部で示す。

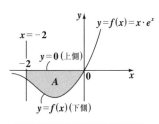

(1) $-2 \leqq x \leqq 0$ のとき，$f(x) \leqq 0$

　　よって，求める図形 A の面積 S は，

$$S = -\int_{-2}^{0} f(x)dx \quad \leftarrow \boxed{\dfrac{0 - f(x)}{\text{上側}\ \text{下側}}\ \text{の}}$$

$$= -\int_{-2}^{0} x \cdot e^x dx \qquad \text{積分だね。}$$

$$= -\int_{-2}^{0} x \cdot (e^x)' dx$$

$$= -\left[x \cdot e^x\right]_{-2}^{0} + \int_{-2}^{0} 1 \cdot e^x dx$$

$$= -\{0 \cdot e^0 - (-2) \cdot e^{-2}\} + \left[e^x\right]_{-2}^{0}$$

$$= -2e^{-2} + \underbrace{e^0}_{1} - e^{-2}$$

$$\therefore S = 1 - 3 \cdot e^{-2} = 1 - \frac{3}{e^2} \quad \text{となる。} \quad \cdots\cdots\cdots\text{(答)}$$

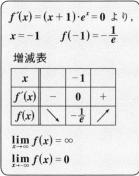

$f'(x) = (x+1) \cdot e^x = 0$ より，
$x = -1 \qquad f(-1) = -\dfrac{1}{e}$

増減表

x		-1	
$f'(x)$	$-$	0	$+$
$f(x)$	↘	$-\dfrac{1}{e}$	↗

$\displaystyle\lim_{x \to \infty} f(x) = \infty$
$\displaystyle\lim_{x \to -\infty} f(x) = 0$

部分積分
$$\int_{-2}^{0} f \cdot g' dx = [f \cdot g]_{-2}^{0} - \int_{-2}^{0} f' \cdot g\, dx$$

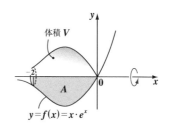

(2) 次に，図形 A を，右図のように，
x 軸のまわりに回転してできる
回転体の体積 V を求めると，

$$V = \pi \int_{-2}^{0} \{f(x)\}^2 dx$$

> x 軸のまわりの回転体の積分計算では，
> $\{f(x)\}^2$ を積分するので，$f(x) \leq 0$ でも気にせず，
> そのまま積分すればいいんだね。

$$= \pi \int_{-2}^{0} (x \cdot e^x)^2 dx = \pi \int_{-2}^{0} x^2 \cdot e^{2x} dx$$

$$= \pi \int_{-2}^{0} x^2 \cdot \left(\frac{1}{2} e^{2x}\right)' dx$$

$$= \pi \left\{ \frac{1}{2} \left[x^2 e^{2x}\right]_{-2}^{0} - \int_{-2}^{0} 2x \cdot \frac{1}{2} e^{2x} dx \right\}$$

> 部分積分
> $$\int_{-2}^{0} f \cdot g' dx$$
> $$= [f \cdot g]_{-2}^{0} - \int_{-2}^{0} f' \cdot g\, dx$$
> の **2** 連発だね。

$$= \pi \left\{ \frac{1}{2} (\cancel{0} - 4e^{-4}) - \int_{-2}^{0} x \cdot \left(\frac{1}{2} e^{2x}\right)' dx \right\}$$

$$= \pi \left\{ -2e^{-4} - \frac{1}{2} \left[x e^{2x}\right]_{-2}^{0} + \int_{-2}^{0} 1 \cdot \frac{1}{2} e^{2x} dx \right\}$$

$$= \pi \left\{ -2 \cdot e^{-4} - \frac{1}{2} (\cancel{0} + 2e^{-4}) + \frac{1}{4} \left[e^{2x}\right]_{-2}^{0} \right\}$$

$$= \pi \left\{ -3 \cdot e^{-4} + \frac{1}{4} (\underset{1}{e^0} - e^{-4}) \right\}$$

$$= \pi \left(\frac{1}{4} \underbrace{- \frac{3}{e^4} - \frac{1}{4e^4}}_{\displaystyle -\frac{12+1}{4e^4} = -\frac{13}{4e^4}} \right) = \frac{\pi}{4} \left(1 - \frac{13}{e^4}\right) \quad \text{となる。} \quad \cdots\cdots\cdots\cdots\cdots\text{(答)}$$

面積と極限の問題

絶対暗記問題 65　　難易度 ★★★　　CHECK*1*　CHECK*2*　CHECK*3*

曲線 $y = \dfrac{\log x}{x^2}$ と，x 軸と直線 $x = e^n$ とで囲まれる図形の面積を S_n とおく。ただし，n は自然数とする。

(1) $S_n\,(n = 1, 2, 3, \cdots)$ を求めよ。

(2) 極限 $\lim\limits_{n \to \infty} S_n$ を求めよ。

ヒント！　曲線 $y = g(x) = \dfrac{\log x}{x^2}$ とおくと，このグラフの概形については，P139および絶対暗記問題 45(P142)で既に解説したように，右図のようになるんだね。

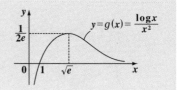

解答&解説

曲線 $y = g(x) = \dfrac{\log x}{x^2}$ とおくと，この曲線のグラフの概形は，右図のようになる。ここで，$y = g(x)$ と x 軸と直線 $x = e^n\,(n = 1, 2, 3, \cdots)$ とで囲まれる図形を網目部で示す。

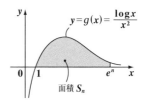

(1) この図形の面積 $S_n\,(n = 1, 2, 3, \cdots)$ を求めると，

$$S_n = \int_1^{e^n} g(x)\,dx$$

$$= \int_1^{e^n} \frac{\log x}{x^2}\,dx \quad \cdots\cdots ①$$

> この形では積分が難しいので $\log x = t$ と置換してみよう。

$g'(x) = \dfrac{1 - 2\log x}{x^3} = 0$ より，

$x = \sqrt{e}$　　$f(\sqrt{e}) = \dfrac{1}{2e}$

増減表

x		$\sqrt{e}$	
$g'(x)$	$+$	0	$-$
$g(x)$	↗	$\dfrac{1}{2e}$	↘

$\lim\limits_{x \to +0} g(x) = -\infty$

$\lim\limits_{x \to \infty} g(x) = 0$

ここで，$\log x = t$ とおく。

$x : 1 \longrightarrow e^n$ のとき，

$t : \underset{\boxed{\log 1}}{0} \longrightarrow \underset{\boxed{\log e^n = n \cdot \log e = n}}{n}$ となる。

> よって，$x = e^t$ だね。

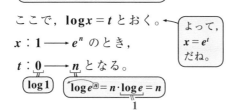

また，$\dfrac{1}{\underbrace{x}_{(\log x)'}} \cdot dx = \underbrace{1}_{t'} \cdot dt$ より，$\dfrac{1}{x} dx = dt$

以上より，①の積分は，

$$S_n = \int_1^{e^n} \underbrace{\overbrace{\log x}^{t}}_{\underbrace{x}_{e^t}} \cdot \underbrace{\dfrac{1}{x} dx}_{dt} = \int_0^n \dfrac{t}{e^t} dt$$

$$= \int_0^n t \cdot e^{-t} dt = \int_0^n t \cdot (-e^{-t})' dt \quad \boxed{\begin{array}{l} \text{部分積分} \\ \int_0^n f \cdot g' dt = [f \cdot g]_0^n - \int_0^n f' \cdot g \, dt \end{array}}$$

$$= -[te^{-t}]_0^n - \int_0^n 1 \cdot (-e^{-t}) dt$$

$$= -(ne^{-n} - 0 \cdot e^0) + [-e^{-t}]_0^n$$

$$= -ne^{-n} - (e^{-n} - \underbrace{e^0}_{1}) = -ne^{-n} - e^{-n} + 1$$

$$\therefore \underline{S_n = 1 - (n+1)e^{-n}} \quad \cdots\cdots ② \quad (n = 1, 2, 3, \cdots) \text{ となる。} \quad \cdots\cdots\cdots\cdots (答)$$

> 積分区間が，$1 \leq x \leq e^n$ だったため，この図形の面積は定数ではなく，自然数 n の式で表されることになるんだね。

(2) **(1)** の結果の②より，$n \to \infty$ のときの S_n の極限を調べる。

$$\lim_{n \to \infty} S_n = \lim_{n \to \infty} \{1 - (n+1) \cdot e^{-n}\}$$

$$= \lim_{n \to \infty} \left(1 - \boxed{\dfrac{n+1}{e^n}}\right)$$

$$= 1 - 0$$

> $n \to \infty$ のとき，$\dfrac{n+1}{e^n}$ は，
> $\dfrac{\infty}{\infty}$ の不定形だけれど，
> $\dfrac{n+1}{e^n} \left(= \dfrac{中位の\infty}{強い\infty}\right) \to 0$ となるんだね。

$$\therefore \lim_{n \to \infty} S_n = 1 \, (収束) \text{ となる。} \quad \cdots\cdots\cdots\cdots\cdots\cdots\cdots\cdots\cdots\cdots\cdots\cdots (答)$$

媒介変数表示された曲線と面積

次の曲線 C と x 軸と y 軸とで囲まれる図形の面積 S を求めよ。

曲線 $C \begin{cases} x = \cos^4\theta \\ y = \sin^4\theta \end{cases}$ ……① $\left(0 \leq \theta \leq \dfrac{\pi}{2}\right)$

- $\theta = \dfrac{\pi}{2}$ のとき
- $(0, 1)$
- 曲線 C
- $\theta = 0$ のとき
- $(1, 0)$

レクチャー $x = f(\theta)$, $y = g(\theta)$ のように，媒介変数 θ で表示された曲線と x 軸で囲まれる図形の面積の求め方を，右図の例で示す。

これは，本当は違うんだけれど，まず，この曲線が $y = h(x)$ と表されているものとして，面積 S を求めると，

$$S = \int_a^b y\, dx \quad \text{となる。}$$

ここで，θ での積分に切り換えると，

> 見かけ上，$d\theta$ で割った分，$d\theta$ をかけている。

> $x : a \to b$ のとき $\theta : \alpha \to \beta$

$$S = \int_a^b y\, dx = \int_\alpha^\beta y \cdot \frac{dx}{d\theta}\, d\theta \quad \text{となって，} \theta \text{の式} y \cdot \frac{dx}{d\theta} \text{を} \theta \text{で区間} \alpha \leq \theta \leq \beta \text{に}$$

- θ の式
- θ の式

おいて積分しているので，何の問題もないんだね。

媒介変数表示された曲線の囲む図形の面積 S

まず，$y = h(x)$ と表されたものとして，$S = \int_a^b y\, dx$ を立てる。

$\begin{cases} x = f(\theta) \\ y = g(\theta) \end{cases}$

面積 S

- a （ $\theta = \alpha$ ）
- b （ $\theta = \beta$ ）

解答＆解説

曲線 $C \begin{cases} x = \cos^4\theta \\ y = \sin^4\theta \end{cases}$ ……① $\left(0 \leq \theta \leq \dfrac{\pi}{2}\right)$

曲線 C と x 軸と y 軸とで囲まれる図形の面積 S は，

$$S = \int_0^1 y\, dx \quad \text{……②}$$

> まず，曲線 C が，$y = h(x)$ と表されたものとして，$S = \int_0^1 y\, dx$ の式を立て，これを θ での積分に切り替える！

- $\theta = \dfrac{\pi}{2}$
- S
- $\theta = 0$

ここで，$x : 0 \to 1$ のとき，$\theta : \dfrac{\pi}{2} \to 0$ より，②を θ での積分に切り替えると，

$$S = \int_0^1 y\, dx = \int_{\frac{\pi}{2}}^0 y \cdot \frac{dx}{d\theta}\, d\theta$$

- $\sin^4\theta$
- $(\cos^4\theta)' = 4\cos^3\theta \cdot (-\sin\theta)$ ← ①より

$$= \int_{\frac{\pi}{2}}^0 \sin^4\theta \cdot 4\cos^3\theta \cdot (-\sin\theta)\, d\theta = 4\int_0^{\frac{\pi}{2}} \sin^5\theta \cdot \cos^3\theta\, d\theta$$

- $(1 - \sin^2\theta) \cdot \cos\theta$

$$= 4\int_0^{\frac{\pi}{2}} \overbrace{\underline{\sin^5\theta(1-\sin^2\theta)}}^{f(\sin\theta)} \cdot \underline{\cos\theta\, d\theta}$$

$\int f(\sin\theta)\cdot\cos\theta\, d\theta$ の形！
$\sin\theta = t$ と置換する！

ここで，$\sin\theta = t$ とおくと，

$\theta : 0 \to \dfrac{\pi}{2}$ のとき，$t : 0 \to 1$

$\underline{\cos\theta\, d\theta} = \underline{dt}$ となる。よって，

$$S = 4\int_0^1 \overbrace{t^5(1-t^2)}\, dt = 4\int_0^1 (t^5 - t^7)\, dt$$

$$= 4\left[\frac{1}{6}t^6 - \frac{1}{8}t^8\right]_0^1 = 4\left(\frac{1}{6} - \frac{1}{8}\right) = 4 \cdot \frac{4-3}{24} = \frac{1}{6} \quad \cdots\cdots\cdots\cdots(答)$$

別解

①より，$\cos^2\theta = \sqrt{x}$，$\sin^2\theta = \sqrt{y}$

$(0 \leqq x \leqq 1,\ 0 \leqq y \leqq 1)$

よって，$\underline{\sqrt{x} + \sqrt{y} = 1}$ $\quad y = (1-\sqrt{x})^2 = 1 - 2x^{\frac{1}{2}} + x$

公式 $\cos^2\theta + \sin^2\theta = 1$

今回は，本当に $y = h(x)$ の形になる！

$\therefore S = \int_0^1 \left(1 - 2\cdot x^{\frac{1}{2}} + x\right) dx = \left[x - \frac{4}{3}x^{\frac{3}{2}} + \frac{1}{2}x^2\right]_0^1$

$= 1 - \frac{4}{3} + \frac{1}{2} = \frac{1}{6}$ $\quad\cdots\cdots\cdots\cdots(答)$

となって，同じ結果が導けるんだね。面白かった？

201

曲線の長さ（Ⅰ）

絶対暗記問題 67	難易度 ★★	CHECK1	CHECK2	CHECK3

曲線 $y = \log(1 - x^2)$ $\left(0 \leqq x \leqq \dfrac{1}{2}\right)$ の長さを求めよ。

ヒント！ $y = f(x)$ の形の曲線の長さ l を求めるには公式：
$l = \displaystyle\int_0^{\frac{1}{2}} \sqrt{1 + \{f'(x)\}^2}\,dx$ を使う。

解答 & 解説

$y = f(x) = \log(1 - x^2)$ とおくと，$f'(x) = \dfrac{-2x}{1 - x^2}$

$y = f(x)$ の $0 \leqq x \leqq \dfrac{1}{2}$ における曲線の長さを l とおくと，

$l = \displaystyle\int_0^{\frac{1}{2}} \underline{\sqrt{1 + \{f'(x)\}^2}}\,dx$ ……① ← 公式通りだ！

ここで，$\underline{1 + \{f'(x)\}^2} = 1 + \left(\dfrac{-2x}{1-x^2}\right)^2 = \dfrac{(1-x^2)^2 + 4x^2}{(1-x^2)^2}$

$1 - 2x^2 + x^4 + 4x^2 = 1 + 2x^2 + x^4 = (1+x^2)^2$

$= \left(\dfrac{1+x^2}{1-x^2}\right)^2$ ……②

②を①に代入して，

$l = \displaystyle\int_0^{\frac{1}{2}} \sqrt{\left(\dfrac{1+x^2}{1-x^2}\right)^2}\,dx = \int_0^{\frac{1}{2}}\left(\dfrac{1+x^2}{1-x^2}\right)dx$

$\dfrac{2 - (1 - x^2)}{1 - x^2} = \dfrac{2}{1-x^2} - 1$

$= \dfrac{2}{(1+x)(1-x)} - 1 = \dfrac{1}{1+x} + \dfrac{1}{1-x} - 1$

$= \displaystyle\int_0^{\frac{1}{2}}\left(\dfrac{1}{1+x} - \dfrac{-1}{1-x} - 1\right)dx$

$= \Big[\log(1+x) - \log(1-x) - x\Big]_0^{\frac{1}{2}}$

$= \log\dfrac{3}{2} - \log\dfrac{1}{2} - \dfrac{1}{2} = \log\dfrac{\frac{3}{2}}{\frac{1}{2}} - \dfrac{1}{2}$

$= \log 3 - \dfrac{1}{2}$ ……（答）

曲線の長さ (II)

絶対暗記問題 68	難易度 ★★	CHECK1	CHECK2	CHECK3

曲線 $C\begin{cases} x = e^{-\frac{\theta}{2}}\cos\theta \\ y = e^{-\frac{\theta}{2}}\sin\theta \end{cases}$ $(0 \leq \theta \leq \pi)$ の長さ L を求めよ。

ヒント! 曲線 C は，**P49** で解説したらせんの変形ヴァージョンだね。媒介変数表示された曲線の長さの公式：$L = \int_0^\pi \sqrt{\left(\dfrac{dx}{d\theta}\right)^2 + \left(\dfrac{dy}{d\theta}\right)^2}\, d\theta$ を利用して解いていこう。

媒介変数は θ でも t でもなんでも構わないんだね。

解答&解説

曲線 $C\begin{cases} x = e^{-\frac{\theta}{2}}\cos\theta \\ y = e^{-\frac{\theta}{2}}\sin\theta \end{cases}$ $(0 \leq \theta \leq \pi)$ の長さを求めるために，まず，$\dfrac{dx}{d\theta}$ と $\dfrac{dy}{d\theta}$

を求め，$\left(\dfrac{dx}{d\theta}\right)^2 + \left(\dfrac{dy}{d\theta}\right)^2$ を求めると， $\boxed{(f \cdot g)' = f' \cdot g + f \cdot g'}$

$\cdot \dfrac{dx}{d\theta} = \left(e^{-\frac{\theta}{2}}\cos\theta\right)' = -\dfrac{1}{2}e^{-\frac{\theta}{2}}\cos\theta - e^{-\frac{\theta}{2}}\sin\theta = -e^{-\frac{\theta}{2}}\left(\dfrac{1}{2}\cos\theta + \sin\theta\right)$ ……①

$\cdot \dfrac{dy}{d\theta} = \left(e^{-\frac{\theta}{2}}\sin\theta\right)' = -\dfrac{1}{2}e^{-\frac{\theta}{2}}\sin\theta + e^{-\frac{\theta}{2}}\cos\theta = -e^{-\frac{\theta}{2}}\left(\dfrac{1}{2}\sin\theta - \cos\theta\right)$ ……②

①，② より，

$\left(\dfrac{dx}{d\theta}\right)^2 + \left(\dfrac{dy}{d\theta}\right)^2 = \overbrace{e^{-\theta}}^{\left(-e^{-\frac{\theta}{2}}\right)^2}\left(\dfrac{1}{2}\cos\theta + \sin\theta\right)^2 + \overbrace{e^{-\theta}}^{\left(-e^{-\frac{\theta}{2}}\right)^2}\left(\dfrac{1}{2}\sin\theta - \cos\theta\right)^2$

$= e^{-\theta}\left(\dfrac{1}{4}\cos^2\theta + \sin\theta\cos\theta + \sin^2\theta + \dfrac{1}{4}\sin^2\theta - \sin\theta\cos\theta + \cos^2\theta\right)$

$\boxed{\dfrac{1}{4}(\cos^2\theta + \sin^2\theta) + (\cos^2\theta + \sin^2\theta) = \dfrac{1}{4} \times 1 + 1 = \dfrac{5}{4}}$

$= \dfrac{5}{4}e^{-\theta}$ ……③ となる。

以上より，求める曲線 C の長さ L は，③を用いて，

$L = \int_0^\pi \sqrt{\left(\dfrac{dx}{d\theta}\right)^2 + \left(\dfrac{dy}{d\theta}\right)^2}\, d\theta = \int_0^\pi \sqrt{\dfrac{5}{4}e^{-\theta}}\, d\theta = \dfrac{\sqrt{5}}{2}\int_0^\pi e^{-\frac{\theta}{2}}\, d\theta$

$= \dfrac{\sqrt{5}}{2}\cdot(-2)\left[e^{-\frac{\theta}{2}}\right]_0^\pi = -\sqrt{5}\left(e^{-\frac{\pi}{2}} - \underset{\boxed{1}}{e^0}\right) = \sqrt{5}\left(1 - e^{-\frac{\pi}{2}}\right)$ ……………………(答)

面積と体積と曲線の長さ

曲線 $y = 2 - 2x^{\frac{3}{2}}$ $(x \geqq 0)$ と x 軸と y 軸とで
囲まれる図形を D とおく。このとき，次の
各問いに答えよ。

(1) 図形 D の面積 S を求めよ。

(2) 図形 D を y 軸のまわりに 1 回転してで
きる回転体の体積 V を求めよ。

(3) 曲線 $y = 2 - 2x^{\frac{3}{2}}$ $(0 \leqq x \leqq 1)$ の長さ L を
求めよ。

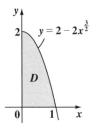

ヒント！　(1) の図形 D の面積 S は，$S = \int_0^1 (2 - 2x^{\frac{3}{2}}) dx$ で求めよう。(2) では，

D を y 軸のまわりに 1 回転してできる回転体の体積 V を求める公式として，

$V = \pi \int_0^2 x^2 dy$ を利用しよう。(3) の曲線の長さ L は，公式：$L = \int_0^1 \sqrt{1 + (y')^2}\, dx$

を使えばいいんだね。頑張ろう！

解答 & 解説

(1) $y = f(x) = 2 - 2x^{\frac{3}{2}}$ ……① $(x \geqq 0)$ と x 軸と

y 軸とで囲まれる図形の面積 S を求めると，

$$S = \int_0^1 f(x) dx = \int_0^1 (2 - 2x^{\frac{3}{2}}) dx$$

$$= \left[2x - \frac{4}{5} x^{\frac{5}{2}} \right]_0^1 = 2 \cdot 1 - \frac{4}{5} \cdot 1^{\frac{5}{2}} = 2 - \frac{4}{5}$$

$$= \frac{10 - 4}{5} = \frac{6}{5} \quad \text{である。} \quad \text{………………(答)}$$

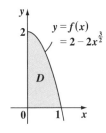

(2) 関数 $y = f(x) = 2 - 2x^{\frac{3}{2}}$ $(0 \leqq x \leqq 1)$ を

$x = (y \text{ の式})$ の形で表すと，

$$2x^{\frac{3}{2}} = 2 - y \qquad x^{\frac{3}{2}} = 1 - \frac{y}{2}$$

この両辺を $\frac{2}{3}$ 乗すると，

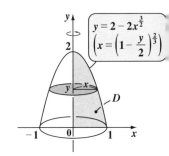

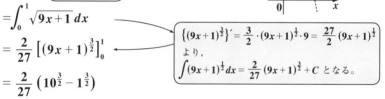

$x = \left(1 - \dfrac{y}{2}\right)^{\frac{2}{3}}$ $(0 \leq y \leq 2)$ となる。よって，図形 D を y 軸のまわりに 1 回転してできる回転体の体積 V は，

$$V = \pi \int_0^2 \underbrace{x^2}_{\boxed{\left\{\left(1-\frac{y}{2}\right)^{\frac{2}{3}}\right\}^2}} dy = \pi \int_0^2 \left(1 - \dfrac{y}{2}\right)^{\frac{4}{3}} dy$$

$\left\{\left(1-\dfrac{y}{2}\right)^{\frac{7}{3}}\right\}' = \dfrac{7}{3}\left(1-\dfrac{y}{2}\right)^{\frac{4}{3}} \cdot \left(-\dfrac{1}{2}\right)$

$\qquad\qquad = -\dfrac{7}{6}\left(1-\dfrac{y}{2}\right)^{\frac{4}{3}}$ となるので，

$\displaystyle\int\left(1-\dfrac{y}{2}\right)^{\frac{4}{3}} dy = -\dfrac{6}{7}\left(1-\dfrac{y}{2}\right)^{\frac{7}{3}} + C$ となるんだね。

$$= -\dfrac{6}{7}\pi\left[\left(1 - \dfrac{y}{2}\right)^{\frac{7}{3}}\right]_0^2$$

$$= -\dfrac{6}{7}\pi\left(0^{\frac{7}{3}} - 1^{\frac{7}{3}}\right) = -\dfrac{6}{7}\pi \times (-1)$$

$$= \dfrac{6}{7}\pi \ \text{である。} \quad\cdots\cdots\cdots\cdots\cdots\cdots\cdots\cdots\text{(答)}$$

(3) ① を x で微分すると，$y' = \left(2 - 2 \cdot x^{\frac{3}{2}}\right)' = -2 \times \dfrac{3}{2} x^{\frac{1}{2}} = -3\sqrt{x}$ となる。

よって，求める曲線 $y = f(x)$ $(0 \leq x \leq 1)$ の長さ L を求めると，

$$L = \int_0^1 \sqrt{1 + \underbrace{(y')^2}_{\boxed{(-3\sqrt{x})^2 = 9x}}}\, dx$$

曲線の長さ L
$y = f(x)\ (0 \leq x \leq 1)$

$$= \int_0^1 \sqrt{9x + 1}\, dx$$

$$= \dfrac{2}{27}\left[(9x + 1)^{\frac{3}{2}}\right]_0^1$$

$\left\{(9x+1)^{\frac{3}{2}}\right\}' = \dfrac{3}{2} \cdot (9x+1)^{\frac{1}{2}} \cdot 9 = \dfrac{27}{2}(9x+1)^{\frac{1}{2}}$ より，

$\displaystyle\int(9x+1)^{\frac{1}{2}} dx = \dfrac{2}{27}(9x+1)^{\frac{3}{2}} + C$ となる。

$$= \dfrac{2}{27}\left(10^{\frac{3}{2}} - 1^{\frac{3}{2}}\right)$$

$$= \dfrac{2\left(10\sqrt{10} - 1\right)}{27} \ \text{である。} \quad\cdots\cdots\cdots\cdots\cdots\cdots\cdots\text{(答)}$$

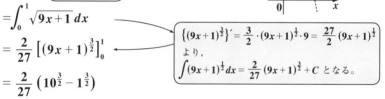

位置と道のり

x 軸上を運動する動点 $P(x)$ の位置 x が $x = \sqrt{3}\sin t + \cos t$ ……①
(t:時刻,　$t \geqq 0$) で与えられる。このとき,次の問いに答えよ。

(1) 動点 P の速度 v を求めよ。
(2) 動点 P が,$0 \leqq t \leqq \pi$ の範囲で動いた道のり L を求めよ。

ヒント! (1) 動点 P の速度 v は, $v = \dfrac{dx}{dt}$ で求めるんだね。(2) $0 \leqq t \leqq \pi$ の範囲で動点 P の動いた道のり L は,公式: $L = \displaystyle\int_0^\pi |v|\,dt$ で求めればいい。

解答&解説

(1) 動点 P の速度 v は,①を t で微分して,

$$v = \frac{dx}{dt} = (\sqrt{3}\sin t + \cos t)' = \sqrt{3}\cos t - \sin t \cdots\cdots ② となる。\cdots\cdots(答)$$

(2) ②に三角関数の合成を用いると,　$\boxed{\cos(\alpha+\beta) = \cos\alpha\cos\beta - \sin\alpha\sin\beta}$

$$v = 2\left(\frac{\sqrt{3}}{2}\cos t - \frac{1}{2}\sin t\right) = 2\left(\cos t \cos\frac{\pi}{6} - \sin t \sin\frac{\pi}{6}\right) = 2\cos\left(t + \frac{\pi}{6}\right)$$

$\underbrace{}_{\sqrt{(\sqrt{3})^2+1^2}}$　$\boxed{\cos\frac{\pi}{6}}$　$\boxed{\sin\frac{\pi}{6}}$

$$\therefore v = 2\cos\left(t + \frac{\pi}{6}\right) \cdots\cdots ②' \quad (t \geqq 0)$$

となる。v と $|v|$ の右のグラフから,
動点 P が $0 \leqq t \leqq \pi$ の範囲で動いた道
のり L は,

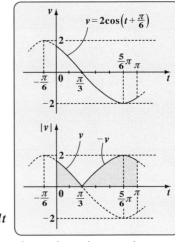

$$L = \int_0^\pi |v|\,dt = \int_0^{\frac{\pi}{3}} v\,dt - \int_{\frac{\pi}{3}}^\pi v\,dt$$

$$\left[\quad \underset{0\quad \frac{\pi}{3}}{} \quad + \quad \underset{\frac{\pi}{3}\quad \pi}{} \quad\right]$$

$$= 2\int_0^{\frac{\pi}{3}}\cos\left(t + \frac{\pi}{6}\right)dt - 2\int_{\frac{\pi}{3}}^\pi \cos\left(t + \frac{\pi}{6}\right)dt$$

$$= 2\left[\sin\left(t + \frac{\pi}{6}\right)\right]_0^{\frac{\pi}{3}} - 2\left[\sin\left(t + \frac{\pi}{6}\right)\right]_{\frac{\pi}{3}}^\pi = 2\left(1 - \frac{1}{2}\right) - 2\left(-\frac{1}{2} - 1\right)$$

$\boxed{\sin\frac{\pi}{2} - \sin\frac{\pi}{6}}$　$\boxed{\sin\frac{7}{6}\pi - \sin\frac{\pi}{2}}$

$$= 1 + 3 = 4 \ である。\cdots\cdots\cdots\cdots\cdots\cdots\cdots\cdots\cdots\cdots\cdots(答)$$

アステロイド曲線の長さと体積

絶対暗記問題 71　　　　難易度 ★★★　　　CHECK1　　CHECK2　　CHECK3

アステロイド曲線 $x = a\cos^3\theta$, $y = a\sin^3\theta$ $\left(0 \leqq \theta \leqq \dfrac{\pi}{2}\right)$
(a：正の定数) がある。

(1) この曲線の長さ l を求めよ。

(2) $I_n = \displaystyle\int_0^{\frac{\pi}{2}} \sin^n\theta \, d\theta$ $(n = 0, 1, 2, \cdots)$ とおくとき，$I_n = \dfrac{n-1}{n} I_{n-2}$ $(n = 2, 3, \cdots)$
　　が成り立つことを示せ。

(3) この曲線と x 軸，y 軸とで囲まれる部分を x 軸のまわりに回転して
　　できる回転体の体積 V を求めよ。　　　　　　　　　　　　（茨城大 ＊）

レクチャー　アステロイド曲線：
$\begin{cases} x = a\cos^3\theta \\ y = a\sin^3\theta \end{cases}$ (θ：媒介変数) ($a > 0$)
は，試験では頻出の曲線で，P51 で
示したような，お星様がキラリ (!) と
光った形をしてるんだね。

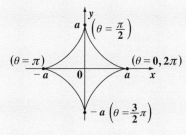

今回は，$0 \leqq \theta \leqq \dfrac{\pi}{2}$ より，このうちの
$x \geqq 0$，$y \geqq 0$ の部分だね。

(1) この曲線の長さ l は，公式通り，
$l = \displaystyle\int_0^{\frac{\pi}{2}} \sqrt{\left(\dfrac{dx}{d\theta}\right)^2 + \left(\dfrac{dy}{d\theta}\right)^2} \, d\theta$ で求める。

(2),(3) この曲線と x 軸，y 軸とで囲
まれた部分を x 軸
のまわりに回転し
た回転体の体積 V
は，この曲線が y
$= f(x)$ で表されて
いるものとして，
$V = \pi \displaystyle\int_0^a y^2 \, dx$ と
する。ここで，θ
での積分に切り替
えるので，
$x : 0 \to a$ は
$\theta : \dfrac{\pi}{2} \to 0$ となる。

$\theta = \dfrac{\pi}{2}$

$y = f(x)$ と
表されたも
のとする

$\theta = 0$

$\therefore V = \pi \displaystyle\int_{\frac{\pi}{2}}^0 y^2 \cdot \dfrac{dx}{d\theta} \, d\theta$ だね。
このとき，(2) の $\displaystyle\int_0^{\frac{\pi}{2}} \sin^n\theta \, d\theta$ の積分
が必要となるんだね。頑張れ！

解答＆解説

$\begin{cases} x = a\boxed{\cos^3\theta}^{\,t} \\ y = a\boxed{\sin^3\theta}^{\,u} \end{cases}$ $\left(0 \leqq \theta \leqq \dfrac{\pi}{2}\right)$ (a：正の定数)

(1) (ⅰ) $\dfrac{dx}{d\theta} = a \cdot \overbrace{(3\cos^2\theta)}^{(t^3)'} \cdot \overbrace{(-\sin\theta)}^{(\cos\theta)'} = -3a\sin\theta\cos^2\theta$

(ⅱ) $\dfrac{dy}{d\theta} = a \cdot \overbrace{(3\sin^2\theta)}^{(u^3)'} \cdot \overbrace{(\cos\theta)}^{(\sin\theta)'} = 3a\sin^2\theta \cdot \cos\theta$

(ⅰ)(ⅱ) より

$$\left(\dfrac{dx}{d\theta}\right)^2 + \left(\dfrac{dy}{d\theta}\right)^2 = (-3a\sin\theta\cos^2\theta)^2 + (3a\sin^2\theta\cos\theta)^2$$

$$= 9a^2\sin^2\theta \cdot \cos^2\theta \cdot (\overbrace{\cos^2\theta + \sin^2\theta}^{1})$$

$$= 9a^2\sin^2\theta \cdot \cos^2\theta \quad \cdots\cdots ①$$

①より，求める曲線の長さ l は

$$l = \int_0^{\frac{\pi}{2}}\sqrt{\left(\dfrac{dx}{d\theta}\right)^2 + \left(\dfrac{dy}{d\theta}\right)^2}d\theta = \int_0^{\frac{\pi}{2}}\sqrt{9a^2\sin^2\theta \cdot \cos^2\theta}\,d\theta$$

$$= \int_0^{\frac{\pi}{2}}3a|\underset{\boxed{0\text{以上}}}{\sin\theta} \cdot \underset{\boxed{0\text{以上}}}{\cos\theta}|\,d\theta \qquad \left(\because 0 \leqq \theta \leqq \dfrac{\pi}{2}\right)$$

$$= 3a\int_0^{\frac{\pi}{2}}\underset{f^{1'}}{(\sin\theta)} \cdot \underset{f'}{(\cos\theta)}\,d\theta$$

$$= 3a\underset{\frac{1}{2}f^2}{\left[\boxed{\dfrac{1}{2}\sin^2\theta}\right]_0^{\frac{\pi}{2}}} = 3a \times \dfrac{1}{2} = \dfrac{3}{2}a \quad \cdots\cdots\cdots\cdots\cdots\cdots\cdots\text{(答)}$$

(2) $I_n = \displaystyle\int_0^{\frac{\pi}{2}}\sin^n\theta\,d\theta \quad (n = 0, 1, 2, \cdots)$ とおく。

$I_n = \displaystyle\int_0^{\frac{\pi}{2}}\sin^{n-1}\theta \cdot \underset{\boxed{1\text{つだけ別にとる}}}{\boxed{\sin\theta}}d\theta$

> $\boxed{(-\cos\theta)'\text{ として，部分積分にもち込む！}}$

> $I_n = \dfrac{n-1}{n}I_{n-2}$ は，I_n と I_{n-2} の関係式より，これは数列 $\{I_n\}$ の漸化式だね。
> "定積分 I_n の漸化式は，部分積分法を使って導く" と覚えておこう！

$$= \int_0^{\frac{\pi}{2}}\sin^{n-1}\theta \cdot (-\cos\theta)'\,d\theta$$

$$= \underset{\boxed{\because \cos\frac{\pi}{2}=0,\ \sin0=0}}{\left[-\sin^{n-1}\theta \cdot \cos\theta\right]_0^{\frac{\pi}{2}}} - \int_0^{\frac{\pi}{2}}\overbrace{(\underbrace{(\sin^{n-1}\theta)}_{})'}^{u} \cdot (-\cos\theta)\,d\theta$$

$$\underset{(n-1)\sin^{n-2}\theta \cdot (\sin\theta)' = (n-1)\sin^{n-2}\theta \cdot \cos\theta}{}$$

$$= (n-1)\int_0^{\frac{\pi}{2}}\sin^{n-2}\theta \cdot \underset{(1-\sin^2\theta)}{\boxed{\cos^2\theta}}d\theta = (n-1)\int_0^{\frac{\pi}{2}}\sin^{n-2}\theta \cdot \overbrace{(1-\sin^2\theta)}\,d\theta$$

208

$$= (n-1)\left(\underbrace{\int_0^{\frac{\pi}{2}} \sin^{n-2}\theta\, d\theta}_{I_{n-2}} - \underbrace{\int_0^{\frac{\pi}{2}} \sin^n\theta\, d\theta}_{I_n}\right)$$

> こんな変形思いつかないって？心配しなくていいよ。どうせ，手の決まった変形だから覚えればいいんだよ。

以上より $I_n = (n-1)(I_{n-2} - I_n), \quad \{1 + (n-1)\}I_n = (n-1)I_{n-2}$

$$\therefore \ I_n = \frac{n-1}{n} I_{n-2} \ (n = 2, 3, 4, \cdots) \ \cdots\cdots \text{③} \ \cdots\cdots\cdots\cdots\cdots\cdots\cdots\text{(終)}$$

> ③を繰り返し使うと，$I_3 = \dfrac{2}{3} \cdot I_1$, $I_5 = \dfrac{4}{5} \cdot I_3 = \dfrac{4}{5} \cdot \dfrac{2}{3} \cdot I_1$,
> $I_7 = \dfrac{6}{7} \cdot \underline{I_5} = \dfrac{6}{7} \cdot \dfrac{4}{5} \cdot I_3 = \dfrac{6}{7} \cdot \dfrac{4}{5} \cdot \dfrac{2}{3} \cdot I_1$ のように計算できるね。

(3) この曲線と x 軸，y 軸で囲まれる部分を x 軸のまわりに回転してできる回転体の体積 V は

> $\theta = \dfrac{\pi}{2}$
>
> これが $y = f(x)$ と表されたものとする
>
> $\theta = 0$

$$V = \pi \int_0^a y^2 dx = \pi \int_{\frac{\pi}{2}}^0 y^2 \cdot \frac{dx}{d\theta}\, d\theta$$

$$\left(x : 0 \to a \text{ のとき，} \theta : \frac{\pi}{2} \to 0\right)$$

$$= \pi \int_{\frac{\pi}{2}}^0 (a\sin^3\theta)^2 \cdot (-3a \cdot \sin\theta\cos^2\theta)\, d\theta$$

> -1 で積分区間を切り替えた！

$$= 3\pi a^3 \int_0^{\frac{\pi}{2}} \sin^7\theta \cdot \cos^2\theta\, d\theta = 3\pi a^3 \int_0^{\frac{\pi}{2}} \sin^7\theta \cdot (1 - \sin^2\theta)\, d\theta$$

$$= 3\pi a^3 \left(\underbrace{\int_0^{\frac{\pi}{2}} \sin^7\theta\, d\theta}_{I_7} - \underbrace{\int_0^{\frac{\pi}{2}} \sin^9\theta\, d\theta}_{I_9}\right)$$

$$I_1 = \int_0^{\frac{\pi}{2}} \sin\theta\, d\theta = -[\cos\theta]_0^{\frac{\pi}{2}} = -\left(\cos\frac{\pi}{2} - \cos 0\right) = -(0 - 1) = 1$$

$$= 3\pi a^3 \left(\frac{6}{7} \cdot \frac{4}{5} \cdot \frac{2}{3} \cdot \underline{I_1} - \frac{8}{9} \cdot \frac{6}{7} \cdot \frac{4}{5} \cdot \frac{2}{3} \cdot \underline{I_1}\right)$$

$$= 3\pi a^3 \cdot \frac{6}{7} \cdot \frac{4}{5} \cdot \frac{2}{3} \cdot \left(1 - \frac{8}{9}\right) = \frac{16}{105}\pi a^3 \ \cdots\cdots\cdots\cdots\cdots\cdots\cdots\text{(答)}$$

微分方程式

次の微分方程式を各条件の下で解け。

(1) $y' = 2y$　　…………①　（ $y \neq 0$, 条件：$x = 0$ のとき $y = 3$ ）

(2) $y' = 2x(y-1)$　……②　（ $y \neq 1$, 条件：$x = 0$ のとき $y = 5$ ）

ヒント!　**(1), (2)** いずれも変数分離形 $\int f(y)dy = \int g(x)dx$ の形で解ける微分方程式の問題なんだね。微分方程式を解く際に，定数 C の扱い方に注意しよう。今回は，(1), (2) ともに条件が与えられているので，この定数 C の値を決定できる。受験問題でも，ときどき出題されるので，この微分方程式の解法パターンをシッカリマスターしよう!

解答&解説

(1) ①より，$\dfrac{dy}{dx} = 2y$　$y \neq 0$ より，両辺を y で割り，両辺に dx をかけると

$\dfrac{1}{y} dy = 2 \cdot dx$　より，

$(y \text{の式})$　今回は定数だけど，これも $(x \text{の式})$ と考えよう。

> 変数分離形：$f(y)dy = g(x)dx$ の形になったので，この後は両辺に $\int$（インテグラル）を付けて，不定積分にもち込めばいいんだね。

$\displaystyle\int \dfrac{1}{y} dy = \int 2 \cdot dx$

$\log|y| = 2x + C_1$　（ C_1：定数）となる。

> $\log|y| + C_1' = 2x + C_2'$ より，まとめて $\log|y| = 2x + C_1$ （$C_1 = C_2' - C_1'$）とした。

よって，$|y| = e^{2x + C_1} = e^{C_1} \cdot e^{2x}$

$y = \pm e^{C_1} e^{2x}$　　　　$\therefore y = Ce^{2x}$ ……③ となる。　（$C = \pm e^{C_1}$）

これを新たに定数 C とおく。

ここで，条件：$x = 0$ のとき $y = 3$ より，これらを③に代入して，

$3 = C \cdot e^{2 \cdot 0} = C$　$\therefore C = 3$ となる。←　条件から，C の値が求められた。

$e^0 = 1$

これを③に代入すると，①の解は，

$y = 3e^{2x}$　である。……………………………………………………(答)

(2) ②より，$\dfrac{dy}{dx} = 2x(y-1)$ ……②′　　$y \neq 1$ より，$y - 1 \neq 0$

よって，②′の両辺を $y-1$ で割り，両辺に dx をかけると，

$\dfrac{1}{y-1} dy = 2x\,dx$　となる。← 変数分離形：$f(y)dy = g(x)dx$ になった！

この両辺を積分して，

積分定数は右辺にまとめて示す。

$\displaystyle\int \dfrac{1}{y-1} dy = \int 2x\,dx$　　$\log|y-1| = x^2 + C_1$　より，

$|y-1| = e^{x^2 + C_1} = e^{C_1} \cdot e^{x^2}$　これから，

$y - 1 = \underline{\pm e^{C_1} \cdot e^{x^2}}$

これを新たに定数 C とおく。

$\therefore y = Ce^{x^2} + 1$ ……④　となる。　$(C = \pm e^{C_1})$

ここで，条件：$x = 0$ のとき $y = 5$ より，これらを④に代入して，

$5 = C \cdot e^{0^2} + 1 = C + 1$　$\therefore C = 4$

$e^0 = 1$

これを④に代入すると，微分方程式②の解は，

$y = 4e^{x^2} + 1$　である。……………………………………………………(答)

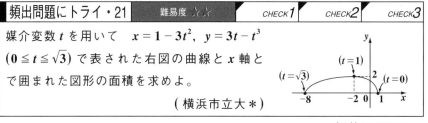

頻出問題にトライ・21　　難易度 ★☆　　　CHECK1　　CHECK2　　CHECK3

媒介変数 t を用いて　$x = 1 - 3t^2$, $y = 3t - t^3$

$(0 \leqq t \leqq \sqrt{3})$ で表された右図の曲線と x 軸と

で囲まれた図形の面積を求めよ。

（横浜市立大＊）

解答は P224

講義6 ● 積分法とその応用　公式エッセンス

1. 積分は微分と逆の操作

$F'(x) = f(x)$ のとき，$\displaystyle\int f(x)\,dx = F(x) + C$　（C：積分定数）

2. 部分積分法

$(1)\displaystyle\int f' \cdot g\,dx = f \cdot g - \underline{\int f \cdot g'\,dx}$　簡単化！

$(2)\displaystyle\int f \cdot g'\,dx = f \cdot g - \underline{\int f' \cdot g\,dx}$　簡単化！

3. 区分求積法

$\displaystyle\lim_{n \to \infty} \frac{1}{n} \sum_{k=1}^{n} f\left(\frac{k}{n}\right) = \int_0^1 f(x)\,dx$

4. 面積の積分公式

$a \le x \le b$ の範囲で，2 曲線 $y = f(x)$ と $y = g(x)$ $[f(x) \ge g(x)]$ とではさまれる図形の面積 S は，

$$S = \int_a^b \underbrace{\{f(x)}_{上側} - \underbrace{g(x)\}}_{下側}\,dx$$

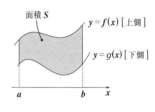

面積 S　　$y = f(x)\,[上側]$
$y = g(x)\,[下側]$

5. 体積の積分公式

$a \le x \le b$ の範囲にある立体の体積 V は，

$$V = \int_a^b S(x)\,dx \quad (S(x)：断面積)$$

x 軸のまわりや y 軸のまわりの回転体の体積計算が多い。

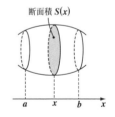

断面積 $S(x)$

6. 曲線の長さの積分公式

（ⅰ）$y = f(x)$ の場合，曲線の長さ l は

$$l = \int_a^b \sqrt{1 + \{f'(x)\}^2}\,dx$$

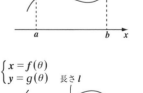

長さ l　　$y = f(x)$

（ⅱ）$\begin{cases} x = f(\theta) \\ y = g(\theta) \end{cases}$　（θ：媒介変数）の場合，

曲線の長さ l は

$$l = \int_\alpha^\beta \sqrt{\left(\frac{dx}{d\theta}\right)^2 + \left(\frac{dy}{d\theta}\right)^2}\,d\theta$$

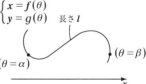

$\begin{cases} x = f(\theta) \\ y = g(\theta) \end{cases}$　長さ l
$(\theta = \alpha)$　　$(\theta = \beta)$

◆頻出問題にトライ・1

$\dfrac{z}{1+z^2}$ ……① が純虚数のとき，

$\dfrac{z}{1+z^2} + \overline{\left(\dfrac{z}{1+z^2}\right)} = 0$

> α が純虚数のとき，$\alpha + \overline{\alpha} = 0$ だね。

$\dfrac{z}{1+z^2} + \dfrac{\overline{z}}{1+(\overline{z})^2} = 0$

> $\overline{\left(\dfrac{z}{1+z^2}\right)} = \dfrac{\overline{z}}{\overline{1} + \overline{z}^2}$
> $\underset{1}{}$
> $\overline{z \cdot z} = \overline{z} \cdot \overline{z}$

$\dfrac{z}{1+z^2} + \dfrac{\overline{z}}{1+\overline{z}^2} = 0$

両辺に $(1+z^2)(1+\overline{z}^2)$ をかけて

$z(1+\overline{z}^2) + \overline{z}(1+z^2) = 0$

$z + z \cdot \overline{z} \cdot \overline{z} + \overline{z} + \overline{z} \cdot z \cdot z = 0$

$(z+\overline{z}) + z\overline{z}(z+\overline{z}) = 0$

$(z+\overline{z})(1 + \underline{z\overline{z}}) = 0, \quad (z+\overline{z})(1 + \underset{+}{|z|^2}) = 0$

$\underset{|z|^2}{}$

$\therefore z + \overline{z} = 0$ ……②

> 0は純虚数じゃない！

①が純虚数より，分子 $z \neq 0$

よって②より，z は純虚数。

また，分母 $1+z^2 \neq 0$ より

$z \neq \pm i$ ← $1+z^2 \neq 0, z^2 \neq -1, \therefore z \neq \pm\sqrt{-1} = \pm i$

以上より，z は $\pm i$ 以外の純虚数である。

……………………(答)

◆頻出問題にトライ・2

2つの複素数 $\alpha = 2+i$, $\beta = 3+i$ を極形式で表すと，

$\underline{\alpha = 2 + 1 \cdot i}$

$= \underset{\sqrt{2^2+1^2}}{\sqrt{5}}\left(\overset{\cos\theta_1}{\dfrac{2}{\sqrt{5}}} + \overset{\sin\theta_1}{\dfrac{1}{\sqrt{5}}}i\right)$

$= \sqrt{5}(\cos\theta_1 + i\sin\theta_1)$ ……①

$\left(\cos\theta_1 = \dfrac{2}{\sqrt{5}}, \sin\theta_1 = \dfrac{1}{\sqrt{5}}\right)$

$\underline{\beta = 3 + 1 \cdot i}$

$= \underset{\sqrt{3^2+1^2}}{\sqrt{10}}\left(\overset{\cos\theta_2}{\dfrac{3}{\sqrt{10}}} + \overset{\sin\theta_2}{\dfrac{1}{\sqrt{10}}}i\right)$

$= \sqrt{10}(\cos\theta_2 + i\sin\theta_2)$ ……②

$\left(\cos\theta_2 = \dfrac{3}{\sqrt{10}}, \sin\theta_2 = \dfrac{1}{\sqrt{10}}\right)$

ここで，$0° < \theta_1 < \dfrac{\pi}{4}$, $0° < \theta_2 < \dfrac{\pi}{4}$ より，

$0° < \theta_1 + \theta_2 < \dfrac{\pi}{2}$ ……③

次に，α と β の積を求める。

(i) $\underline{\alpha \times \beta} = (2+i)(3+i)$

$= 6 + 2i + 3i + \overset{(-1)}{i^2} = 5 + 5i$

$= 5(1 + 1 \cdot i)$

$= 5\underset{\sqrt{1^2+1^2}}{\sqrt{2}}\left(\dfrac{1}{\sqrt{2}} + \dfrac{1}{\sqrt{2}}i\right)$

(ii) $\underline{\alpha \times \beta}$

> ①，②より

$= \sqrt{5}(\cos\theta_1 + i\sin\theta_1)\sqrt{10}(\cos\theta_2 + i\sin\theta_2)$

$= 5\sqrt{2}\{\underset{\frac{1}{\sqrt{2}}}{\cos(\theta_1+\theta_2)} + i\underset{\frac{1}{\sqrt{2}}}{\sin(\theta_1+\theta_2)}\}$

以上 (i)，(ii) を比較して

$\begin{cases} \cos(\theta_1+\theta_2) = \dfrac{1}{\sqrt{2}} \\ \sin(\theta_1+\theta_2) = \dfrac{1}{\sqrt{2}} \end{cases}$

よって，$0° < \theta_1 + \theta_2 < \dfrac{\pi}{2}$ ……③ より，

$\theta_1 + \theta_2 = \dfrac{\pi}{4}$ …………………………(答)

z が $|z|=1$ ……① をみたすとき,
$$w=\left(z+\sqrt{2}+\sqrt{2}i\right)^2 \quad \text{……②}$$
の絶対値 $|w|$ と偏角 $arg\,w$ のとり得る値の範囲を求める。
$$\gamma=\underline{z+\sqrt{2}+\sqrt{2}i} \quad \text{………③}$$
とおき, これを z について解くと
$$z=\gamma-\left(\sqrt{2}+\sqrt{2}i\right)$$
これを①に代入して,
$$|\gamma-\left(\sqrt{2}+\sqrt{2}i\right)|=\underline{1}$$

> 中心 α, 半径 r の円の方程式 :
> $|\gamma-\underset{\sim}{\alpha}|=\underset{=}{r}$

よって, 右図のように
点 γ は, 中心 $\sqrt{2}+\sqrt{2}i$,
半径 $\underline{1}$ の円周を描く。
この図に示す直角
三角形の3辺の長さ
は, 2, $\sqrt{3}$, 1 とわかる。
よって, この円周上を

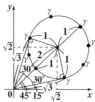

点 γ が動くとき, 絶対値 $|\gamma|$ は原点と点 γ との距離を表すから, $|\gamma|$ のとり得る値の範囲は,
$$\underset{2-1}{\boxed{1}}\leqq|\gamma|\leqq\underset{2+1}{\boxed{3}} \quad \text{……④}$$
また, γ の偏角 $arg\,\gamma$ は動径 0γ が実軸の正方向となす角より, そのとり得る値の範囲は,
$$\underset{45°-30°}{\boxed{15°}}\leqq arg\,\gamma\leqq\underset{45°+30°}{\boxed{75°}} \quad \text{……⑤}$$
③を②に代入して,
$$w=\underline{\gamma}^2$$

> 公式 :
> $|\alpha\beta|=|\alpha||\beta|$

$$\therefore |w|=|\gamma^2|=|\underset{|\gamma|\cdot|\gamma|}{\overset{\prime\prime}{\gamma\cdot\gamma}}|=|\gamma|^2 \quad \text{……⑥}$$
④の各辺を2乗して,
$$1\leqq|\gamma|^2\leqq 9 \quad \text{……⑦}$$
⑥を⑦に代入して, $|w|$ のとり得る値の範囲は,
$$1\leqq|w|\leqq 9 \quad \text{……（答）}$$

また,

> 公式 : $arg\,(\alpha\beta)=arg\,\alpha+arg\,\beta$

$$arg\,w=arg\,(\underset{\gamma\cdot\gamma}{\underline{\gamma^2}})=arg\,\gamma+arg\,\gamma$$
$$=2arg\,\gamma \quad \text{……⑧}$$
⑤の各辺を2倍して,
$$30°\leqq 2arg\,\gamma\leqq 150° \quad \text{……⑨}$$
⑧を⑨に代入して, $arg\,w$ のとり得る値の範囲は,
$$30°\leqq arg\,w\leqq 150° \quad \text{…………（答）}$$
または,
$$\frac{\pi}{6}\leqq arg\,w\leqq\frac{5}{6}\pi \quad \text{…………（答）}$$

図1のように, 実軸
上の長さ1の線分
P_0P_1 から始めて,
次々と長さを $\frac{1}{\sqrt{2}}$ 倍に
縮小しながら, $45°$
の方向に P_1P_2, P_2P_3, P_3P_4, …… と折れ
線が出来ていくときに, 点 P_{10} を表す複
素数を求める。まず, ベクトル $\overrightarrow{P_0P_{10}}$ に
ついて, まわり道の原理を用いると,
次のようになる。
$$\overrightarrow{P_0P_{10}}=\overrightarrow{P_0P_1}+\overrightarrow{P_1P_2}+\overrightarrow{P_2P_3}+\cdots+\overrightarrow{P_9P_{10}}$$
$$\text{……①}$$
ここで, $\overrightarrow{P_0P_1}=(1,0)$ を複素数で表すと,
$$\overrightarrow{P_0P_1}=(1,0)=1+0i=1 \quad \text{……②}$$
次に, $\overrightarrow{P_1P_2}$ は, 図2
のように, $\overrightarrow{P_0P_1}$ を
$45°$ だけ回転して,
$\frac{1}{\sqrt{2}}$ 倍に縮小したも
のなので,
$$\alpha=\frac{1}{\sqrt{2}}(\cos 45°+i\sin 45°) \text{ として}$$
$$\overrightarrow{P_1P_2}=\alpha\underset{1}{\overrightarrow{P_0P_1}}=\alpha \quad \text{……③} \text{ とおける。}$$

214

$\overrightarrow{P_2P_3}$ も $\overrightarrow{P_1P_2}$ を $45°$ だけ回転して, $\dfrac{1}{\sqrt{2}}$ 倍

に縮小したものなので,

$\overrightarrow{P_2P_3} = \alpha \underbrace{\overrightarrow{P_1P_2}}_{\alpha(\because ③)} = \alpha^2$ ……④

同様に, $\overrightarrow{P_3P_4} = \alpha^3$, $\overrightarrow{P_4P_5} = \alpha^4$, ……

……, $\overrightarrow{P_9P_{10}} = \alpha^9$ ……⑤

②, ③, ④, …⑤ を①に代入して

$\overrightarrow{P_0P_{10}} = 1 + \alpha + \alpha^2 + \cdots + \alpha^9$

これは初項 $a = 1$, 公比 $r = \alpha$, 項数 10

の等比数列の和より,

$\overrightarrow{P_0P_{10}} = \dfrac{1 \cdot (1 - \alpha^{10})}{1 - \alpha}$

……⑥

> 初項 a, 公比 $r(\neq 1)$,
> 項数 n の等比数列の和:
> $S = \dfrac{a(1 - r^n)}{1 - r}$

ここで, ド・モアブルの定理を用いて

$\alpha^{10} = \left\{ \dfrac{1}{\sqrt{2}}(\cos 45° + i \sin 45°) \right\}^{10}$

$= \dfrac{1}{2^5}\{\cos(10 \times 45°) + i \sin(10 \times 45°)\}$

$= \dfrac{1}{32}(\cos \underset{360° + 90°}{\overbrace{450°}} + i \sin \underset{360° + 90°}{\overbrace{450°}})$

$= \dfrac{1}{32}(\underset{0}{\overset{}{\cos 90°}} + i \underset{1}{\overset{}{\sin 90°}})$

$\therefore \alpha^{10} = \dfrac{i}{32}$ ……⑦

また, $\alpha = \dfrac{1}{\sqrt{2}}(\cos 45° + i \sin 45°)$

$= \dfrac{1}{\sqrt{2}}\left(\dfrac{1}{\sqrt{2}} + \dfrac{1}{\sqrt{2}}i\right) = \dfrac{1}{2}(1 + i)$ ……⑧

⑦, ⑧ を⑥に代入して,

$\overrightarrow{P_0P_{10}} = \dfrac{1 - \dfrac{i}{32}}{1 - \dfrac{1}{2}(1 + i)} = \dfrac{1 - \dfrac{i}{32}}{\dfrac{1}{2} - \dfrac{1}{2}i} = \dfrac{1 - \dfrac{i}{32}}{\dfrac{1 - i}{2}}$

$= \dfrac{2\left(1 - \dfrac{i}{32}\right)}{1 - i} = \dfrac{2\left(1 - \dfrac{i}{32}\right)(1 + i)}{(1 - i)(1 + i)}$

$\overrightarrow{P_0P_{10}} = \dfrac{2(1 + i)}{1 - \underset{-1}{\overset{}{i^2}}}\left(1 - \dfrac{i}{32}\right) = \dfrac{\overset{1}{\cancel{2}}(1 + i)}{\cancel{2}}\left(1 - \dfrac{i}{32}\right)$

$= (1 + i)\left(1 - \dfrac{i}{32}\right) = 1 - \dfrac{i}{32} + i - \dfrac{\overset{-1}{\overbrace{i^2}}}{32}$

$= \dfrac{33}{32} + \dfrac{31}{32}i$

$\therefore$ 点 P_{10} を表す複素数は, $\dfrac{33}{32} + \dfrac{31}{32}i$ …(答)

◆頻出問題にトライ・5

右のだ円

$\dfrac{x^2}{4} + \dfrac{y^2}{2} = 1$ …①

に円接し, 1 辺

が x 軸に平行

な長方形の第

1 象限にある頂

点を $P(\alpha, \beta)$ とおくと, この長方形の面

積 S は,

$S = \underset{横}{\underbrace{2\alpha}} \times \underset{たて}{\underbrace{2\beta}} = 4\alpha\beta$ ……②

$(\alpha > 0, \beta > 0)$

点 $P(\alpha, \beta)$ は, ①のだ円上の点より,

$\dfrac{\alpha^2}{4} + \dfrac{\beta^2}{2} = 1$ ……③

③の左辺に, 相加, 相乗平均の不等式

を用いると,

> $x > 0, y > 0$ のとき, $x + y \geqq 2\sqrt{xy}$

$1 = \dfrac{\alpha^2}{4} + \dfrac{\beta^2}{2} \geqq 2\sqrt{\dfrac{\alpha^2}{4} \cdot \dfrac{\beta^2}{2}} = \dfrac{|\alpha\beta|}{\sqrt{2}}$

$[\quad x + y \quad \geqq \quad 2\sqrt{xy} \quad]$

よって, $\boxed{\dfrac{S}{4}(②より)}$ $\boxed{S の最大値}$

$1 \geqq \dfrac{\alpha\beta}{\sqrt{2}} = \dfrac{S}{4\sqrt{2}}$ $\therefore S \leqq 4\sqrt{2}$

等号成立条件: $\dfrac{\alpha^2}{4} = \dfrac{\beta^2}{2}$ ……④

④を③に代入して,

$$\frac{\beta^2}{2}+\frac{\beta^2}{2}=1, \ \beta^2=1$$

$$\therefore \ \beta=1 \ (\because \beta>0)$$

これを $\dfrac{\alpha^2}{4}=\dfrac{\beta^2}{2}$ ……④に代入して

$$\frac{\alpha^2}{4}=\frac{1}{2} \qquad \alpha^2=2$$

$$\therefore \ \alpha=\sqrt{2} \ (\because \alpha>0)$$

以上より，点 $P(\alpha, \beta)$ について，
$\alpha=\sqrt{2}, \ \beta=1$ のとき，
長方形の面積 S は，最大値

$$S=4\sqrt{2} \ \text{をとる。} \qquad\text{……(答)}$$

◆頻出問題にトライ・6

右図のように，原点 0 を中心とする半径 a の円 C_1 とこれに内接する半径 $\dfrac{a}{4}$ の円 C_2 を考える。
初め点 $P_0(a, 0)$ で円 C_1 と接していた円 C_2 が，円 C_1 に沿って，スリップすることなく回転していくとき，初めに点 $(a, 0)$ にあった円 C_2 上の点 P の描く曲線 (アステロイド) の方程式を求める。
円 C_2 の中心を A とおくと，上の図は，動径 OA が x 軸の正の向きと θ の角度をなすときのものである。このとき，$\overrightarrow{OP}=(x, y)$ とおくと，

$$\overrightarrow{OP}=(x, y)=\overrightarrow{OA}+\overrightarrow{AP} \quad\text{……①}$$

となる。

まわり道の原理

(i) $\overrightarrow{OA}$ について，

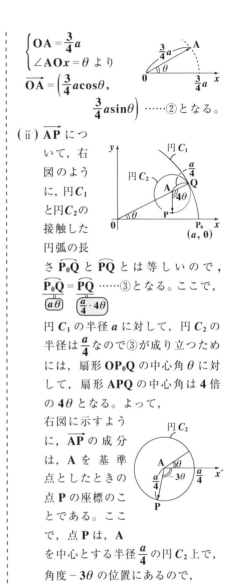

$$\begin{cases} OA=\dfrac{3}{4}a \\ \angle AOx=\theta \end{cases} \text{より}$$

$$\overrightarrow{OA}=\left(\frac{3}{4}a\cos\theta, \ \frac{3}{4}a\sin\theta\right) \quad\text{……②となる。}$$

(ii) $\overrightarrow{AP}$ について，右図のように，円 C_1 と円 C_2 の接触した円弧の長さ $\overset{\frown}{P_0Q}$ と $\overset{\frown}{PQ}$ とは等しいので，

$$\underset{(a\theta)}{\overset{\frown}{P_0Q}}=\underset{\left(\frac{a}{4}\cdot 4\theta\right)}{\overset{\frown}{PQ}} \quad\text{……③となる。ここで，}$$

円 C_1 の半径 a に対して，円 C_2 の半径は $\dfrac{a}{4}$ なので③が成り立つためには，扇形 OP_0Q の中心角 θ に対して，扇形 APQ の中心角は 4 倍の 4θ となる。よって，右図に示すように，$\overrightarrow{AP}$ の成分は，A を基準点としたときの点 P の座標のことである。ここで，点 P は，A を中心とする半径 $\dfrac{a}{4}$ の円 C_2 上で，角度 -3θ の位置にあるので，

$$\overrightarrow{AP}=\left(\frac{a}{4}\cdot\underset{(\cos 3\theta)}{\cos(-3\theta)}, \ \frac{a}{4}\cdot\underset{(-\sin 3\theta)}{\sin(-3\theta)}\right)$$

216

$$\therefore \overrightarrow{\text{AP}} = \left(\frac{a}{4}\cos 3\theta, \ -\frac{a}{4}\sin 3\theta\right) \ \cdots\cdots④$$

以上 (i) (ii) より，②，④を①に代入して，

$$\overrightarrow{\text{OP}} = (x, y) = \overrightarrow{\text{OA}} + \overrightarrow{\text{AP}}$$

$$= \left(\frac{3}{4}a\cos\theta, \ \frac{3}{4}a\sin\theta\right)$$

$$\quad + \left(\frac{a}{4}\cos 3\theta, \ -\frac{a}{4}\sin 3\theta\right)$$

$$= \left(\frac{a}{4}(3\cos\theta + \underline{\cos 3\theta}), \frac{a}{4}(3\sin\theta - \underline{\sin 3\theta})\right)$$

$$\boxed{4\cos^3\theta - 3\cos\theta} \quad \boxed{3\sin\theta - 4\sin^3\theta}$$

3倍角の公式
$$\begin{cases} \cos 3\theta = 4\cos^3\theta - 3\cos\theta \\ \sin 3\theta = 3\sin\theta - 4\sin^3\theta \end{cases}$$

$$= \left(\frac{a}{4}\cdot 4\cos^3\theta, \ \frac{a}{4}\cdot 4\sin^3\theta\right)$$

$$\therefore \overrightarrow{\text{OP}} = (a\cos^3\theta, a\sin^3\theta) \ \text{より},$$

アステロイド曲線を描く動点 P の媒変数 θ による方程式は，

$$\begin{cases} x = a\cos^3\theta \\ y = a\sin^3\theta \end{cases} \quad \text{となる。} \cdots\cdots(答)$$

◆頻出問題にトライ・7

だ円：$r = \dfrac{3}{2 - \cos\theta}$ $\cdots\cdots\cdots\cdots$①

直線：$r = \dfrac{k}{\cos\theta}$ (k：0 でない定数)$\cdots$②

変換公式を用いて，①と②を変形すると，①は，

$$r = \frac{3}{2 - \cos\theta}, \ \overgroup{r(2 - \cos\theta)} = 3$$

$$2r - \boxed{\overset{x}{r\cos\theta}} = 3$$

$$2r = x + 3 \quad \text{両辺を 2 乗して，}$$

$$4\overset{(x^2 + y^2)}{\boxed{r^2}} = (x + 3)^2$$

$$4(x^2 + y^2) = x^2 + 6x + 9$$

$$4x^2 + 4y^2 = x^2 + 6x + 9$$

$$3x^2 - 6x + 4y^2 = 9$$

$$3(x^2 - 2x + 1) + 4y^2 = 9 + 3$$

$$3(x - 1)^2 + 4y^2 = 12$$

両辺を 12 で割って，

$$\frac{(x - 1)^2}{4} + \frac{y^2}{3} = 1$$

これは，だ円 $\dfrac{x^2}{4} + \dfrac{y^2}{3} = 1$ を $(1, 0)$ だけ平行移動したもの

②は，$r = \dfrac{k}{\cos\theta}$, $\boxed{\overset{x}{r\cos\theta}} = k$, $x = k \ (\neq 0)$

以上より，①と②のグラフを下図に示す。これより，①と②が 2 つの異なる共有点をもつような実数 k の値の範囲は，

$$-1 < k < 0, \ 0 < k < 3 \ \cdots\cdots\cdots\cdots(答)$$

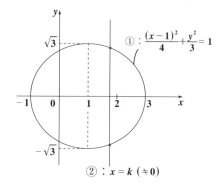

① : $\dfrac{(x - 1)^2}{4} + \dfrac{y^2}{3} = 1$

② : $x = k \ (\neq 0)$

◆頻出問題にトライ・8

$$S_n = \sum_{k=0}^{n}(n + 3k)^2 \quad \boxed{k = 0 \text{ のとき}}$$

$$= n^2 + \sum_{k=1}^{n}(n + 3k)^2$$

$$= n^2 + \sum_{k=1}^{n}(n^2 + 6nk + 9k^2)$$

$$= n^2 + \sum_{k=1}^{n}n^2 + 6n\sum_{k=1}^{n}k + 9\sum_{k=1}^{n}k^2$$

$$= n^2 + n\cdot n^2 + 6n\cdot\frac{1}{2}n(n + 1)$$

$$\quad + 9\cdot\frac{1}{6}n(n + 1)(2n + 1)$$

$$S_n = n^2(n+1) + 3n^2(n+1)$$
$$+ \frac{3}{2}n(n+1)(2n+1)$$
$$= \frac{1}{2}n(n+1)\{2n + 6n + 3(2n+1)\}$$
$$= \frac{1}{2}n(n+1)(14n+3) \quad \cdots\cdots\cdots (答)$$

$$\therefore \lim_{n\to\infty}\frac{S_n}{n^3} = \lim_{n\to\infty}\frac{\dfrac{1}{\boxed{2}}n(n+1)(14n+3)}{n^3}$$

$$\boxed{\frac{3\,次(同じ強さ)の\infty}{3\,次(同じ強さ)の\infty}}$$

$$= \lim_{n\to\infty}\frac{1}{2}\underbrace{\boxed{\frac{n}{n}}}_{1}\cdot\boxed{\frac{n+1}{n}}^{\left(1+\frac{1}{n}\right)}\cdot\boxed{\frac{14n+3}{n}}^{\left(14+\frac{3}{n}\right)}$$

$$= \lim_{n\to\infty}\frac{1}{2}\cdot 1 \cdot \left(1+\boxed{\frac{1}{n}}^{0}\right)\cdot\left(14+\boxed{\frac{3}{n}}^{0}\right)$$

$$= \frac{1}{2}\cdot 1 \cdot 1 \cdot 14 = 7 \quad \cdots\cdots(答)$$

◆頻出問題にトライ・9

$$S_n = \frac{1}{1^3} + \frac{1+2}{1^3+2^3} + \frac{1+2+3}{1^3+2^3+3^3} + \cdots$$
$$\cdots + \frac{1+2+\cdots+n}{1^3+2^3+\cdots+n^3} \quad \cdots\cdots\cdots\cdots\cdots (1)$$

とおく。右辺の第 k 項を a_k とおくと

$$a_k = \frac{1+2+\cdots+k}{1^3+2^3+\cdots+k^3} = \frac{\displaystyle\sum_{i=1}^{k}i}{\displaystyle\sum_{i=1}^{k}i^3}$$

$$= \frac{\dfrac{1}{\boxed{2}}k(k+1)}{\dfrac{1}{\boxed{4}}k^2(k+1)^2} = \frac{4}{2}\cdot\frac{\boxed{1}^{(k+1)-k}}{k(k+1)}$$

$$= 2 \cdot \left(\underline{\frac{1}{k} - \frac{1}{k+1}}\right)$$

$$\therefore (1) より,$$

$$S_n = \sum_{k=1}^{n}a_k = \sum_{k=1}^{n}\boxed{2}\left(\frac{1}{k} - \frac{1}{k+1}\right)$$

$$= 2 \cdot \sum_{k=1}^{n}\left(\boxed{\frac{1}{k}}^{I_k} - \boxed{\frac{1}{k+1}}^{I_{k+1}}\right)$$

$$= 2 \cdot \left\{\left(\frac{1}{1}-\frac{1}{2}\right)+\left(\frac{1}{2}-\frac{1}{3}\right)+\left(\frac{1}{3}-\frac{1}{4}\right)+\cdots\right.$$
$$\left.\cdots + \left(\frac{1}{n}-\frac{1}{n+1}\right)\right\}$$

$$= 2 \cdot \left(\boxed{1}^{I_1} - \boxed{\frac{1}{n+1}}^{I_{n+1}}\right)$$

$$\therefore \lim_{n\to\infty}S_n = \lim_{n\to\infty}2\left(1 - \boxed{\frac{1}{n+1}}^{0}\right) = 2 \cdots(答)$$

◆頻出問題にトライ・10

$$\begin{cases} a_1 = 3 \\ a_{n+1} = 2a_n + \underline{1}\cdot n^2 \underline{\underline{-2}}\cdot n - 2 \quad \cdots\cdots (1) \\ \quad (n = 1, 2, \cdots) \end{cases}$$

(1) $a_{n+1} + \alpha(n+1)^2 + \beta(n+1) + \gamma$

$$= 2 \cdot (a_n + \alpha n^2 + \beta n + \gamma) \quad \cdots\cdots (2)$$

とおくと,②を変形して

$$a_{n+1} = 2a_n + 2\alpha n^2 + 2\beta n + 2\gamma$$
$$\quad -\alpha(n+1)^2 - \beta(n+1) - \gamma$$
$$= 2a_n + 2\alpha n^2 + 2\beta n + 2\gamma$$
$$\quad -\alpha(n^2 + 2n + 1) - \beta(n+1) - \gamma$$
$$= 2a_n + \boxed{\alpha}^{1}n^2 + \boxed{(-2\alpha+\beta)}^{-2}n$$
$$\boxed{-\alpha - \beta + \gamma}^{-2} \quad \cdots\cdots\cdots\cdots\cdots\cdots (3)$$

①と③は同じ式より,係数を比較して

$$\begin{cases} \alpha = 1 & \cdots\cdots\cdots\cdots\cdots (4) \\ -2\alpha + \beta = -2 & \cdots\cdots\cdots\cdots\cdots (5) \\ -\alpha - \beta + \gamma = -2 & \cdots\cdots\cdots\cdots\cdots (6) \end{cases}$$

④を⑤に代入して

$$\beta = 2\alpha - 2 = 2 \cdot 1 - 2 = 0 \quad \cdots\cdots\cdots (7)$$

④と⑦を⑥に代入して，

$\gamma = \alpha + \beta - 2 = 1 + 0 - 2 = -1$ …⑧

以上より，$\alpha = 1, \beta = 0, \gamma = -1$ (答)

(2) ④，⑦，⑧を②に代入して，

$$a_{n+1} + (n+1)^2 - 1 = 2(a_n + n^2 - 1)$$
$$[\quad F(n+1) \quad = 2 \cdot \quad F(n) \quad]$$

$\therefore a_n + n^2 - 1 = (\overset{3}{\boxed{a_1}} + 1^2 - 1)2^{n-1} = 3 \cdot 2^{n-1}$

$[\quad F(n) \quad = \quad F(1) \quad \cdot 2^{n-1}\quad]$

$\therefore a_n = -n^2 + 3 \cdot 2^{n-1} + 1$

$\therefore \displaystyle\lim_{n \to \infty} \frac{a_n}{2^n} = \lim_{n \to \infty} \frac{-n^2 + 3 \cdot 2^{n-1} + 1}{2^n}$

$$= \lim_{n \to \infty} \left(\overset{0}{\boxed{-\frac{n^2}{2^n}}} + \frac{3}{2} + \overset{0}{\boxed{\frac{1}{2^n}}} \right)$$

$$= \frac{3}{2} \quad \cdots\cdots\cdots\cdots\cdots(答)$$

> これは，$-\frac{\infty}{\infty}$ の不定形だけれど，2^n の方が n^2 より圧倒的に強い ∞ なんだ。

◆頻出問題にトライ・11

2 倍角の公式：$\cos 2x = 2\cos^2 x - 1$ を使って，与式を変形すると，

$P = \dfrac{3\cos 2x - 2\underline{\sin^2 x} + 7}{2\cos^2 x + 1}$

$= \dfrac{3(2\cos^2 x - 1) - 2(1 - \cos^2 x) + 7}{2\cos^2 x + 1}$

$= \dfrac{8\cos^2 x + 2}{2\cos^2 x + 1}$ …………………①

> この置き換えがポイント

ここで，$t = \cos^2 x$ とおくと，

$0 \le x \le \dfrac{\pi}{2}$ より，$0 \le t \le 1$ ………………②

①を t を用いて表すと

$P = \dfrac{8t + 2}{2t + 1} = \dfrac{4(2t+1) + 2 - 4}{2t + 1}$

$= 4 + \dfrac{-2}{2t + 1}$

> 分母・分子を 2 で割る

$P = \dfrac{-1}{t + \dfrac{1}{2}} + 4$　$\therefore$ ②の下での P のグラフより，$t = 0 \left(x = \dfrac{\pi}{2} \right)$

のとき，P は最小値 2 をとる。……(答)

最小値 ②

$P = \dfrac{-1}{t + \dfrac{1}{2}} + 4$

◆頻出問題にトライ・12

$\displaystyle\lim_{x \to \infty} \{ \sqrt{4x^2 - 12x + 1} - (ax + b) \} = 0$ …①

$a = 0$ とすると，①の左辺は，

$\displaystyle\lim_{x \to \infty} \{ \overset{\infty}{\boxed{\sqrt{4x^2 - 12x + 1}}} - b \} = \infty$

となり，①が成り立たない。

$a < 0$ とすると，$\displaystyle\lim_{x \to \infty} (\overset{-\infty}{\boxed{a \cdot x}} + b) = -\infty$

だから，①の左辺は $\overset{\infty - (-\infty) = \infty + \infty = \infty}{\frown}$

$\displaystyle\lim_{x \to \infty} \{ \underset{\infty}{\underline{\sqrt{4x^2 - 12x + 1}}} - \underset{-\infty}{\underline{(ax + b)}} \} = \infty$

となって，やはり①は成り立たない。

以上より，①が成り立つためには $a > 0$。

$a > 0$ のとき，①の左辺の分母・分子に $\sqrt{} + ax + b$ をかけて，

> $[\infty - \infty$ の不定形$]$

$\displaystyle\lim_{x \to \infty} \{ \sqrt{4x^2 - 12x + 1} - (ax + b) \}$

$\overset{a^2 x^2 + 2abx + b^2}{\frown}$

$= \displaystyle\lim_{x \to \infty} \dfrac{4x^2 - 12x + 1 - \boxed{(ax+b)^2}}{\sqrt{4x^2 - 12x + 1} + (ax + b)}$

$= \displaystyle\lim_{x \to \infty} \dfrac{(4 - a^2)x^2 - 2(6 + ab)x + 1 - b^2}{\sqrt{4x^2 - 12x + 1} + (ax + b)}$

$\cdots\cdots$②

②は，$a \ne 2$ とすると，$4 - a^2 \ne 0$ より

$\left[\dfrac{2 \text{次の (強い)} \pm \infty}{1 \text{次の (弱い)} \infty} \right]$

の形をしているから，$\pm\infty$ に発散する。

219

∴①の左辺が有限な値に収束するためには，$a = 2$ ……③　が必要である。

③を②に代入して，

$$\lim_{x \to \infty} \frac{-2(6+2b)x + 1 - b^2}{\sqrt{4x^2 - 12x + 1} + 2x + b}$$

$$\left[\frac{1\text{次（同じ強さ）の}\infty}{1\text{次（同じ強さ）の}\infty}\right]$$

分母・分子を x で割った

$$= \lim_{x \to \infty} \frac{-4(3+b) + \dfrac{1-b^2}{x}}{\sqrt{4 - \dfrac{12}{x} + \dfrac{1}{x^2}} + 2 + \dfrac{b}{x}}$$

$$= \frac{-4(3+b)}{\sqrt{4} + 2} = \boxed{-(3+b) = 0}$$

∴ $b = -3$ ………………………④

③，④より，$a = 2$, $b = -3$ …………(答)

導関数の定義式通り

$$\{f(x) \cdot g(x)\}' = \lim_{h \to 0} \frac{f(x+h)g(x+h) - f(x)g(x)}{h}$$

$$= \lim_{h \to 0} \left\{ \frac{f(x+h)g(x+h) - f(x)g(x+h)}{h} + \frac{f(x)g(x+h) - f(x)g(x)}{h} \right\}$$

$$= \lim_{h \to 0} \left[\frac{\{f(x+h) - f(x)\} \cdot g(x+h)}{h} + \frac{f(x) \cdot \{g(x+h) - g(x)\}}{h} \right]$$

$$= \lim_{h \to 0} \left\{ \frac{\{f(x+h) - f(x)\}}{h} \cdot g(x+h) + f(x) \frac{g(x+h) - g(x)}{h} \right\}$$

$f'(x)$　$g(x+0)$

$g'(x)$

$$= f'(x)g(x) + f(x)g'(x) \quad \cdots\cdots(終)$$

$y = -(x+1)^{-1}$ を，順次 x で微分して，

$$y' = -1 \cdot (-1) \cdot (x+1)^{-2} \cdot (x+1)'$$

合成関数の微分

$$= (x+1)^{-2} \cdots\cdots\cdots\cdots(答)$$

$$y'' = \{(x+1)^{-2}\}' = -2 \cdot (x+1)^{-3} \cdots(答)$$

$$y''' = \{-2 \cdot (x+1)^{-3}\}' = -2 \cdot (-3) \cdot (x+1)^{-4}$$

$$= \underset{3!}{6}(x+1)^{-4}$$

$$y^{(4)} = \{6 \cdot (x+1)^{-4}\}' = 6 \cdot (-4) \cdot (x+1)^{-5}$$

$$= \underset{4!}{-24}(x+1)^{-5} \cdots\cdots\cdots\cdots(答)$$

以上より，

$$y' = 1!(x+1)^{-2}, \quad y'' = -2!(x+1)^{-3}$$

$$y''' = \underset{6}{3!}(x+1)^{-4}, \quad y^{(4)} = -\underset{24}{4!}(x+1)^{-5}$$

よって，$n = 1, 2, 3, \cdots\cdots$ のとき，第 n 次導関数 $y^{(n)}$ は，次のようになる。

$$y^{(n)} = (-1)^{n-1} \cdot n!(x+1)^{-(n+1)} \cdots(答)$$

$$\begin{cases} y = f(x) = e^x & \cdots\cdots\cdots\cdots① \\ y = g(x) = \boxed{\sqrt{x+a}} & \cdots\cdots\cdots\cdots② \end{cases}$$

とおくと，　$(x+a)^{\frac{1}{2}}$

$$\begin{cases} f'(x) = e^x \\ g'(x) = \dfrac{1}{2}(x+a)^{-\frac{1}{2}} = \dfrac{1}{2\sqrt{x+a}} \end{cases}$$

$x = t$ において①と②が接するとき，

$$\begin{cases} f(t) = g(t) & \leftarrow \boxed{x=t \text{ で共有点をもつ}} \\ f'(t) = g'(t) & \leftarrow \boxed{x=t \text{ で共通接線をもつ}} \end{cases}$$

$$\therefore \begin{cases} e^t = \sqrt{t+a} & \cdots\cdots\cdots\cdots③ \\ e^t = \dfrac{1}{2\sqrt{t+a}} & \cdots\cdots\cdots\cdots④ \end{cases}$$

③÷④より，

$$\frac{e^t}{e^t} = \frac{\sqrt{t+a}}{\dfrac{1}{2\sqrt{t+a}}} = 2(\sqrt{t+a})^2$$

$$\therefore \ 1 = 2(t+a), \quad t+a = \frac{1}{2} \ \cdots\cdots\cdots ⑤$$

⑤を③に代入して，

$$e^{t} = \sqrt{\frac{1}{2}} = \sqrt{2^{-1}} = 2^{-\frac{1}{2}} \ \cdots\cdots\cdots ⑥$$

$$\therefore \ t = \log 2^{\left(-\frac{1}{2}\right)} = -\frac{1}{2}\log 2 \ \cdots\cdots\cdots ⑦$$

⑦を⑤に代入して，

$$a = \frac{1}{2} - t = \frac{1}{2} + \frac{1}{2}\log 2$$

$$= \frac{1}{2}(1 + \log 2) \ \cdots\cdots\cdots\cdots\cdots (答)$$

以上より，求める $P(\underline{t}, \underline{f(t)})$ における
接線の方程式は，（e^t）

$$y = \underline{e^{t}} \ (x - \underline{t}) + \underline{\underline{e^{t}}}$$

$$[y = \underline{f'(t)}(x - \underline{t}) + \underline{\underline{f(t)}}] \quad (⑦より)$$

$$= \frac{1}{\sqrt{2}}\left(x + \frac{1}{2}\log 2\right) + \frac{1}{\sqrt{2}} \ (\because ⑥, ⑦)$$

（⑥より）

$$= \frac{1}{\sqrt{2}}x + \frac{1}{2\sqrt{2}} \cdot \log 2 + \frac{1}{\sqrt{2}}$$

$$\therefore \ y = \frac{\sqrt{2}}{2}x + \frac{\sqrt{2}(\log 2 + 2)}{4} \ \cdots\cdots (答)$$

◆頻出問題にトライ・16

(1) $\angle ABC = \angle ACB$

$$= \frac{1}{2}(\pi - \theta)$$

$$= \frac{\pi}{2} - \frac{\theta}{2}$$

図1

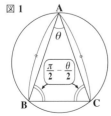

$\triangle ABC$ に正弦定理を用いて，

$$2 \cdot 1 = \frac{AC}{\sin\left(\frac{\pi}{2} - \frac{\theta}{2}\right)} = \frac{\overbrace{AC}^{AB}}{\cos\frac{\theta}{2}}$$

$$\underbrace{}_{\cos\frac{\theta}{2}}$$

外接円の半径

$$\therefore \ AC = AB = 2\cos\frac{\theta}{2}$$

$\therefore \triangle ABC$ の面積を S とおくと

$$S = \frac{1}{2} \cdot AB \cdot AC \cdot \sin\theta = \frac{1}{2}\left(2\cos\frac{\theta}{2}\right)^{2} \cdot \sin\theta$$

$$= 2 \cdot \cos^{2}\frac{\theta}{2} \cdot \sin\theta$$

半角公式：
$$\cos^{2}\frac{\theta}{2} = \frac{1 + \cos\theta}{2}$$

$$= 2 \cdot \frac{1 + \cos\theta}{2} \cdot \sin\theta$$

$$= (1 + \cos\theta)\sin\theta \ \cdots\cdots\cdots\cdots (答)$$

(2) $S = f(\theta)$ とおくと，(1) より

$$S = f(\theta) = (1 + \cos\theta) \cdot \sin\theta$$

このグラフのイメージは，直感的につかむのが難しいね。ここでは，$f'(\theta)$ を求めて，増減表を作って最大値を求めればいい。

公式 $(f \cdot g)' = f' \cdot g + f \cdot g'$ を使った

$$f'(\theta) = (1 + \cos\theta)' \cdot \sin\theta + (1 + \cos\theta) \cdot (\sin\theta)'$$

$$= -\sin\theta \cdot \sin\theta + (1 + \cos\theta) \cdot \cos\theta$$

$$= -\sin^{2}\theta + \cos\theta + \cos^{2}\theta$$

$$= -(1 - \cos^{2}\theta) + \cos\theta + \cos^{2}\theta$$

$$= 2\cos^{2}\theta + \cos\theta - 1$$

$$= \underbrace{(2\cos\theta - 1)}_{f'(\theta)} \underbrace{(\cos\theta + 1)}_{\oplus (\because 0 < \theta < \pi)}$$

図1より，$0 < \theta < \pi$ だから，

$$-1 < \cos\theta < 1$$

$\therefore \ \cos\theta + 1 > 0$ より，$f'(\theta) = 0$ のとき，

$$2\cos\theta - 1 = 0, \quad \cos\theta = \frac{1}{2}$$

$$\therefore \ \theta = \frac{\pi}{3}$$

221

$$f'\left(\widetilde{\frac{\pi}{4}}\right) = 2 \cdot \frac{\sqrt{2}}{2} - 1 = \sqrt{2} - 1 > 0$$

$$f'\left(\widetilde{\frac{\pi}{2}}\right) = 2 \cdot 0 - 1 = -1 < 0$$

増減表 $(0 < \theta < \pi)$

θ	(0)		$\dfrac{\pi}{3}$		(π)
$f'(\theta)$		$\boxed{+}$	$\mathbf{0}$	$\boxed{-}$	
$f(\theta)$		↗	極大	↘	

この増減表より, S の最大値は,

$$f\left(\frac{\pi}{3}\right) = \left(1 + \cos\frac{\pi}{3}\right) \cdot \sin\frac{\pi}{3}$$

$$= \left(1 + \frac{1}{2}\right) \cdot \frac{\sqrt{3}}{2} = \frac{3}{4}\sqrt{3} \cdots\cdots(答)$$

◆頻出問題にトライ・17

$$tx^4 - x + 3t = 0 \quad\cdots\cdots\cdots\cdots\cdots\cdots①$$

とおく。①を t についてまとめて

$$t(x^4 + 3) = x \quad \therefore \frac{x}{x^4 + 3} = t \quad\cdots\cdots②$$

①, すなわち②の実数解 x は

$$\begin{cases} y = f(x) = \dfrac{x}{x^4 + 3} \\ y = t \quad [x \text{ 軸に平行な直線}] \end{cases}$$

の 2 つのグラフの共有点の x 座標である。
ここで,

$$f(-x) = \frac{-x}{(-x)^4 + 3} = -\frac{x}{x^4 + 3} = -f(x)$$

より, $f(x)$ は奇関数。

$\therefore x \geqq 0$ で調べれば
十分である。

原点に関して対称なグラフになる。

$x \geqq 0$ のとき,

公式:
$$\left(\frac{g}{f}\right)' = \frac{g' \cdot f - g \cdot f'}{f^2} \text{ より}$$

$$f'(x) = \frac{x' \cdot (x^4 + 3) - x \cdot (x^4 + 3)'}{(x^4 + 3)^2}$$

$$= \frac{x^4 + 3 - x \cdot 4x^3}{(x^4 + 3)^2}$$

$$= \frac{-3x^4 + 3}{(x^4 + 3)^2} = \frac{3(1 - x^4)}{(x^4 + 3)^2}$$

$$= \frac{3(1 + x^2)(1 - x^2)}{(x^4 + 3)^2}$$

$$\widetilde{f'(x)} = \begin{cases} \oplus \\ 0 \\ \ominus \end{cases}$$

$$= \frac{3(1 + x^2)(1 + x)\widetilde{(1 - x)}}{(x^4 + 3)^2}$$

増減表 $(x \geqq 0)$

x	0		1	
$f'(x)$		$+$		$-$
$f(x)$	0	↗	極大	↘

$$\widetilde{f'(x)}$$

この増減表より,

$$\text{極大値 } f(1) = \frac{1}{1^4 + 3} = \frac{1}{4}$$

また,

$$\lim_{x \to \infty} f(x) = \lim_{x \to \infty} \frac{x}{x^4 + 3} \left[\begin{array}{l} 1 \text{ 次の (弱い) } \infty \\ 4 \text{ 次の (強い) } \infty \end{array}\right]$$

$$= \lim_{x \to \infty} \cdot \frac{1}{\underset{\infty}{x^3} + \underset{0}{\dfrac{3}{x}}}$$

分母・分子を x で割った

$$= 0$$

これより, グラフは x 軸を漸近線にもつ。

以上より, $y = f(x)$ のグラフを下図に示す。これより, ②が異なる 2 つの実数解 x をもつような t の値の範囲は,

$$-\frac{1}{4} < t < 0, \ 0 < t < \frac{1}{4} \quad\cdots\cdots\cdots(答)$$

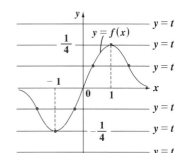

(ⅰ) $f(x) = e^x$ とおくと $f'(x) = e^x$

よって，近似公式：

$f(a + h) \fallingdotseq f(a) + h \cdot f'(a) \cdots\cdots(*)$

を用いて，$e^{1.001} = e^{1 + 0.001}$ の近似値を求めると，

$e^{1 + 0.001} \fallingdotseq e^1 + 0.001 \cdot e^1$

$a = 1, h = 0.001$ とおくと，
$e^{a + h} \fallingdotseq e^a + h \cdot e^a$，つまり
$f(a + h) \fallingdotseq f(a) + h \cdot f'(a)$
になっているね。

$\therefore e^{1.001} \fallingdotseq 1.001 \cdot e$ $\cdots\cdots$(答)

(ⅱ) $f(x) = \log x$ とおくと $f'(x) = \dfrac{1}{x}$

よって，$a = 1, h = 0.001$ とおいて，$(*)$ の近似公式を使って，

$\log(1.001) = \log(\underset{a''}{1} + \underset{h''}{0.001})$ の

近似値を求めてみると，

$\log(1 + 0.001) \fallingdotseq \underset{0''}{\log 1} + 0.001 \cdot \dfrac{1}{1}$

$[\ f(a + h) \quad \fallingdotseq f(a) + h \cdot f'(a)]$

$\therefore \log(1.001) \fallingdotseq 0.001 \cdots\cdots$(答)

(ⅲ) $f(x) = \sin x$ とおくと $f'(x) = \cos x$

また，$46° = 45° + 1°$ ←単位は度

$= \dfrac{\pi}{4} + \dfrac{\pi}{180}$ 単位はラジアン

よって，$a = \dfrac{\pi}{4}$，$h = \dfrac{\pi}{180}$ とおいて，$(*)$ の近似公式を使うと

$\sin 46° = \sin\left(\dfrac{\pi}{4} + \dfrac{\pi}{180}\right)$

$\fallingdotseq \underset{\frac{1''}{\sqrt{2}}}{\sin\dfrac{\pi}{4}} + \dfrac{\pi}{180} \cdot \underset{\frac{1''}{\sqrt{2}}}{\cos\dfrac{\pi}{4}}$

$= \dfrac{1}{\sqrt{2}}\left(1 + \dfrac{\pi}{180}\right)$ $\cdots\cdots$(答)

2をかけた分，$\dfrac{1}{2}$ を $\int$ の前に出す

(1) $\displaystyle\int_1^2 \dfrac{x+1}{x^2+2x}dx = \dfrac{1}{2} \cdot \int_1^2 \dfrac{\overset{f'}{(2x+2)}}{\underset{f}{(x^2+2x)}}dx$

公式：$\displaystyle\int \dfrac{f'}{f}dx = \log|f|$

$= \dfrac{1}{2}\left[\log(x^2+2x)\right]_1^2 = \dfrac{1}{2}(\log 8 - \log 3)$

$\because$積分区間 $1 \leqq x \leqq 2$ で，$x^2 + 2x > 0$

$= \dfrac{1}{2}\log\dfrac{8}{3}$ $\cdots\cdots\cdots\cdots$(答)

(2)

$\displaystyle\int_2^3 \dfrac{1}{x^2-1}dx = \int_2^3 \dfrac{\overset{\frac{1}{2}\{(x+1)-(x-1)\}}{①}}{(x+1)(x-1)}dx$

$= \dfrac{1}{2}\int_2^3 \dfrac{(x+1)-(x-1)}{(x+1)(x-1)}dx$

$= \dfrac{1}{2}\int_2^3\left(\dfrac{\overset{f'}{①}}{\underset{f}{(x-1)}} - \dfrac{\overset{g'}{①}}{\underset{g}{(x+1)}}\right)dx$

$= \dfrac{1}{2}\left[\log|x-1| - \log|x+1|\right]_2^3$

$\log 2^2 = 2\log 2$

$= \dfrac{1}{2}\left\{(\log 2 - \log 4) - \log 1 + \log 3\right\}$

$= \dfrac{1}{2}(\log 2 - 2\log 2 + \log 3)$

$= \dfrac{1}{2}(\log 3 - \log 2)$

$= \dfrac{1}{2}\log\dfrac{3}{2}$ $\cdots\cdots\cdots\cdots$(答)

(3) $\displaystyle\int_0^1 \dfrac{1}{\underset{a^2}{①}+x^2}dx$ について，

$\displaystyle\int\dfrac{1}{a^2+x^2}dx(a：正の定数)$ では，
$x = a\tan\theta$ とおく！
この置き換えは，定石なので完璧に覚えてくれ。
置換積分では，次の3つのステップ(ⅰ)(ⅱ)(ⅲ)を踏むんだね。

（ⅰ）$x = \boxed{\tan\theta}$ とおく。

（ⅱ）$x : 0 \to 1$ のとき

$\qquad \theta : 0 \to \dfrac{\pi}{4}$

$\boxed{\theta\,\text{の積分区間}\\ \text{を押える！}}$

$x = \tan\theta$

（ⅲ）$\overset{x'}{\boxed{1}}dx = \boxed{\dfrac{\overset{(\tan\theta)'}{}}{\cos^2\theta}}d\theta$

$\boxed{dx \text{ と } d\theta \text{ の}\\ \text{関係を求める！}}$

$\boxed{x \text{ で微分して}\\ dx \text{ をかける}}$　$\boxed{\theta \text{ で微分して}\\ d\theta \text{ をかける}}$

$\therefore \displaystyle\int_0^1 \dfrac{1}{1+x^2}dx = \int_0^{\frac{\pi}{4}} \dfrac{1}{\underset{\underset{\frac{1}{\cos^2\theta}}{}}{(1+\tan^2\theta)}} \dfrac{1}{\cos^2\theta}d\theta$

$\qquad = \displaystyle\int_0^{\frac{\pi}{4}} 1 d\theta = \left[\theta\right]_0^{\frac{\pi}{4}} = \dfrac{\pi}{4}$ …………（答）

◆頻出問題にトライ・20

下図より，$\overset{\frown}{AP_1}$ は半円弧 $\overset{\frown}{AB}$ を n 分割したものの 1 つだから，

$\angle AOP_1 = \dfrac{\overset{180^\circ}{\pi}}{n}$

$\therefore \overset{\frown}{AP_k}$ の長さは，$\overset{\frown}{AP_1}$ の長さを k 倍したものより，

$\angle AOP_k = k \cdot \angle AOP_1 = \dfrac{k\pi}{n}$

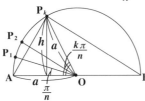

頂点 P_k から線分 AB に下ろした垂線の長さを h とおくと，

$\sin\dfrac{k\pi}{n} = \dfrac{h}{a}$

$\therefore h = a \cdot \sin\dfrac{k\pi}{n}$

$\therefore \triangle AP_kB$ の面積 S_k は，

224

$S_k = \dfrac{1}{2} \cdot \overset{2a}{\boxed{AB}} \cdot h = \dfrac{1}{\cancel{2}} \cdot \cancel{2}a \cdot a\sin\dfrac{k\pi}{n}$

$\qquad = a^2\sin\dfrac{k\pi}{n}$

$\therefore \displaystyle\lim_{n\to\infty}\dfrac{1}{n}\sum_{k=1}^{n-1}S_k = \lim_{n\to\infty}\dfrac{1}{n}\sum_{k=1}^{n-1}a^2\sin\dfrac{k\pi}{n}$ …①

ここで，

$\displaystyle\sum_{k=1}^{n}a^2\sin\dfrac{k\pi}{n} = \sum_{k=1}^{n-1}a^2\sin\dfrac{k\pi}{n} + \boxed{a^2\sin\dfrac{\cancel{n\pi}}{n}}$

$\boxed{a^2\sin\pi = 0}$

$\therefore \displaystyle\sum_{k=1}^{n-1}a^2\sin\dfrac{k\pi}{n} = \sum_{k=1}^{n}a^2\sin\dfrac{k\pi}{n}$ ………②

②を①に代入して，

$\displaystyle\lim_{n\to\infty}\dfrac{1}{n}\sum_{k=1}^{n-1}S_k = \lim_{n\to\infty}\dfrac{1}{n}\sum_{k=1}^{n}\boxed{a^2\sin\dfrac{k\pi}{n}}^{f\left(\frac{k}{n}\right)}$

$\boxed{\text{区分求積法の公式：}\\ \displaystyle\lim_{n\to\infty}\dfrac{1}{n}\sum_{k=1}^{n}f\left(\dfrac{k}{n}\right) = \int_0^1 f(x)dx}$

$\qquad = \displaystyle\int_0^1 \overset{f(x)}{\boxed{a^2\sin\pi x}}dx = a^2\left[-\dfrac{1}{\pi}\cos\pi x\right]_0^1$

$\qquad = -\dfrac{a^2}{\pi}(\overset{-1}{\boxed{\cos\pi}} - \overset{1}{\boxed{\cos 0}}) = \dfrac{2a^2}{\pi}$ ……（答）

◆頻出問題にトライ・21

$\begin{cases} x = \underset{\sim}{1 - 3t^2} \\ y = \underset{=}{3t - t^3} \end{cases}$
$(0 \leqq t \leqq \sqrt{3})$

で表される曲線を C とおく。

$(t = \sqrt{3})$　$(t = 1)$　$(t = 0)$　面積 S

曲線 C と x 軸とで囲まれた図形の面積を S とおくと，上図より，

$S = \displaystyle\int_{-8}^1 y dx$ …………………①

ここで，これを t での積分に切り替えると，図より，

$x : -8 \to 1$ のとき

$t : \sqrt{3} \to 0$

また，$\dfrac{dx}{dt} = (1 - 3t^2)' = \underline{\underline{-6t}}$

∴①は，

$$S = \int_{-8}^{1} y\,dx = \int_{\sqrt{3}}^{0} \underline{\underline{y \dfrac{dx}{dt}}}\,dt$$

> dt で割った分 dt をかける

$$= \int_{\sqrt{3}}^{0} \underline{\underline{(3t - t^3)}} \cdot \underline{\underline{(-6t)}}\,dt$$

> -1 で積分区間を切り替えた

$$= 6 \cdot \int_{0}^{\sqrt{3}} \overparen{(3t - t^3)}\,t\,dt$$

$$= 6 \cdot \int_{0}^{\sqrt{3}} (3t^2 - t^4)\,dt = 6 \cdot \left[t^3 - \dfrac{1}{5}t^5 \right]_{0}^{\sqrt{3}}$$

$$= 6 \cdot \left(3\sqrt{3} - \dfrac{9\sqrt{3}}{5} \right) = \dfrac{36\sqrt{3}}{5} \quad \cdots\cdots(\text{答})$$

◆ *Term・Index* ◆

スバラシク強くなると評判の
元気が出る 数学Ⅲ 改訂5

マセマ

著　者　馬場 敬之
発行者　馬場 敬之
発行所　マセマ出版社
〒 332-0023 埼玉県川口市飯塚 3-7-21-502
TEL 048-253-1734　　FAX 048-253-1729
Email：mathema@mac.com
https://www.mathema.jp

────────────────────────────

編　集　山崎 晃平
校閲・校正　高杉 豊　秋野 麻里子　馬場 貴史
制作協力　久池井 茂　久池井 努　印藤 治　滝本 隆
　　　　　野村 烈　日並 秀太郎　間宮 栄二　町田 朱美
カバーデザイン　児玉 篤　児玉 則子　橋本 喜一
ロゴデザイン　馬場 利貞
印刷所　中央精版印刷株式会社